职业核心素养教程

主　编　吴朝辉　张立山　赵淑芬

副主编　王婷婷　高文英　洪　敏　卢绪英

　　　　刘珊珊　付金平　刘明雪　林玉凯

上海交通大学出版社
SHANGHAI JIAO TONG UNIVERSITY PRESS

内容提要

职业核心素养课程是全国高职高专院校普遍开设的公共基础课程,旨在培养大学生的职业道德、职业意识和职业核心能力。本书以职业道德和职业核心能力培养为主要编写内容,以全面培养大学生的显性职业素养和隐性职业素养为宗旨,选取了职业生涯规划能力培养、职业道德培养、团队协作意识培养、职场沟通能力培养、情绪管理能力培养、时间管理能力培养和职场礼仪培养七个方面的内容。在结构上,本书遵循大学生职业能力培养的基本规律,以教、学、做相结合为原则,以项目为载体,以工作任务为驱动。在内容上,每个任务均包括任务情境、任务分析、知识点拨、任务反馈、案例分析、实训平台六个部分;每个项目的最后均有项目总结和拓展训练。本书的适用对象为全国高职高专院校学生。

图书在版编目(CIP)数据

职业核心素养教程 / 吴朝辉,张立山,赵淑芬主编.
上海 : 上海交通大学出版社,2024. 11. -- ISBN 978-7-313-31756-8

Ⅰ. B822.9

中国国家版本馆 CIP 数据核字第 2024EJ0855 号

职业核心素养教程
ZHIYE HEXIN SUYANG JIAOCHENG

主　编:吴朝辉　张立山　赵淑芬
出版发行:上海交通大学出版社　　　　　　地　　址:上海市番禺路 951 号
邮政编码:200030　　　　　　　　　　　　电　　话:021-64071208
印　制:常熟市文化印刷有限公司　　　　　经　　销:全国新华书店
开　本:710 mm×1000 mm　1/16　　　　　印　　张:18.5
字　数:281 千字
版　次:2024 年 11 月第 1 版　　　　　　　印　　次:2024 年 11 月第 1 次印刷
书　号:ISBN 978-7-313-31756-8
定　价:49.90 元

前言

　　职业核心素养课程是全国高职高专院校普遍开设的公共基础课程,旨在培养大学生的职业道德、职业意识和职业核心能力。职业素养是大学生择业、就业中必备的素质。为增强学生的职业意识,切实提高学生的职业核心能力,使之尽快适应职业生活,也为了培养出符合岗位需求和社会需要的高素质技术技能型人才,我们组织编写了《职业核心素养教程》。本教材以职业道德和职业核心能力培养为主要编写内容,以全面培养大学生的显性职业素养和隐性职业素养为宗旨,选取了职业生涯规划能力培养、职业道德培养、团队协作意识培养、职场沟通能力培养、情绪管理能力培养、时间管理能力培养、职场礼仪培养七个方面的内容。希望本教材可以帮助大学生正确认识学业与职业的关系,引起他们对职业素养的重视,并引导他们在平时的生活、学习及实习过程中培养良好的职业道德和职业习惯,锻炼职业能力,为将来顺利走上工作岗位、取得事业成功打下坚实的基础。

　　在结构上,本教材遵循学生职业能力培养的基本规律,以教、学、做相结合为原则,以项目为载体,以工作任务为驱动,将理论与实践有机结合,依据真实工作任务,整合教学内容。本教材以任务情境、任务分析、知识点拨、任务反馈、案例分析、实训平台、拓展训练搭建框架,用通俗易懂的语言、真实生动的案例、丰富多彩的实训活动和灵活多样的课外练习帮助大学生全面而深刻地理解并掌握必备的职业素养。

本教材以职业能力培养为重点,精心设计符合职业场景的课程结构,强化实践应用,突出能力培养;精选与职场密切相关的内容,突出职业发展;以党的二十大精神为引领,突出思想教育。由此形成了凸显职业性、实践性和思想教育性的鲜明特色。

强化实践应用,突出能力培养。本教材以具体的、易操作的各种职业能力提升技巧为重点,在每一个任务中设计职场情境,分析情境中的人物遇到的职场苦恼,并通过学习相关知识帮其找到正确的解决方案。每一个任务后面都设计了灵活多样的实践训练活动和课外练习活动。这种强代入感的情境设计和实践活动将教、学、做融为一体,"学中做、做中学",有利于学生理解、掌握、实践职业能力提升技巧,提高了学生的各种职业道德修养和职业核心能力。

密切联系职场,突出职业发展。在编写教材前,编者多次到用人单位走访,进行大量的调查研究。根据行业企业发展需求和实际工作任务对素质、知识、能力的要求,选取职业规划、求职面试、职场沟通、职场礼仪等对学生职业能力培养和职业素养提升起主要支撑和明显促进作用的内容,为学生可持续发展奠定良好的基础。

以党的二十大精神为引领,深入挖掘思政元素,突出思想教育。本教材根据每个项目的具体内容,设计"思政贴吧"的内容,融入党的二十大精神和其他思政教育内容。在培养大学生职业核心能力的同时,对其进行思想政治教育,与思政课程形成教育合力。同时,本教材引用了具有典范意义的中国名人故事,旨在讲好中国故事,增强大学生的文化自信。

本教材的编写人员都是多年从事一线教育的专任教师,其中有部分老师多年来一直从事学生的实习和就业安排工作。我们还邀请了部分用人单位的相关管理人员作为编写顾问,他们对于社会和用人单位对大学生职业素养的要求有全面深入的了解,对如何培养大学生的职业素养也有深刻独到的见解,为本书的编写提供了许多宝贵的意见。

本书由吴朝辉、张立山、赵淑芬任主编,由王婷婷、高文英、洪敏、卢绪英、刘珊珊、付金平、刘明雪、林玉凯任副主编。全书包含七大项目,具体分工如下：吴朝辉负责全书的整体结构和内容设计，张立山负责课程思政内容的设计与审核，王婷婷负责编写项目一，高文英负责编写项目二，洪敏负责编写项目三，卢绪英负责编写项目四，刘珊珊、付金平负责编写项目五，刘明雪、林玉凯负责编写项目六，赵淑芬负责编写项目七。最后由吴朝辉、张立山、赵淑芬统稿。

在教材编写过程中，编写人员参阅了大量书刊和其他相关资料，汲取了部分科研成果和有益经验，并注明了引文出处。由于时间紧迫，书中难免存在疏漏之处，恳请广大读者批评指正。我们将不断修订，使之日臻完善。

目录

项目一　开启职业人生

学习目标

1. 素质(思政)目标

(1) 认识到职业规划的重要性,树立正确的价值观,培养崇高的职业理想和职业信念。

(2) 培养敬业精神、积极进取精神、团队合作意识和社会责任感,增强团队协作能力。

(3) 提升面试素养,增强抗压能力;学会真诚待人,培养自信的人生态度。

2. 知识目标

(1) 了解职业生涯规划的理论基础,掌握职业生涯规划的类型。

(2) 了解求职文书的功能和作用,掌握求职信和求职简历的内容、格式和注意事项。

(3) 了解面试的形式,掌握面试的主要内容。

3. 能力目标

(1) 能够进行自我评估;能给自己进行职业定位,并进行职业生涯管理。

(2) 能够根据求职情境撰写合适的求职文书。

(3) 能够在面试情境中熟练地运用面试技巧、展示面试礼仪。

项目导读

每个人接受过学校教育后最终要走向社会,实现自己的人生价值。面对社会上林林总总的职业,你准备好了吗? 面对即将开启的职业人生,你准备好了吗?

机会总是留给有准备的人,凡事预则立,不预则废。作为新时代有理想、有抱负的青年人,我们应该提前考虑自己将来想做什么,并合理规划自己的未来之路,这样才不至于等到我们毕业时对未来无所适从。

希望拥有一个成功的职业生涯,就应该"走一步、看两步、想三步",学会规划自己的人生,并为之奋斗,为将来的发展添加筹码,使人生不留遗憾。

职业生涯规划是指个人对自己未来职业发展进行有目的、有计划、系统地安排和设计。即对自己进行主客观的职业评估,对自身的能力、优势、兴趣等进行综合分析,考虑到不同时期的不同职业需求和个人职业趋势,确定最适合的职业目标并制订合理的计划,为实现这样的一个目标而努力。

求职者要做出一份科学合理的职业生涯规划,首先要对自己进行自我评估,分析个人的职业性格、职业兴趣、职业能力等,然后进行职业定位,并结合自身爱好、特长和市场需求,有的放矢地寻找适合自己的职业。

在日趋严峻的就业形势面前,把握机会找到一份满意的工作是每个即将步入职场的人的目标。寻求就业目标,把握就业时机,做好求职准备,掌握面试技巧,将贯穿整个就业过程。一份内容扎实、形式新颖的求职简历是帮助学生开启就业之门的钥匙。成功的面试则需要各方面充分的准备和出色的临场表现。

任务一　　做好职业生涯规划

任务情境

李强大学学的是会计专业,已经工作 9 年,但是换了 7 家公司,平均一年多就会换一家公司,其实他找工作并没有什么方向,他做过会计、销售、物流、文秘等工作,现在一家酒店从事会展策划工作。因为酒店经营出现了问题,所以他面临失业危机。虽然他好像什么工作经验都有,但均未达到职位描述中的要求,他感觉自己这些年没有什么技能沉淀,也没什么优势,不知道朝哪个方向发展,不知道自己适合找什么工作。眼看着自己的年纪越来越大,想想自己微薄的薪水和狭窄的职业发展空间,李强束手无策,他不知道怎样才能让自己的职业发展更上一层。

任务分析

职业是一个人安身立命之本。合理有效的职业规划在每个人的职业生涯中起着重要的作用。每个人都应有自己的职业规划,但如何做出正确的、有效的选择,这需要剖析自我,寻找适合自己的职业方向,再制定合理的职业规划。在职业发展的过程中,每个人要"定性",增强自身职业发展的连续性。

李强在毕业9年间,换了7次工作,他为此也很迷茫。如果在一个公司长期工作,随着工作经验的积累和业绩的增长,李强很可能会升职加薪。但是,李强频繁地跳槽就相当于将原来的工作经验不断删除,缺少职业的连续性。因此,他会感觉自己这些年没有什么技能沉淀,也没什么优势。

请你告诉李强,在求职过程中应该如何进行自我评估和职业定位,职业规划应当如何设定,怎样才能保持职业发展的连续性。

知识点拨

一、职业生涯规划的概念

职业生涯规划是从主客观条件上对个人的职业生涯进行测定、分析、总结,通过权衡自己的个性、兴趣、爱好、能力,设定职业目标和发展方向,明确职业发展的路径,做出科学合理的安排。它是对个人职业发展的长期计划和战略设计,是一个系统性的过程,通过自我评估、职业探索、目标设定、策略制定和行动实施等环节,帮助个人明确自己的职业方向、目标和发展路径,以实现个人的职业理想和满足自身的发展需求。科学地进行职业生涯规划有助于更好地了解自己的兴趣、能力和价值观,把握职业机会,提升职业竞争力,实现个人职业生涯的协调发展。

总而言之,职业生涯规划实际要解决的是人在职业生涯过程中应该"干什么,在哪里干,怎么干,以什么样的心态干"4 个最基本的问题,可以用定向、定点、定位和定心"四定"来概括。定向就是干什么,即确定自己的职业方向;定点就是在哪里干,即确定职业发展的地点;定位就是怎么干,即确定自己在职业人群中的位置;定心就是以什么样的心态干,即稳定自己的心态。

有信念、有梦想、有奋斗、有奉献的人生,才是有意义的人生。当代青年建功立业的舞台空前广阔、梦想成真的前景空前光明,希望大家努力在实现中国梦的伟大实践中创造自己的精彩人生。

——2014 年 5 月 4 日,习近平在北京大学师生座谈会上的讲话

人生的意义在于要有信念、有梦想、能奋斗、讲奉献。这也是人生的价值。在实现中华民族伟大复兴的征程中,大学生不仅要实现个人抱负,还肩负着党和国家的期望及民族的理想。因此,我们在进行职业规划时,要树立远大理想,坚定崇高信念,把小我融入祖国的大我、人民的大我之中,与时代同步伐、与人民共命运。

二、职业生涯规划的类型

职业生涯规划的类型通常分为短期规划、中期规划、长期规划和人生规划。

(1) 短期规划:一般为 1~2 年的规划,主要是确定近期目标。规划的主要目的是完成近期任务并为未来要完成的任务做好准备。

(2) 中期规划:一般为 3~5 年的规划,主要是明确中期目标和发展方向。这是最常见的规划类型。

（3）长期规划：一般为 5 年以上的规划。规划的目的主要是设定比较长远的目标和发展战略。

（4）人生规划：一般时间跨度较大，可长达 40 年左右。规划的真正目的是确定整个人生的发展目标，实现人生价值。

三、职业生涯规划的理论基础

（一）职业选择理论

职业选择是指个人根据自己的兴趣、能力、价值观等因素，从多种职业机会中挑选出适合自己的职业。其理论基础主要有帕森斯的特质因素理论和霍兰德的职业性向理论。

1. 帕森斯的特质因素理论

特质因素理论又称为人职匹配理论，是美国波士顿大学教授弗兰克·帕森斯（Frank Parsons）于 1909 年提出的。"特质"即一个人的人格特征、兴趣、价值观等因素，是一个人在工作上要取得成功所具有的资质。

帕森斯认为人与职业的匹配是职业选择的关键，每个人都有自己独特的人格模式，每种人格模式有其相适应的职业类型。因此，在职业选择上，要充分了解自己的特质和所选择的职业，当这个职业适合个人特质时，才有可能取得职业生涯的成功。

2. 霍兰德的职业性向理论

霍兰德的职业性向理论又称为职业兴趣理论，是美国心理学家霍兰德（John Holland）教授于 1959 年提出的，其社会影响比较广泛。霍兰德认为人的兴趣与职业密切相关，并将职业兴趣划分为现实型、研究型、艺术型、社会型、企业型和常规型 6 种类型，分别对应不同的职业领域。通过对自身职业兴趣的了解，我们可以更好地选择适合自己的职业，并在职业生涯中找到自己的职业定位。

（二）职业生涯发展阶段理论

职业生涯发展阶段是职业生涯中要经历的不同时期，每个阶段的职业生涯都会对个人的知识水平和认知能力产生重要的影响，这种影响又反作用于其职业生涯。这一理论的代表性人物有萨柏、金斯伯格、格林豪斯和施恩等。

1. 萨柏的职业生涯发展阶段理论

美国职业管理学家萨柏(Donald E. Super)将职业生涯发展划分为五个阶段,分别是成长阶段、探索阶段、确立阶段、维持阶段和衰退阶段。

2. 金斯伯格的职业生涯发展阶段理论

同样作为美国职业生涯发展理论的先驱和代表人物的金斯伯格(Eli Ginzberg)更注重从童年到青少年阶段的职业心理发展过程。他据此将职业生涯划分为三个阶段,分别是幻想期、尝试期和现实期。他的理论主要阐释了人们初次就业前(从童年到青少年阶段)对职业追求的发展变化过程。这一理论对实践活动产生了广泛的影响。

3. 格林豪斯的职业生涯发展阶段理论

美国心理学博士格林豪斯通过分享不同年龄阶段职业生涯所面临的主要任务,将职业生涯划分为五个阶段,分别是职业准备阶段、进入组织阶段、职业生涯初期、职业生涯中期和职业生涯后期。他的理论揭示了职业生涯的每个阶段都会面临不同的挑战和任务。

4. 施恩的职业生涯发展阶段理论

美国职业生涯管理学家埃德加·施恩(E. H. Schein)从人的生命周期特点、不同年龄段面临的问题和职业工作任务角度,将职业生涯划分为九个阶段:成长、幻想、探索阶段;进入工作世界;基础培训;早期职业的正式成员资格;职业中期;职业中期危险阶段;职业后期;衰退和离职阶段;离开组织或退休。

(三) 职业生涯发展管理理论

职业生涯发展管理理论的主要代表是埃德加·施恩(E. H. Schein)的职业锚理论,又称职业定位理论。所谓职业锚,是指当一个人不得不做出职业选择的时候,他无论如何都不会放弃的那种至关重要的东西或价值观。施恩提出了五种职业锚:技术技能型、管理型、自立与独立型、安全型和创造型。职业锚是人们选择和发展自己的职业时所锚定的核心。但一个人的职业锚会随着个人成长而不断发生变化。

四、自我评估

自我评估就是要全面了解自己。进行职业生涯规划的前提是做好自我评估。自我评估一般包括价值观、职业兴趣、职业性格、职业技能四个方面的评估,具体内容包括个性、兴趣、性格、知识、能力、思维结构、优劣势等。通过自我评估,可以清楚自己想做什么、能做什么、应该做什么,以及适合做什么等。

（一）价值观

价值观是人们对客观事物的有用性、重要性、有效性的总评价和总看法。价值观及其体系是指导人们行为的准则。简而言之,价值观就是个人最看重、认为最有价值的东西。价值观不同导致个人对职业的评价和选择不同。

（二）职业兴趣

职业兴趣是对某一职业感兴趣的表现。它是人们对某种工作活动的一种相对稳定、持久的心理倾向,从而使人们对某种职业产生偏爱和向往。兴趣对一个人的个性形成和发展有巨大的作用。因此,它成为个人进行职业规划时需要考虑的一个重要因素。

（三）职业性格

职业性格是指人们在长期、具体的职业生活中形成的与职业相关的稳定的心理特征。一个人的性格可以是热情外向、害羞内向、冷静温柔的,也可以是急躁易怒的。工作心理学研究表明,不同的职业需要不同的职业性格。不同的性格特征决定了每个员工在公司中担任的不同角色、取得不同的工作绩效以及职业生涯是否成功。一个人的性格不可能100%适合某一特定职业,但职业性格可以根据自己的职业倾向来培养和发展。

在制定职业生涯规划时,人们普遍采用职业性格测试的方式来了解自己的职业方向。目前比较普遍使用的职业性格测试是迈尔斯布里格斯类型指标(Myers-Briggs Type Indicator,MBTI)个性测验模型,是美国一对母女伊莎贝尔·迈尔斯和伊莎贝尔·布里格斯·迈尔斯在20世纪40年代提出的。

（四）职业技能

职业技能指的是一种专业能力,是相关专业的人就业所需的技术和能力。职业技能主要包括三个基本要素:获得特定职业资格所需的技能、进入工作场所时所表现出的职业素质和管理能力。

不同职业对从业者的职业技能要求是不同的。只有具备相应的职业技能,才能使自身职业生涯得到良好的发展,从而实现自己的人生价值。

评估过程是一个不断学习的过程。职业自我评估是职业规划的第一步。理性的自我评估结果对个人职业发展的质量具有决定性作用。

五、职业定位

职业定位主要是明确个人职业方向,明确一个人的职业类别。它是一个人职业发展全过程的战略性、基础性问题,是规划职业生涯的核心,是决定职业生涯成败的关键步骤之一。准确的职业定位建立在科学的自我分析和环境分析的基础上。

(一) 职业定位的原则

1. 兴趣导向原则

兴趣导向是职业定位的首要原则,也是引导事业成功的第一导师。根据自己的兴趣爱好来选择职业,能提升对工作的投入度和满意度,促进个人的职业成长。

2. 能力匹配原则

在选择职业时,要注重个人能力与职业要求的匹配度,客观评估自己所具备的技能、知识和经验,确保能够胜任所选择的职业。同时,选择的职业要有助于发挥自己的优势,提升职业竞争力,实现个人与职业的相互成就。

3. 市场需求原则

要充分考虑市场对各类职业的需求情况,增加就业机会。在社会大转型背景下,很多职业的竞争越来越激烈,若不了解市场需求,盲目选择会使自己的职业生涯陷入被动。

职业定位要遵循职业的发展潜力和个人价值观等原则,预见职业发展的前景和潜力,以便为未来的职业发展预留出成长空间;职业选择还应契合自己的价值观,以获得内心的满足。

(二) 职业定位的内容

1. 看清职业发展方向

首先要探究自己的职业气质、兴趣、能力结构等因素,了解个人职业潜力在哪个领域。只有找到正确的方向,才能最大限度地发挥个人潜力。

2. 对目标行业的发展趋势有清晰的了解

主动、全面了解目标行业的现状和前景,做好充分的市场调研和调查。

3. 认清自身优势和不足

假如你不能充分认识自己的优劣势,并准确地定位自己,你就可能随波逐流或凭直觉行事,更不可能知道自己适合哪些行业。要学会扬长避短,在合适的领域发挥自己的潜力,实现个人的价值。

目前,社会上普遍运用 SWOT 分析法进行职业定位分析。SWOT 分析法可以通过精准、客观地分析、评估一个人的优势(strengths)、劣势(weaknesses)、外部机会(opportunities)和威胁(threats),判断一个人和岗位的匹配情况。通过这种方法,个人可以发现自身职业发展的有利因素和不利因素,发现存在的问题,找到解决办法,明确未来发展的方向。

任务反馈

1. 进行职业定位

职业目标是职业规划的重点,其适合与否直接关系着个人事业的成败。李强的这些工作之间都缺乏连贯性,零零碎碎,而且一些工作与他本身学的专业也相差甚远。也正是因为如此,造成了他在工作经验上看似什么都有却无一精通的劣势。李强首先要明确自己的职业定位,善于突破惯性思维,对自己的专业和核心竞争力有科学的认识。

2. 确定职业发展路径

职业目标的不同决定职业路径的不同,为了职业规划的连续性和持续性,不宜频繁跨行业跳槽。李强作为会计学专业的学生,应尽量从专业和工作经历角度出发选择职业发展路径。李强还应该为自己的职业生涯设定阶段性目标,一般以 3 年为一个周期,最好把这个阶段要实现的目标以具体的实现方式列出来。

3. 坚定职业决心

在职场中,我们会遇到很多的困难和挫折,应该学会战胜挫折,不能因为业务不熟练、工作难度大、工作负担重等就轻易放弃。针对李强9年换了7家公司,不断辞职、随意跳槽的行为,他应该坚定职业发展决心,不怕苦、不怕累,逐渐积累经验,从而有长久而稳定的职业发展。

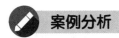 **案例分析**

【案例1-1】

"西瓜奶奶"吴明珠

吴明珠是我国瓜类育种专家,新疆甜瓜品质改良的创始人和奠基者,中国工程院院士。当年,从西南农学院园艺系果蔬专业毕业后,她被分配到中央农村工作部。然而,吴明珠却主动请缨去新疆,她说:"我一定扎根新疆,报效祖国。"最初,吴明珠被安排在当时的乌鲁木齐地委,后来她又主动要求被派到条件更艰苦的鄯善县农技站。她借住在老乡家里,出门便是瓜地。当年的吴明珠还是一位娇弱的南方姑娘,身高只有1.55米。哈密瓜在夏秋之交成熟,当时吐鲁番的日最高气温都在四五十摄氏度。20世纪五六十年代,吴明珠和同事冒着酷暑,用3年时间走遍了吐鲁番盆地的瓜地,整理出44个品种,为新疆瓜建立了第一份资料档案。

育种工作极为艰苦,培育一个品种需要8~10年。有的科学家一生只能培育几个品种,而吴明珠却在62年中培育了30多个品种:"香妃"蜜瓜、"皇后"蜜瓜、"麒麟"瓜、"8424"西瓜……我们现在能吃到的甜瓜、西瓜,很多最初都是出自她的手。

为了加快育种速度,从1973年起,吴明珠开始了在海南岛的"南繁"生涯,一年四季,天天摆弄瓜,瓜棚成了她的家。70多岁时,吴明珠还在和时间赛跑,夏秋在新疆,冬季到海南,天天在瓜地做试验。别人眼里单调艰苦的育种工作,在她眼里是莫大的享受。她说:"瓜是我的生命。一天不去瓜地,我就觉得很难受,就好像母亲一天看不到自己的孩子。"

(资料来源:《中国妇女报》2019-04-17)

【思考讨论】

1."西瓜奶奶"吴明珠是根据什么规划自己的职业生涯的? 这属于职业生涯规划的哪一类型?

2. 看了"西瓜奶奶"的故事,你打算如何提升自己,制定自己的长期职业规划?

【案例 1 - 2】

一年之计在于春。在新旧季节交替的时候,往往也是许多年轻人重新思考职业规划的时候。刚满 30 岁的张强也琢磨着换一份工作。张强读了 5 年的临床医学,毕业后在医院做了 3 年的内科医生。张强当时觉得收入低,同时觉得医院的圈子太封闭了,想到自己一辈子就这样待在医院,他不甘心,于是辞职去企业做销售。他现在在一家全球 500 强企业做药品销售,收入还不错,但他感觉应酬太多、太累,成天陪着客户吃吃喝喝,忙着处理人际关系,不是自己喜欢的工作。张强又很想跳槽,换个自己喜欢的工作。但应该做什么工作呢? 想来想去,他始终拿不定主意。

【思考讨论】

1. 张强为什么换了工作之后还是感到迷茫? 他跳槽的原因是什么?

2. 张强该不该再次跳槽?

3. 如果你是张强,你该怎么办?

实训平台

一、重新认识"自己"

(1) 四个人一个小组。每个人用一分钟介绍一下自己,主要从性格、爱好、优点、缺点、适合的工作或岗位等方面介绍自己。

(2) 其他三个人简要说一下对这个人的认识,以及此人是否适合这份工作。

(3) 此人重新谈谈对自己的认识,并重新说一下自己的职业追求。

(4) 以此类推,其他三人再重复上述步骤。

二、制作"时间胶囊"

每个人给自己制作三个"时间胶囊":给今年、明年、后年各设定一个主要目标,给未来的自己写三封短信,存放到老师那里,等到一年之后,老师将每封信寄给或还给每个学生,让学生再说一说感受。

任务二　制作求职文书

任务情境

李强即将大学毕业,他先写了一份详细的简历,然后将简历稍作修改,就向多家公司同时投递,目的是获得更多的求职机会。但因为简历投得过多,导致他不记得到底投递过哪家公司,投递过多少家公司。有一天,他接到了一个公司的电话通知,要他去面试。他特地穿上一身合适的职业装,充满自信地按时前往。面试一开始,考官礼貌地和他交流,并请他讲述一下他的专业、职业理想和胜任这项工作的能力。李强的专业与他所应聘的岗位对口,他也有相关的能力水平,但也有很多不足之处。即便如此,考官对他还是很感兴趣的,接着就问他是否清楚这份工作的职责和是否有所规划。但他竟然不知道自己到底应聘的是什么岗位,更说不清该岗位的具体职责和要求。考官依然耐心地提醒他,但是他对该岗位的相关情况还是说不清楚。最终,李强面试失败。

李强感到迷茫,不知道该如何寻找到一份合适的工作。

任务分析

基于职业生涯规划中的职业定位,在择业过程中,应聘者应该根据自己的专业特点和工作需求进行选择。应聘者要做到了解自己的情况,更要充分了解公司的情况、应聘岗位的具体职责和能力要求,并且对自己是否能胜任该岗位进行分析,再据此撰写简历,并在简历中突出自己能干什么、适合做什么。

应聘者应该有重点地投递简历,简历多投不一定好。李强为了提高就业成功率,海投简历,并没有充分考虑某一岗位是否适合自己,以至于自己都记不清投递了哪家公司，因此，突然的一次面试，让李强无法提交一份令考官满意的答案，求职失败也就在意料之中了。

知识点拨

一、求职文书的概述

求职文书是求职者为求得某一职位写给用人单位的，简要介绍个人情况和求职意向的一种书面材料。求职文书是求职者与用人单位建立联系的桥梁，是获得面试机会的敲门砖，也是推销自己的一种方式。因此，求职者要在求职文书中重点介绍自己的优势，展示自己能够胜任此岗位的能力和才学，内容要真实，形式要有创新性，以提高进入面试的概率。

求职文书一般包括求职简历和求职信两种形式。

求职简历是求职者在求职时简要描述个人情况和求职意向的一种书面资料，是求职者将自身与所申请职位密切相关的经历、经验、技能、成果等个人信息，经过分析、整理，客观、真实、简练地呈现给招聘者的一种应用文体。

求职信是求职者向用人单位介绍自己、表达求职意向的一种信函。它通常包括求职者对自身技能、经验、教育背景等方面的简述，以及对拟申请职位的理解，旨在引起用人单位的关注和兴趣，为获得面试机会创造条件。

求职文书是招聘者在阅读后对求职者产生兴趣并决定是否给予面试机会的极其重要的依据材料。求职文书的内容要真实、精炼，不夸大、不缩小、不编造、不赘述。

二、求职文书的作用

求职文书是招聘单位了解求职者的第一窗口，是求职者与招聘单位沟通的第一通道，是求职者向成功就业迈出的第一步。因此，设计一份能引起招聘者兴趣的求职文书，对于求职者来说尤为重要。

（一）求职文书是毕业生打开职业大门的敲门砖

毕业生走出校门后，面临就业问题。想要从众多毕业生中脱颖而出，获得一份心仪的工作，首先得制作一份优质的求职文书，向用人单位展示自己的技能、经验、优势和潜力，以增加获得面试和工作的可能性，同时表明自己对职业的渴望和诚意。

（二）求职文书是再就业者成功叩开另一份职业之门的名片

求职文书对于再就业者同样重要。再就业者的工作经验、工作资历、岗位胜任能力都需要借助求职简历来展示。

三、求职文书的内容

求职文书一般包括个人基本情况、应聘的岗位、工作经历及取得的成绩、对求职单位和岗位的理解。

（一）个人基本情况

个人基本情况包括姓名、性别、年龄、专业、学历、联系方式等。这一部分要简洁而准确，原则是基本性与相关性相结合，根据应聘岗位要求选择写作内容。联系方式一定要准确，以便用人单位与你取得联系。

（二）应聘的岗位

写明应聘意向或应聘岗位，并阐述能胜任这个岗位的原因。一般从所学专业和具备的工作经验以及性格方面展开分析和阐述。

（三）工作经历

只写与应聘岗位相关的工作经历，相关经历中重点写业绩突出的经历。为避免啰唆，成绩尽量用具体数字展示。

没有工作经历的大学生，不得捏造经历，要保证求职简历的真实性。诚实是一个人的基本品质，更是用人单位最看重的品质。一旦用人单位发现了求职者简历中的虚假内容，是不会给予其面试机会的。要写与岗位相关的实习、大赛、兼职等经历，也要特别注明取得的奖励或成绩。此外，还可以写参加公益事业的经历，表明你是一个有爱心、有责任心、有感恩之心的年轻人。

（四）对求职单位和岗位的理解

从专业的角度对应聘企业和岗位进行较为客观、中肯的评价，提出自己的一些见解和建议，要用谦虚的态度，以探讨和请教的口吻写。这一点需要求职者提前对应聘企业和岗位进行深入了解和分析。

（五）求职文书的格式

求职文书包括求职简历和求职信。虽然二者提供的信息基本相同，但格式有很大的区别。求职简历的格式没有严格的规定,有条文式、表格式,还可以有其他形式。因为求职信是一种书信,所以要遵循书信的格式。

1. 求职简历

个人简历格式要求一目了然,层次分明,能让用人单位快速了解应聘者的基本信息,形式上一般以条文式为主。

个人简历在结构上主要由标题和正文两部分构成。

(1)标题。标题一般写"个人简历"等字样,居中排版。

(2)正文。① 求职意向。一定要明确自己的求职意向,让面试官一眼就看到你想要应聘的职位。② 个人资料。包括姓名、性别、籍贯、出生年月、特长、联系方式等。③ 教育背景。一般写自己的受教育情况,将自己所学的专业和主要课程,以及自己在学习方面获得的成绩写清楚,尽量突出自己的专业特长。应届毕业生缺乏就业经历,一定要将自己的专业优势突出,有企业实习实训经历的,更要将其作为重点和亮点来突出。④ 任职情况。可作为选择项来写。如果在学校担任过相关学生干部,应概述自己的职务、做过的事情、取得的成绩,强调自己的管理和协作能力,这一部分是加分项。⑤ 工作经历。要讲明自己的工作情况,如入职年月日、工作单位、职务、职责、取得的业绩,以条文方式整齐罗列。经验越丰富,越有竞争优势,切忌弄虚作假。此外,还应该选择与应聘岗位相匹配的工作经历。无关的工作经历反而成为减分项,给面试官一种主次不分、目标不明确的感觉。应届毕业生工作经验少的,可重点写与此相关的社会实践及实习经历。⑥ 奖励情况。将个人学习、工作期间所获得的荣誉、奖励分条目列在这里,但要写清楚何时、何地、获得什么级别的荣誉等相关信息。

例文:

求 职 简 历

求职意向:幼儿园教师

个人资料:

姓　　名:王红

性　　别:女

出生年月:2003 年 3 月

毕业院校:德州职业技术学院

学　　历：专科

政治面貌：预备党员

特　　长：绘画、弹钢琴、跳民族舞

联系方式：12345678901

教育背景：

毕业院校：德州职业技术学院

专　　业：学前教育

时　　间：2021年9月—2024年6月

主修课程：儿童教育学、儿童心理学、民族舞等

工作经历：

2022年10月—2023年5月，在阳光幼儿园实习，其间担任小二班班主任，同时负责幼儿园的宣传工作。

获得的荣誉、奖励：

2021年12月，被学校评为优秀学生；

2022年12月，被学校评为优秀班干部；

2022年3月，参加幼师舞蹈大赛获得省级三等奖。

2. 求职信

（1）标题。标题居中，一般写"求职信"等。

（2）称谓。称谓在标题下面一行顶格书写。为表示礼貌，称谓前需要加敬词，比如"尊敬的主管""尊敬的总经理"等。

（3）正文。正文在称谓下面一行空两格书写。要先写"您好"等礼貌用语，再写求职信息。正文部分一般包括：① 所申请的职位和招聘信息来源；② 围绕该职位说明对该职位的兴趣，强调自己所具有的与该职位相匹配的理想追求与专业特长；③ 与申请的职位相关的资历、经验和成绩等，这是证明自己适合该职位的重要依据；④ 期待能够获得该职位与能胜任该职位的信心；⑤ 在必要的情况下说明随信后附的个人简历等佐证材料，并希求对方的回应。

（4）敬祝语。求职信息书写完后，另起一段，写敬祝语。"此致"需要另起一行空两格，而"敬礼"或其他敬祝语要再另起一行顶格书信。

（5）落款。落款包括求职者姓名和书写日期。落款位于求职信的右下

角,求职者姓名和日期各占一行,姓名在上,日期在下。

求 职 信

尊敬的招聘领导:

　　您好!

　　我今年毕业于德州职业技术学院新能源技术应用专业,专科学历,我应聘的是技术操作工。诚挚希望能成为贵单位的一员。现将我的情况介绍如下:

　　(1)连年获得奖学金;英语水平达到四级;计算机通过国家二级考试。

　　(2)大学期间担任班干部,多次组织大型活动,得到了老师的认可。

　　(3)在大海新能源公司实习1个学年;参加新能源科技社团并设计出2件作品;连续2年参加全国大学生风光互补发电系统技能大赛,并获得二等奖;我的实习论文被评为"优秀实习论文"。

　　我一直关注贵公司的信息,非常赞同贵公司"以信誉做企业,以质量树品牌"的企业理念。在实习期间,我一直从事技术操作工作,2次参加专业技能大赛和科技社团的经历为我积累了很多技术经验。我相信我不会让公司失望的,企盼着以满腔的真诚和热情加入贵公司并为贵公司效劳。

　　此致

敬礼

求职人:杨光

2024年6月15日

小知识

求职简历和求职信的差异

　　求职简历可以说是一份个人说明书,内容更客观,要求具有高度概括性。因此,需要求职者将侧重点放在客观地、分条目地列出个人的基本情况、教育背景、工作经历、获得的荣誉、取得的成绩上,避免过多的修饰。

　　求职信可以说是一封自我推荐信,是求职简历的补充和细化。打个比方,如果说求职简历是功能完备的机器人,那么求职信则是一个有感情的、活生生的人。求职信的主题内容包括个人的职业理想、价值取向以及对求职企业和岗位的见解等。它允许使用更主观的语调进行描述，从而对简历中的信息进行补充说明，写作风格更加生动，意在引人注意，打动人心。

四、制作求职文书

(一) 制作前的准备

求职的一般流程是投求职简历或求职信、获得面试通知、面试、签订就业协议。求职文书往哪里投，投递了能否获得面试机会，需要提前下大工夫。因此，在制作求职文书前要做大量的准备工作。

1. 多渠道获取招聘信息

想把简历投递出去，得先知道哪些单位在招聘，这就需要我们平时多关注招聘信息，通过多种渠道获取信息。一般获取信息的渠道有如下六种：

(1) 人才交流会。人才交流会分两种：一种是社会性质的，由劳资部门牵头定期组织的人才交流会，为用人单位和求职者提供一个场地，进行双向选择；另一种是学校每年组织的人才交流会，将用人单位引进校园，在校园中为用人单位和应届毕业生提供双向选择的机会。校园里的人才交流会是应届毕业生求职首选的渠道。

(2) 校园招聘。校园招聘是各用人单位根据用人需求不定期分散地到校园招聘的一种形式，以招聘应届毕业生为主。招聘单位不如前两种渠道多，但可信度高。这些招聘单位一般是经过学校相关部门考查并同意其进入校园招聘的，一般不会存在招聘陷阱。

(3) 平面媒体。平面媒体主要指报纸、杂志或某些特定位置张贴的广告。这是一个使用较早、范围较广的招聘渠道。在这里可以获取较多的招聘信息。

(4) 网络。网络主要指人力资源网站、专业网站、公司网站。这是目前使用最广泛的渠道。通过这些网站可以海量获取招聘信息，而且联系也方便。但缺点是鱼龙混杂，可能会有招聘陷阱。

(5) 实习。顶岗实习也是一个获得就业岗位的好机会。实习期间，如果实习生和用人单位双方都满意，且有职位空缺，那实习生就可以直接留下来工作了。

（6）中介。中介分职业中介和非职业中介。职业中介指收取一定费用为求职者和用人单位进行相互推荐的个人或机构。这种渠道有一定的风险，通过这个渠道找工作需谨慎。

2. 对应聘企业和应聘岗位进行深入了解和分析

通过企业的简介和企业网页了解企业规模、企业主营业务和产品、企业特色和优势、企业效益、企业发展规划、企业的文化等。据此分析企业在招聘岗位上的期待是什么，分析自己在应聘岗位上的优势和劣势。

3. 了解就业政策

密切关注国家的相关就业动态，及时了解就业政策。能根据政策分析一个行业、一个岗位的发展动向和人才需求情况。

此外，还要了解与就业相关的法律法规，目的是进入一个合法职业，遵纪守法地工作；同时，也便于用法律法规保护自己的合法利益和权利。

2024年5月27日，习近平总书记在中共中央政治局第十四次集体学习时强调："引导全社会牢固树立正确就业观，以择业新观念打开就业新天地。"

就业是关系到国计民生的大事，也是大学生面临的头等大事。近些年来，随着经济结构的调整和产业结构的转型升级，劳动力市场发生了巨大的变化，"有活没人干"和"有人没活干"的现象普遍存在。时代在发生变化，我们的择业观也要随之变化。习近平总书记也强调新的择业观的重要性。因此，大学生在择业时，不要总是看工作环境、工资待遇等客观的条件，不要总想着"一步到位"，要时刻关注行业的变化和需求，做好在社会熔炉中磨炼自己的准备，学会从基层做起，审视自我发展和行业需求的关系，一步一个脚印地向前走。

（二）注意事项

1. 明确求职意向，有针对性地撰写求职简历或求职信

用人单位最想从你的求职文书上了解的是你可以为他们做什么，为他

们创造什么价值,因此,求职意向要明确。如果你作为求职者有多个目标,就需要制作出相应的求职文书,并且每一份求职文书上都要重点突出。比如说你想做一名程序员,就要突出你的代码水平和项目经验,而不是过多说明你的口才有多好。含糊笼统、毫无针对性的求职文书会让你错过很多机会。因此,要明确自己的求职意向,针对求职意向写作简历内容。

2. 内容简练、清晰、完整、充实

(1)内容要简练。招聘单位的招聘主管每天要面对很多求职文书,一般一个招聘人员的目光停留在一份求职文书上的平均时间是 10 秒。如果在 10 秒内他们能看到感兴趣的内容,就会进一步仔细看;如果篇幅太长,且没有看到他们想看的,这份求职文书就会被淘汰。因此,一份求职文书,要注意内容的简明扼要,一般一到两页就可以,冗长拖沓会让人力资源管理工作人员生厌。

(2)条理要清晰。内容安排要条理清晰、层次分明,让招聘者一目了然。

(3)结构要完整。简练不等于简单,必须要有的内容不能省。如个人基本信息、应聘该岗位的优势、联系方式等。

(4)亮点要具体。企业选人主要看的是内容,在有限的篇幅内展示出亮点是写作简历的重点,切忌出现空泛不实的内容,一定要把自己的经历和获得的成绩明确地列出来,避免仅仅出现"成绩优异""学习认真""专业能力强"等泛泛而谈的词汇,空洞的求职文书会给用人单位一种不真诚、不可信、没特色的感觉。

下面的例文在个人经历方面就写得简练而充实。

实践经历:

2022 年 7 月—2023 年 7 月,参与校外实践,任东海土方工程有限公司出纳一职,熟悉现金收付,银行结算业务。完成日记账的登记和处理,核对每月与银行之间的对账单,准确率高达 100%;及时送达根据总账编制的税务报表。

2023 年 7 月—2024 年 7 月,经常参加大学生志愿者服务活动。

荣誉奖励:

2023 年获校暑期社会实践团体二等奖;2023 年获校二等奖学金;2024年获校学习优秀奖。

上述例文中的实践经历与荣誉奖励层次清晰,且每一层内容简练而清晰。寥寥数语就将工作经验和奖励完整写出来了。曾有人力资源主管人员说道:"博士生一张纸,硕士生几页纸,本科生一叠纸,中专生一摞纸。那些又厚又长但不知所云的简历我们基本都不怎么看的。"

3. 打造亮点,突出优势

优势指的是应聘者所能胜任应聘岗位的能力。这是求职文书的亮点所在。求职者能获得面试机会,求职文书的这部分内容是关键。这也是求职文书的重点内容,主要包括与岗位相关的技能、经验、品质等。写出优势,需要做好两项分析工作。

(1) 分析岗位。写出亮点要先弄明白招聘企业需要什么。广泛查阅招聘企业的资料,了解企业具体情况以及在这个岗位上的具体要求。同时,还要分析这个岗位对工作人员的显性要求和隐性要求。显性要求一般包括年龄、性别、受教育程度、专业知识水平、实践经验、各方面技能等。隐性要求是岗位可能需要的,但没有明确标注或不能明确界定的要求。如专业之外的人际沟通、语言表达、信息处理、问题解决、组织协调等核心能力,或特殊的工作强度和心理承受力;或对性格、品质的要求。

如应聘岗位是外贸业务员

工作经历

1. 2022.9—2023.6　担任外国语学院团委宣传部部长

2. 2022.7—2023.8　于浙江恒通公司客服中心实习

负责英美客户接待、投诉,协调各部门解决客户问题,迅速掌握了外贸公司客服工作的基本要求,给客户留下了良好的印象,提高了自己的心理承受能力,历练了自己的耐心。

实习单位评价:适应能力强,善于沟通

3. 2021.9—2022.12　兼职英语家教

4. 2022.9—2022.10　负责中小企业外经贸人才需求调查工作

外贸业务员这个岗位的显性要求是有一定的英语基础,应聘者写了英语家教的经历,证明了自己有英语基础。这个岗位的潜在要求是要有人际交往能力和心理承受能力。当宣传部部长、到客服中心实习、做人才需求调查,都说明她有外贸业务员这个岗位必备的能力。每一段工作经历都是针对岗位需求写的,而且一切用事实说话,没有空话、套话。

(2)分析自己。突出亮点和优势,既要知道招聘岗位需要什么,还要知道自己有什么。因此,第二步是根据应聘岗位的显性要求和潜在要求,分析自己的优势,有选择性地呈现出来。要对自己的知识、经历、成绩、能力、性格进行全面系统的分析,选择最符合应聘岗位要求的,或者与应聘岗位要求最接近的内容。为表示内容的真实性,要写明具体的时间和地点,多用数字和事实,可引用第三方评价。

4. 求职文书要遵守语法规范和时间顺序

求职文书是求职者给用人单位的第一印象,是求职者的敲门砖。用人单位对应聘者的工作能力、工作态度产生的第一印象就来自求职文书。因此,要反复检查求职文书,尽量避免出现错误。如果出现错字、病句或者格式错误,会给用人单位留下文化素养低、工作态度不认真的印象。没有企业肯放心把工作交给这样的人去干。

不能出现时间顺序混乱的情况。时间顺序混乱,给用人单位的印象是思路不清晰,做事缺乏条理性。这会让用人单位怀疑应聘者的工作能力。因此,写完求职文书后,一定要仔细地核查,多核查几遍,甚至可以让老师、朋友帮忙核查,以求万无一失。

5. 求职文书格式要整洁、美观

求职文书的字体一般为宋体,字号可设定为小四号或者五号,页数不宜过多,1～2页即可,用 A4 纸规范打印。求职简历应该简洁明了,内容条文式罗列,不加入过多修饰成分。封皮简单大方,甚至可以不用封皮,切忌过于繁杂,给人一种华而不实的感觉。因为看这种简历比较浪费时间,需要先翻开或者抽出其中的简历才能看到内容。在人山人海的求职现场,没有人愿意因一次接一次地抽简历而浪费时间。而对于设计类等特殊岗位,求职简历可以做得个性美观一点,毕竟这也是以另外一种方式展示了自己的能力。

五、求职文书的投递

一份优秀的求职文书若要实现它的价值,投递是关键。如何才能将你的求职文书安全送到招聘者手中呢?

（一）多渠道投递

多渠道获取就业信息,并多渠道投递。在当前求职的"井喷"时期,不要只盯综合网站,还要尝试在一些专业性较强的网站上搜索招聘信息,投递求职文书。投递求职简历或求职信可以通过快递的形式,投递纸质版;也可以以电子邮件的形式投递电子版。

（二）电子邮件的投递技巧

在信息化背景下,求职文书更多的是以电子邮件的方式投递。在使用电子邮件投递时,要注意以下六点。

1. 选用常见常用且稳定的电子邮箱

不要用学校内部邮箱或是其他小服务商提供的邮箱系统,以免邮箱系统不稳定导致发送失败。发送完毕后,过几分钟再查看一遍邮箱,看是否有退信。如果有,查明原因后再重新发送。

2. 不要只用附件形式发送

打开附件不仅浪费时间,还可能使电脑有感染病毒的风险。因此,招聘者很可能对你的邮件中的附件视而不见。因此,应该先将简历或求职信贴入正文,再添加附件作为补充,以便招聘者存档。

3. 对于心仪的岗位不要重复投递

在短时间内不要重复投递求职文书。在几分钟之内或者几天内,连续发出2份以上相同的简历,一方面,会浪费招聘者的时间;另一方面,会让用人单位产生这样的印象——谨慎有余,自信不够。如果简历没有特别的亮点,用人单位就不会予以考虑。如果不能确定邮件是否被安全送达,可以在发送完后,打电话确认。如果迟迟没有回信,可以隔两周再发送。这样给用人单位的印象是:看重这份工作及应聘单位,如果条件符合,他们可能会重点考虑。

4. 研究分析投递时间,错开"高峰"期

招聘信息发布后的前两天一般是投递简历的高峰期,招聘专用邮箱会爆满。因此,要尽量避开这两天,以免你的求职文书因邮箱爆满而遗失或被淹没在众多邮件中,被用人单位忽视;也不要在晚上7～10点投递,这时候的垃圾邮件特别多,招聘者可能会把你的求职文书误认为是垃圾邮件一起删掉。

一般投递邮件的最佳时间是早上的7～8点、下午的1～2点,这时一般是招聘者刚刚上班的时间,他们会在第一时间看到你的求职文书。

5. 凸显关键词,引起招聘者的注意

在邮件主题上设置能引起招聘者注意的关键词。关键词可以设置为你的优势;关键词设置一定要醒目,将相关字体加粗加黑。

6. 重要信息放在前面,让招聘者一眼看到你的优势

求职简历可以用倒叙的方法,将招聘者最关注的信息,如专业技能、实践经历等放在前面,这样招聘者不用拖动滚动条就能看到他们想看到的内容。

任务反馈

应聘工作需要有针对性地投递求职文书,切忌盲目乱投。李强在求职时,采取了"广撒网"的策略,看似增加了自己的就业机会,实则降低了求职的目的性和针对性,反而不利于找到适合自己的工作。这也是许多求职者容易出现的误区。因此,李强应该有针对性地求职,寻找合适并且有利于自身长远发展的职位。

应聘工作要做到知己知彼,对应聘单位和应聘职责的要求要非常熟悉,再进行自我分析,分析自己是否能承担这样的职责、是否符合该岗位的要求,从而沉着应对。李强求职之前没有做好准备,甚至不了解公司的性质和所求岗位的要求,会给面试官留下工作不认真、对该岗位不上心、不适合该岗位的印象。因此,李强应该认真地根据公司岗位写每一份求职文书,在参加面试之前做好一切准备,并且在面试过程中态度端正,这样才能提高自己的求职成功率。

对该岗位的相关行业知识要做深入了解,李强需要做一个主动积极的人,这样才能让自己在应聘过程中表现得更加专业。即使不能应聘成功,学习些有用的行业知识总是没有坏处的。

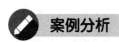 案例分析

【案例 2-1】

上 书 自 荐

东方朔字曼倩,是平原都厌次县人。汉武帝即位不久,征请全国各地推举贤良人士以破格任用他们。各地士人纷纷上书谈论国家政治的得失,炫

耀卖弄自己才能的人数以千计,其中不值得录用的就通知他们,说上书已经看了,可以回家去了。东方朔刚到长安,上书给武帝说道:"我东方朔从小失去父母,由哥嫂抚养长大。十三岁开始读书识字,三年掌握了各种字体的写法。十五岁学击剑,十六岁学习《诗经》《尚书》,背诵了二十二万字。十九岁学习《孙吴兵法》有关战阵的布置、作战时队伍进退的节制等内容,也背诵了二十二万字。我一共已经习诵了四十四万字的书,还牢记了子路的一些格言。我今年二十二岁,身高九尺三寸,眼睛像挂起的珍珠那样明亮,牙齿像编起来的贝壳那样整齐洁白,像孟贲一样勇敢,像庆忌一样敏捷,像鲍叔一样廉洁,像尾生一样守信。像这样的人,可以做陛下的大臣了。我东方朔冒死再拜向陛下禀告。"

(资料来源:张永雷、刘丛译注《汉书》,中华书局,2016)

【思考讨论】

1. 东方朔的求职信从哪些方面介绍了自己的优势?

2. 东方朔的求职经历给了你什么启示?

【案例2-2】

王伟,一位拥有五年工作经验的电气工程师,以其精湛的技术在业界小有名气。然而,公司的规模和薪资待遇已不能满足王伟职业发展的需求。尽管职业生涯至今尚未迎来突破性进展,但他始终怀揣着寻求新挑战的渴望。不久前,他留意到一家心仪已久的企业发布了电气工程师的招聘启事,这让他产生了跳槽的念头。

着手准备简历时,王伟精心梳理了自己的专业技能与辉煌成就,诸如参与并成功完成的多项重大电气工程项目,以及因此而荣获的各类奖项与认证。

写完以往取得的成绩,他开始着重阐述自己对招聘岗位的见解,分析招聘单位目前遭遇的技术瓶颈,介绍自己在这个领域的突出优势,展望自己将来在该岗位上可能做出的贡献,并表达了自己想加入该公司的强烈意愿。

整个简历看起来条理清晰,简明扼要,亮点突出,言辞恳切。用人单位看了王伟的求职简历,立即通知王伟前往面试。

【思考讨论】

1. 分析王伟求职简历的精彩之处。

2. 你认为这份求职简历的哪些内容令招聘单位心动?

📖 **实训平台**

一、游戏:表扬与自我表扬

活动目的:

(1) 培养活动参与者的自信心。

(2) 培养活动参与者积极的人生观,增进队员之间的友谊。

(3) 为写作求职文书打基础,帮助活动参与者掌握针对岗位选择写作内容的技巧。

活动准备:

5~10 个不同岗位的招聘启事。

活动要求:

(1) 队员之间先进行相互表扬,然后进行自我表扬。

(2) 不能流于形式,每个人的评价必须客观、中肯,不能千篇一律地用笼统的话语,要有具体事例证明。

(3) 个人根据岗位的需求,结合自身的优点,说出自己在某个招聘岗位上的优势。

二、写作求职简历

第一,替古代名人写简历。请替李白写一份现代的求职简历,根据你对李白的理解,介绍一下李白,想一想李白适合什么工作职务。

第二,写一份个人求职简历。

活动目的:

(1) 掌握写作求职简历的技巧。

(2) 提升写作能力。

活动要求:

(1) 内容简练、条理清晰、重点突出、亮点明显。

(2) 不能有错别字,不能有病句,不能出现格式错误。

任务三　应对求职面试

任务情境

公司招聘一名客户经理，初试的面试官在众多求职者中重点选择了几个人选，并做进一步的审核。简历显示，一位名叫李强的应聘者，具有较为丰富的客户经理的工作经验。于是，面试官非常亲切地问李强："你的经验这么丰富，为什么要换一份工作呢？"

没想到一个小小的问题，使得李强非常激动，他竟然回答了将近半个小时。李强先是分析了他应聘这份工作的原因，然后将话题转到了他的家庭和工作关系上面，又转移到他父母、妻子的工作和生活情况上。在回答问题时，李强也不看面试官，一个人手舞足蹈。面试结束后，李强没有把坐过的椅子摆正，就扬长而去。

虽然李强滔滔不绝，但面试官问的几个问题他都没有很好地给予正面回答。或许李强拥有丰富的经验，也具备这份工作所要求的专业和管理能力，但是面试官还是将他淘汰了。

任务分析

面试是一种通过面对面沟通来考查面试者的方式，需要面试者有很好的沟通能力。在面试中，应聘者与面试官进行良好的沟通，且达成共鸣，将有很大的机会被录用。李强不懂得与面试官互动，导致面试被减分。面试不仅考查应聘者的沟通交流能力，也考查应聘者的个人修养。李强面试过程中与面试官没有眼神交流，讲话时手舞足蹈，坐过的椅子也没有放回原位。种种行为表明他缺乏应有的面试礼仪，这也是导致他面试失败的一个原因。

对于面试官的提问应当做到紧扣主题，思路清晰，详略得当。对于信息型的问题，回答时要干脆利索、直截了当；对于阐述型的问题，回答时要阐明主要观点,不要拖泥带水、任意发挥。李强回答问题时喋喋不休地说个没完,无法聚焦实质,甚至还把话题延伸到自己的家庭问题,让人感觉思路混乱。

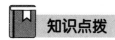

知识点拨

一、面试的含义

面试是招聘单位为甄选优秀人才精心策划的招聘活动,在特定场景下与应聘者交谈,来检验应聘者的知识、能力、经验、品行等相关素质的一种选拔手段。面试在招聘测试中占有非常大的比例,一般在 40%～60%之间,有些单位甚至将面试的比例定为 80%。

如果说求职简历决定了求职者能否开启就业之门,那么,面试则决定了求职者能否被允许进入大门并成功就职。求职者应在面试前做好充分准备,对面试的流程及注意事项进行全面了解。

二、面试的形式

不同公司不同岗位采用的面试形式不同。具体来说,大致有如下类别。

(一) 依据面试规模分类

根据面试规模的不同,面试可以分为个人面试、小组面试和成组面试三类。个人面试又称个人访谈,是面试官和求职者之间的面对面谈话,彼此加深了解。但一个面试官对求职者的认识难免会有偏颇,不利于决策,因此,一般用人单位很少用这种方式。

小组面试一般是由两三个人组成面试小组对求职者逐一进行单独面试。

成组面试是较大规模的面试,通常由面试小组(由两到三人组成)对几个应聘者同时进行面试。申请人在面试官的指导下,完成面试问题或相关测试。面试过程中,面试官测试应聘者的思维能力、解决问题的能力、人际交往能力等。

(二) 依据面试形式分类

根据面试形式的不同,面试可分为现场面试、电话面试、视频面试和随机面试四类。

现场面试就是面试人员通过现场面对面交流的方式对求职者进行的面试。

电话面试是面试人员通过电话交流对求职者进行的面试。

视频面试是面试人员与求职者通过互联网进行语音、视频、文字的沟通交流,对求职者进行的面试。

随机面试是面试人员采用非正规的、随意的方式与求职者进行交谈,在交谈中观察求职者谈吐、举止、知识、能力、气质和风度,对其做全方位的综合考查。

（三）依据考查方式分类

根据考查方式的不同,面试可以分为问题式面试、压力式面试、情景式面试和综合式面试四类。

问题式面试是由面试人员按照事先拟定的提纲对求职者进行发问,请求职者进行回答的面试方式。在特定环境下,面试人员观察求职者的表现,评估他们的知识、能力和素质。

当面试官有意识地向候选人施加压力,并就特定主题或事件提出一系列问题时,就会发生压力面试。面试人员以此观察求职者在特殊压力下的反应、思维敏捷程度及应变能力。

情景式面试是要求求职者通过角色模拟完成任务的面试方式。由面试人员设定一个情景,提出一个问题或一项计划,求职者进入角色完成任务。通过这种方式,面试人员可以考核求职者分析问题、解决问题的能力。

综合式面试是面试人员通过多种方式对求职者的综合能力和素质进行考查。如用外语交谈、即兴演讲或操作计算机等。以此来考查求职者的外语水平、计算机操作、语言表达等各方面的能力。

三、面试考查的主要内容

从理论上讲,面试可以测评求职者的所有素质,但每个甄选方法都有它的优点和不足,而每个应聘者也都有其优势和劣势。用人单位的用人原则是用其长,在面试中,用人单位会扬长避短,选择最合适的测评内容去测评应聘者是否具备本单位所看重的素质,而不是测评其所有素质。

（一）仪容仪表

主要指求职者的外貌、衣着、举止、精神状态等。仪容仪表反映了一个人的教养、性格和品德。例如,仪表端庄的人一般做事思路清晰、有条理性、自我管理能力强、有强烈的责任心。

（二）专业知识

通过提问、讨论等方式了解求职者掌握专业知识的深度和广度，以此判断其能否胜任所应聘的岗位，如是否热爱所学专业，是否时常更新专业知识。

（三）工作实践经验

一般情况下，面试官根据求职者提交的简历来提问相关问题，进一步考查求职者以往的工作经历、实践经验等。通过对这些情况的了解，面试官进一步考查求职者的专业技能、责任感、诚信意识、创新能力、口头表达能力及应变能力等。

（四）语言表达能力与应变能力

通过求职者回答面试人员问题的速度和准确性，考查求职者的应变能力和语言表达能力，面试人员通过观察求职者在面试中能否将自己的思想、观点、意见或建议流畅地表达出来，能否对主考官所提出的问题进行透彻、清晰、全面地回答，判断求职者的应变能力和语言表达能力。

（五）人际交往能力

在面试过程中，面试官通常会询问应聘者经常参与什么类型的活动、喜欢和什么样的人交往等问题，目的是了解应聘者的人际交往能力。

（六）情绪管理能力

情绪管理能力对于从事管理岗位的工作人员来说尤为重要。因此，面试人员会通过某种方式设计一些问题，来考查求职者在面对批评、工作压力或个人利益受损时能否控制自己的情绪，同时考查求职者对工作是否有耐心、有韧性。

（七）工作态度

通过了解求职者对过去学习、工作的态度，以及对应聘职位的态度，考查求职者对待工作的认真负责程度，以决定能否录用求职者。

（八）进取精神

是否具有进取精神是一个人能否在事业上有所成就，能否为企业创造最大利益的关键。进取精神具体表现为努力把工作做好，不安于现状，敢于创新，乐于接受新事物、新知识，不断学习提升自我，展现出出色的学习能力等。面试官可以通过考查应聘者对于新知识、新事物的认知程度，来判定应聘者是否具有进取精神。

(九) 求职动机

一般用人单位会询问求职者为什么来此应聘,对哪个岗位更感兴趣,有什么工作要求等问题,借此了解求职者的求职动机和潜在价值。

面试常问问题及考查点:

(1) 简要介绍以前的工作经历和工作成果。

目的:考查应聘者的表达能力。

(2) 为什么换工作?

目的:考查应聘者的求职动机、职业态度、价值观和人生观。

(3) 你认为从事这份工作应该具备哪些特质?

目的:考查应聘者对该岗位所需职业素质的认知,判断应聘者是否能胜任该工作。

(4) 你的竞争优势是什么?

目的:考查应聘者与众不同的工作优势。

(5) 你在上一份工作中有什么收获?

目的:考查应聘者思考问题的客观性、全面性和深刻性,也考查应聘者的专业能力和敬业精神。

(6) 你通常如何安排工作时间?

目的:考查应聘者的工作效率和工作习惯。

(7) 你未来三年的目标是什么? 如何实现?

目的:考查应聘者的职业规划能力和行动能力。

(8) 你对我们公司以及你所应聘的职位了解多少?

目的:考查应聘者对应聘企业和岗位的关注程度,考查应聘者的工作态度和信息获取能力。如果开始面试时已经向应聘者介绍过相关信息,则会考查应聘者的倾听能力。

(9) 描述你上一次在工作中挨批评的情景。

目的:考查应聘者的应变能力、情绪管理能力及在具有一定隐私性和较强专业性领域里的沟通能力。

(10) 请介绍自己的个性。

目的:考查应聘者的个性特征与用人单位的文化氛围、岗位需求等之间的匹配程度。例如：外向性格在公关、市场等工作岗位更具优势,内向性格在科研、财会等工作岗位更具优势。

(11) 你所期望的待遇是怎样的?

目的：了解应聘者对待遇的要求,考查求职者的自信程度和工作态度。要求太低,或者不敢说则是自信心不足的表现;而要求太高又没有充分的理由,则可能被视为好高骛远,不切实际。

四、面试的技巧

(一) 面试前的准备

1. 了解企业和行业的相关情况

深入了解招聘职位,做到知己知彼。如公司历史、规模、产品、经营状况、岗位职责等。此外,还要了解行业的发展情况、发展动态,以及本行业中代表性企业的相关情况,以备面试官提问行业的相关问题。对企业和行业的情况了解越详细,应聘时越有把握,应聘成功的概率就越大。

2. 准备面试可能用到的书面材料

面试前要准备好面试时可能会用到的一切东西。身份证、学历证书、推荐表、成绩单、各种技能证书、个人详细资料等。此外,还要准备几份求职简历,以及记录本和笔以备不时之需。

3. 得体的仪容仪表

在面试中,仪容仪表的重要性再怎么强调都不为过。总的原则是干净、整洁、合适得体、不浮华、不暴露。

面试仪容仪表小攻略

一、男士仪容仪表攻略

1. 着装整洁得体

男士着装的总要求是西装革履。男士选择西装和皮鞋的具体方法如下：

(1) 颜色、款式要得体。应聘者最好穿深色西装,给人以稳重的印象。根据体型选择西装,体形较瘦的人,宜穿暖色调西装;体形较胖的人,宜穿深色西装。

（2）衬衫要合身。衬衫建议穿长袖的，以白色或淡蓝色为主，可选用净面或细条纹图案。衬衫一定要干净、整洁、挺括。

（3）皮鞋要擦亮。皮鞋保持干净光亮；系带的皮鞋一定要系好鞋带，松开或未系的鞋带会给人一种邋遢感，还可能将你绊倒；颜色搭配上，尽量使皮鞋与西服同色系，切忌穿休闲鞋搭配西服。

（4）穿着方式要正确。西服上衣袖子不能过长，宜比衬衫袖短1厘米左右；西裤长度不可太短，以裤管盖住皮鞋为宜；衬衫要放在西裤里面；衬衫领子不能太大，领脖间不能留空隙；佩戴领带必须扣衬衫扣；西服的衣兜内不可装太多东西，以免鼓囊囊的。

2. 仪容干净自然

（1）头发干净、自然。求职者去应聘时要保持头发颜色自然，发型朴素大方，不要给人油光发亮、湿淋淋的感觉；不要留鬓角，最好不要留中分头；头发也不能压着衬衣领子；胡须最好刮干净，不要留人丹胡、络腮胡。

（2）注意手部卫生。手是人体中活动最多的部分之一，也常常是人们目光的焦点，因此，在参加面试之前，先看看自己的手，保持指甲干净，而且不要留长指甲。

3. 饰品简单适宜

（1）公文包要简单。带一个简单的公文包可以装面试必备的资料。注意看看包带或包扣是否完好。

（2）小饰物要简单适宜。在支付能力范围内选择高质量并与衣服相配的手表。如果条件不允许可以不戴手表，不要戴卡通类手表。

4. 个人卫生

面试时，应聘者和面试人员的距离较近，如果应聘者身上散发出汗臭味、烟味等异味，会令面试人员反感，势必影响面试结果。因此，面试前要做好个人卫生。

（1）面试前不吃易产生异味的食品，如洋葱、大蒜等。饭后要漱口或刷牙。

（2）面试前不要吸烟或喝酒。

二、女士仪容仪表攻略

1. 着装整洁大方

（1）女士着装应遵循美观、稳重、优雅的总原则。服装的颜色、式样应与应聘的岗位相协调。对于女性来说，西装裤和西装裙一般都适合面试时穿，不宜穿太紧、太透或太暴露的衣服。

（2）鞋子要便利。女士选择鞋子的款式和颜色应和整体相协调，尽量选择中跟鞋，既方便走路又能体现职业女性的大方得体。

（3）丝袜要得体。袜子不能有脱丝。为了防止脱丝，建议在包里放一双备用。

2．饰物要少而精

（1）携带一个较大的时装包，放一些面试必需品，包则不宜装得过满。

（2）首饰尽量少戴。若要佩戴，以低调款式为宜，切忌把自己打扮得珠光宝气。

（3）选择适合自己的眼镜。不宜戴太阳镜（护目镜）去面试。如果脸型不适合戴眼镜，可选择隐形眼镜。

（4）丝巾。丝巾能烘托出女性的柔美，但选择丝巾时一定要注意与衣服的协调性。

3．发式要适宜

在选择发型之前，应该先分析研究一下自己的脸型，选择适合脸型的发型，不可梳过于怪异的发型，不得染过于刺眼的颜色，更不宜将头发染成五颜六色。如果不确定自己适合梳什么发型，可以请理发师帮忙打理。

4．妆容要淡而美

（1）口红的选择以接近唇色为宜，不宜选择太突出、太刺眼的颜色。

（2）妆容以清新、淡雅为原则。

（二）面试礼仪

1．面试前的礼仪

1）按时到达面试地点

守时是职业道德的一个基本要求。提前到达面试地点会更好，以便熟悉环境，不会过于紧张，切不可在面试时迟到或是匆匆忙忙赶到，这样既会给面试人员留下没有时间观念的印象，又会使自己更紧张，影响面试发挥。但不宜去得太早。

为了避免迟到，可以提前出门，要做好堵车的准备。如果对路线不熟悉,还可以提前一天到面试地点熟悉路线,计算通勤时间。

2)进入面试单位注意举止素养

进入面试单位后要注意以下细节:① 不要四处走动,径直走向面试地点,向接待人员说明来意,按其指引到指定区域等候;② 求职中注意用语文明,要问好和感谢;③ 不要围观其他工作人员的工作;④ 不要对工作人员所讨论的事情或接听的电话发表意见或评论;⑤ 不要打扰工作人员工作。

3)等待面试时的表现不容忽视

有时在等候室等待面试时可能就已经是面试了。因此,到达面试地点后要在等候室耐心等候,细心观察。第一,保持正确的坐姿,不要来回走动显得浮躁不安。第二,如果现场有为求职者准备的资料,要仔细阅读以了解其情况;但是,未经工作人员允许,不能随便乱翻公司的任何东西。第三,不要旁若无人地与其他应聘者大声聊天或接打手机。

2. 面试中的礼仪

1)进入面试房间时要有礼有节

如果没有人通知,即使前面一个人已经面试结束,也要在门外耐心等待,直到自己的名字被喊到。进入房间时要敲门,听到“请进”后,方可进入。敲门不可用力太大,也不要敲得太急,要以里面人听得见的力度轻叩房门。进入房间后要面带微笑,用手轻轻将门关上。回过身,微微鞠躬,站稳站直后,面带微笑地说一声“您好”。既不要无礼傲慢,也不要过于拘谨。

2)握手时要得体

握手是非常重要的一种身体语言。得体的握手能让人感受到你的自信和真诚。当面试官向你伸手时,你的手要迎上去握住对方的手,然后把手自然放下。同时,你的双眼要直视对方,自信地说出自己的名字。握手切忌太用力,也不要太无力。

3)坐姿要端正

进入面试室后,先观察有没有应聘者坐的椅子,是怎么放着的。在听到“请坐”后方可坐下,坐下时应道声“谢谢”。就座时宜坐椅子的前三分之二,上身挺直,身体要略向前倾,保持轻松自如的姿势。双膝并拢,把手自然地放在上面。在面试过程中既不要坐在椅边上,显得太拘谨;也不要紧贴着椅背坐,显得太疲惫或太散漫;更不能跷二郎腿不停抖动,或抱双臂于胸前,或把手搭在旁边的椅背上,这样会给人一种轻浮傲慢、有失庄重的印象。

4) 眼神自然交流

应聘者要与面试人员有眼神的交流,眼神要自然自信。礼貌地正视对方,不呆板、不飘忽;如果有多个面试官,说话时都适当扫视一下。

5) 保持自信有亲和力的微笑

微笑既可以帮你消除紧张,又可以给面试人员带来好心情、留下好印象。因此,面试时要面带亲切自然的微笑。

6) 恰当地使用手势

在回答问题时,可以适当借助手势进行表达,但手势幅度不可过大,不能给人手舞足蹈的感觉。

7) 认真倾听面试人员的讲话

认真倾听别人的讲话,是对对方的一种尊重。认真倾听,既可以帮助自己赢得思考问题的时间,又可以准确领会对方的意图,提高答题的质量。认真倾听还会让面试人员感受到被尊重,给面试人员留下稳重有修养的好印象。

在听的过程中要直立或端坐,目光柔和地注视对方,诚恳地点头,不要打断对方的话。当你的讲话被对方打断时,你要耐心听对方讲完,然后询问"我接着刚才的话题继续回答?";听不明白或者没听清的要礼貌发问。

8) 清晰准确地回答问题

面试时回答问题的声音、语速、选择的语言显示了一个人的性格、表达能力、礼仪修养,直接影响面试的成绩。因此,回答问题时要做到:第一,声音要适中,保证面试人员能清楚地听到你的声音,感受到你的自信和饱满的精神,但声音也不能太大,声音太大会显得聒噪。第二,发音清晰准确,语速适中。第三,使用简洁凝练、通俗易懂的语言。第四,发表意见要中肯、客观、平和,避免使用极端性的语言。

3. 面试后的礼仪

面试结束后,也不是万事大吉了,在离开面试单位前要注意各种细节。面试结束后要起身向面试人员表示感谢,握手告别,将椅子放回原处,轻轻将房门关上。离开用人单位前,仍然不能出现吸烟、随地吐痰、大声喧哗等行为,要礼貌地向工作人员道谢、告别。

面试礼仪是求职者的个人修养在求职过程中的体现。个人修养不是一朝一夕养成的,是我们在长期社会生活中逐渐形成的交往习惯、思维定式和行为定式。个人的礼仪体现在生活中的一个个细节上。举手投足之间无不体现出个人的礼仪修养。因此,我们必须从平时做起,注意自己的言行举止,在长期的积累中养成良好的修养,使这些修养在关键时刻自然流露出来。养成良好的行为举止习惯,不仅能帮助我们成功面试,也能成就我们的人生。

(三) 面试必备的心理素质和品质

求职者的心理素质和道德品质在求职面试中起着决定作用。良好的心理素质可以帮助求职者沉着应对面试,充分展示个人才能。

1. 沉着冷静

在面试中,沉着冷静是求职者需要具备的最重要的心理素质。无论事先做多少准备,无论准备得多么充分,一旦面试时失去冷静,求职者的思绪将会陷入一片混乱,回答问题的条理性、应变能力、面试礼仪都将无从谈起。

面试时,面试人员有可能为了考查求职者的这种心理素质,故意营造紧张气氛,向求职者施压。这时候就更需要求职者沉着冷静应对。

面试前进行充分的准备,可以增强求职者的信心,帮助求职者冷静面对。沉着冷静的心理素质可以帮助求职者将所具备的能力完全展示出来。另外,面试时保持微笑、降低语速也可以缓解紧张情绪,帮助求职者保持冷静。

2. 永不言弃的执着精神

有许多职位要求员工有执着的精神和较强的耐力。因此,在面试中,用人单位会特别设置这类考题,通过求职者的整体表现观察其执着精神。在求职过程中,求职者不要轻易放弃任何一个机会,要积极努力争取。

3. 自信

自信可以使求职者在面试中更冷静,也更易于被招聘单位接受。只有敢于展示自己的才能,用人单位才会发现你的价值。但自信不等于骄傲自大。大学生应该在平时不断积累知识和提升能力,有了真才实学才会有自信。同时,还要虚心学习,不要在面试时指手画脚,以免给人留下好为人师的印象。

思政贴吧

　　有了"自信人生二百年,会当水击三千里"的勇气,我们就能毫无畏惧面对一切困难和挑战,就能坚定不移开辟新天地、创造新奇迹。

　　——2016年7月1日习近平总书记在庆祝中国共产党成立95周年大会上的讲话

　　只有拥有自信,我们才敢于面对挑战,才能开创人生的新天地。大学生刚走向社会,面临的挑战之一就是就业竞争压力,而就业的最关键一步就是面试。很多青年人有较高的才学和扎实的技能,如果在面试时相信自己的能力,克服胆怯、紧张等情绪,就会为自己赢取一个展示才华的舞台。职场青年如果有信心面对新的挑战,就能不断成长,进而实现个人价值,为国家作出贡献。

4. 诚实

　　诚实是一种优秀的社会道德品质,更是一种优秀的职业道德和职业操守,是用人单位在面试时非常看重的一种品质。在面试时,我们要客观评价自己,真诚地与面试人员交流,不得捏造经历,不得为自己的缺点和不足狡辩。相对于能力,企业更看重一个员工诚实的品质,因此面试时要实事求是。

任务反馈

　　李强的求职失败了,败在面试环节。在具备了专业能力的情况下,李强要获得心仪的职位就要吸取面试教训,要做好以下几点。

1. 学会倾听

　　积极倾听是沟通的一项重要技能。面试的本质是与面试官交换信息以获得全面评估的过程,主要通过说和听来完成。倾听是对话的重要组成部分。考生认真倾听才能准确回答考官的问题,这也是对考官的尊重。李强没有仔细听面试官的问题,更没有抓住面试官问题的关键导致答非所问,不得要领。

2. 学会应答

面对面试官的提问要做到细节恰当,紧扣主题。在回答面试官的问题时,要根据实际情况回答,或详细或简短。一般情况下,要详略得当,要把中心思想说清楚,然后再进行叙述,给人一种思路清晰的感觉。

3. 要注意面试礼仪

在回答面试官的问题时,李强应做到有问必答且简明扼要,突出重点,避免长篇大论让自己显得很无礼,从而使面试官失去兴趣。在行为举止上要稳重,要和面试官有目光交流;要有始有终,离开前应将坐过的椅子放回原处。

 **案例分析**

【案例 3-1】

韩 信 的 面 试

封拜大将的仪式结束后,韩信被请入上座。刘邦说:"萧丞相多次提起您的大才,您认为我该怎么办呢?"韩信先是逊谢,随即问刘邦:"大王如今出兵东向争夺天下,您的对手不是项羽吗?"刘邦说:"是的。"韩信又说:"大王您自己估计您的勇猛、仁德,以及您军队的强盛,能比得过项羽吗?"刘邦沉默了半天,说:"比不上他。"韩信起身向刘邦拜了两拜称赞他的自知之明说:"我也觉得您比不上他。可是我曾经在他手下做事,请让我来说说项羽的为人。项羽大吼一声,可以把上千人吓得瘫在地上,可是他不任用有才干的人,这样他就不过只有匹夫之勇。项羽待人恭敬有礼,仁爱慈祥,说起话来和和气气,有人生了病,他能把自己的食物分给他,可是等到人家立了功,该封官颁赏了,他却能把印把子拿在手里摩挲得棱角都圆了还舍不得发出去,这样,他那所谓的'仁爱'不过是妇人之仁。项羽虽然做了霸主,所有诸侯都对他俯首称臣,可是他不建都在关中,而建都在彭城。他又违背了当初义帝宣布的谁先入关谁做关中王的规定,还把他的亲信都封了王,因此各路诸侯都心怀不满。诸侯们看到项羽把义帝赶到了江南,也都学着样赶走自己过去的国君而占据好地方称王了。项羽军队所到之处,杀人放火,留不下一个完整的地方,天下人为此怨声载道,老百姓谁也不亲附他,现在只不过是被他暂时的强大控制罢了。项羽现在虽然名义上是霸主,实际上他已经人心尽失了。所以说他的强盛是很容易转变的。现在您如果真能反其道而行之——只要是勇敢善战的人,您就大胆起用,那还有什么敌人不能被打败!只要打下了城邑,您就把它封给您的有功之臣,那还有什么人不对您忠心归附!您再以那些来自沛县一带的老兵为中坚、为前锋,让你现有的全部人马跟在后面一起东进,那还有什么样的敌人不能被打垮!现在被项羽封立在关中的三个诸侯王当初都是秦朝的将领,他们统率关中的子弟好几年,为他们而战死的和逃亡的不计其数。后来他们又欺骗了这些士兵投降了项羽,结果走到新安时,项羽竟把这二十多万降兵全都活埋了,就留下了章邯、司马欣、董翳这三个人,现在秦地的父老们对这三个人简直恨之入骨。如今项羽仗着他的武力硬是把这三人封了王,秦地的百姓其实根本没人爱戴他们。而大王您当初进入武关以后,秋毫无犯,废除了秦朝的严刑酷法,给秦地百姓们定的法律只有三条,秦地的百姓没有不乐意让您在秦地称王的。按照诸侯们的事先约定,大王您也应该在关中称王,关中的百姓们也都知道。后来您被项羽剥夺权利,排挤到汉中,秦地的百姓们没有一个不对此愤慨不平。现在如果您举兵东下,三秦地区只要发上一个通告,不用打仗就可以回到您手中。"刘邦听了大喜,感到自己现在才真正地认识韩信实在是太晚了。于是就按照韩信的谋划,部署各位将领的进攻目标。

(资料来源:文天译注《史记》,中华书局,2016)

【思考讨论】

1. 韩信为什么能顺利通过面试?

2. 请总结项羽作为领导的优缺点。

3. 通过韩信的成功面试,你认为在面试中如何回答问题更容易获得面试官的认可?

【案例3-2】

王璐已经参加过很多次招聘会了。在最近的一次招聘会上,考官对她非常满意,并开始洽谈她的最终薪资。王璐觉得今年找工作很难,能找到一份工作就很知足了。于是她爽快地回答:"一切都好说,您决定吧!"考官顿时脸色阴沉,让她回去等通知,而她再也没有得到通知。

【思考讨论】

1. 王璐面试采取的是一种什么态度?

2. 面试官为什么不聘用王璐?

3. 如果是你,你该怎么回答?

实训平台

一、模拟面试

分成组面试和小组面试两轮,先进行成组面试,讨论问题;然后进行小组面试。

活动目的:

提高学生面试技巧的应用能力。

活动说明:

8人一个小组,选取一组同学进行模拟面试。其中3名同学充当面试官,4名同学充当应聘者,1名同学充当秘书。每组面试完后,可以进行角色互换,大家充分体会每个角色的感觉。

活动步骤:

(1) 第一轮进行成组面试,由4个应聘者共同讨论一个问题,面试官观察并打分。

(2) 第二轮进行小组面试,由面试官对每个应聘者提出问题,进行单独面试。提问的问题由每组的面试官和秘书共同准备。

(3) 计算两轮面试的总成绩。

评分标准:

(1) 举止仪表(10分):仪表端正,装扮得体,举止有度。

(2) 对本职位的了解(10分):对本公司做过初步了解;面试经过精心准备;面试态度认真;待遇要求理性。

(3) 自我认知能力(10分):能准确判断自己的优势、劣势,并针对劣势提出弥补措施。

(4) 沟通表达能力(10分):准确理解他人意思;有积极主动沟通的意

识和技巧;用词恰当,表达流畅,有说服力。

(5)分析能力(10分):思路清晰,富有条理;分析问题全面、透彻、客观。

(6)应变能力(10分):有压力的状况下,思维反应敏捷;情绪稳定;考虑问题周到。

(7)执行力(10分):在任何情况下都能服从领导的工作安排,全力以赴完成工作任务。

(8)专业背景(10分):所学是否为相关专业;有无相关工作经验。

(9)情绪稳定性(10分):在特殊情况下(如较大的压力、被冤枉、被指责)能保持情绪稳定,不会做出极端言行。

(10)求职动机(10分):生存、自我提高、自我实现、职业规划。

二、讨论

针对刚刚的面试,谈谈自己的看法。你认为哪些同学的哪些表现比较好? 哪些表现对面试成功非常不利? 你以后将在哪些方面加强练习?

✅📝 项目总结

本项目主要介绍职业生涯规划的相关知识,帮助大家学会自我评估和职业定位,学会撰写求职文书,掌握面试的技巧和礼仪。

通过任务一,我们了解了职业生涯规划的理论基础,掌握了职业生涯规划的类型,学会自我评估和职业定位。通过任务二,我们了解了求职文书的含义和作用,掌握了求职文书的内容、格式和注意事项,学会撰写求职简历和求职信。通过任务三,我们了解了面试的含义和形式,掌握了面试的主要内容,学会了面试的技巧和礼仪。

📋 拓展训练

一、填空题

1. 职业生涯规划的期限一般划分为( )、( )、( )、( )。

2. 职业定位的原则包括（　　　）、（　　　）、（　　　）。

3. 依据面试规模的不同,面试可以分为（　　　）、（　　　）、（　　　）。

4. 依据面试形式的不同,面试可以分为（　　　）、（　　　）、（　　　）、（　　　）。

5. 自我评估一般包括（　　　）、（　　　）、（　　　）、（　　　）。

二、简答题

1. 如何进行职业定位?

2. 求职简历有什么作用?

3. 制作简历的注意事项有哪些?

三、综合运用题

1. 霍兰德职业性向测验

以下列举了一系列活动,请根据你的真实感受,判断你对这些活动的喜好程度。请在每个活动后的括号内填写"是"或"否",表示你是否喜欢该活动。请尽量根据你的第一反应进行选择,不要过度思考或受他人影响。

活动列表:

(1) 装配修理电器(如电脑、电视等)(是/否)

(2) 阅读科技图书和杂志(是/否)

(3) 素描、制图或绘画(是/否)

(4) 参加社会团体或俱乐部的活动(是/否)

(5) 对使用各种机械加工工具(如电锯、砂轮)感兴趣? (是/否)

(6) 在集体讨论中,积极发言,并进行活动策划(是/否)

(7) 在实验室进行科学研究(是/否)

(8) 设计家具、布置房屋(是/否)

(9) 修理汽车或机械(是/否)

(10) 参加话剧或戏曲演出(是/否)

(11) 整理文件、做会计账(是/否)

结果分析:

完成上述活动后,你可以根据自己的选择,进行结果分析。例如:

(1) 如果你喜欢大部分实际型活动[如(1)、(5)、(9)],那么你可能更倾向于实际型职业,更适合工程师、技术员、机械操作工、维修工、驾驶员、电工等。

(2) 如果你喜欢大部分研究型活动[如(2)、(7)],那么你可能更倾向于研究型职业,更适合科学家、研究员、科研人员等。

(3) 如果你喜欢大部分艺术型活动[如(3)、(8)、(10)],那么你可能更倾向于艺术型职业,更适合艺术家、设计师、音乐家等。

(4) 如果你喜欢大部分社会型活动[如(4)],那么你可能更倾向于社会型职业,更适合教育工作者、咨询人员、导游等。

(5) 如果你喜欢大部分企业型活动[如(6)],那么你可能更倾向于企业型职业,更适合管理岗位、律师、市场销售等。

(6) 如果你喜欢大部分传统型活动[如(11)],那么你可能更倾向于传统型职业,如会计、出纳、统计员、税务员等相对稳定的工作。

请注意,霍兰德职业性向测验的结果并不是绝对的,它只是一种参考。每个人的性格和兴趣都是多样化的,可能同时包含多个类型的特质。因此,在解读测验结果时,应保持开放和灵活的态度,结合自己的实际情况和职业规划进行综合考虑。

2. 一分钟工作联想

(1) 请拿出一张白纸,在纸上写下"我希望工作……"。在1分钟的时间内尽可能地写下你头脑中所联想到的任何短语。

(2) 思考:你在工作中寻找的是什么? 你判断工作"好"与"坏"的标准是什么?

(3) 全班分享思考的结果。

项目二　培养职业道德

学习目标

1. 素质(思政)目标

(1) 认识到职业道德的重要性,培养职业操守与自律精神,形成良好的职业道德意识与行为。

(2) 培养爱岗敬业、诚实守信的道德意识和信念。

2. 知识目标

(1) 了解职业道德的含义、特点和基本原则及职业道德与企业发展的关系。

(2) 了解爱岗敬业、诚实守信的含义和基本行为准则。理解职业道德对于个人职业成功的推动作用,以及对于社会和谐发展的积极影响。

3. 能力目标

(1) 能在日常生活中对不良的职业道德现象提出质疑,在未来的职业活动中能够脚踏实地、恪尽职守,坚持不懈地以良好的职业道德形象影响身边的人。

(2) 能在职场活动中坚守承诺,对工作任务高度负责,以诚实为基石构建个人品格,以正确的为人处世态度立足于社会。

项目导读

职业道德是社会道德体系的重要组成部分，是从事一定职业的人在职业生活中应当遵循的具有职业特征的道德要求和行为准则。职业道德是从业人员在职业活动中的行为标准之一，也是从业人员的社会责任与义务，是从业人员事业成功的重要保障。

职业道德与人们的职业活动紧密联系在一起，不论是从事哪种职业，在职业活动中都要遵守道德。例如，教师要教书育人，为人师表；医生要救死扶伤，为病人解除痛苦；商业工作者要公平买卖，诚实无欺，这些都是职业道德的基本要求。

职业道德是一般社会道德在职业生活中的具体体现，一方面具有社会道德的一般作用，另一方面它又具有自身的特殊作用。在职场交际中，它可以调节团队内部人员之间以及与团队外部人员的关系，促进职场内部人员的团结与合作，促进从业人员与服务对象的和谐。职业道德还有助于维护和提升一个企业、一个行业的信誉。从业人员的职业道德水平高低决定了产品质量和服务质量的高低。产品质量、服务质量直接影响着一个企业的信誉。职业道德还能有效促进行业企业的发展。行业、企业的发展有赖于员工技能水平、敬业精神、诚信意识等素质，因此，员工良好的职业道德水平可以促进企业行业的发展。

从业人员的职业道德要求包括爱岗敬业、诚实守信、服务社会、公平公正等。其中，爱岗敬业、诚实守信是各种职业道德规范中最重要的两个部分，直接影响着企业与个人、企业与社会的关系。职业道德关乎个人事业的发展、公司的存亡、家庭的和睦、社会的稳定，因此，职业道德是从业人员入职的第一课，也是其在整个职业生涯中要始终坚守的。

俗话说，德才兼备是精品，有德无才是次品，无德无才是废品，有才无德是危险品。现在有很多单位宁可聘用有德无才之人，也不会聘用无德之人。古今中外，凡是取得重大成就的人，无不具备良好的职业道德修养。职业道德是入职者的立身之本、成功之源。同学们，让我们共同培养良好的职业道德修养，让它为我们的职业人生保驾护航吧！

任务一　　培养爱岗敬业精神

任务情境

　　机电一体化专业毕业的王新园跟十几个同学一起来到了上海友望机械制造公司,开启了他的职业生涯。进入该企业后,他们从事最基础的机器设备的检查和维护工作。慢慢地,有些同学觉得自己大学毕业却做着一般工人的工作,工作枯燥辛苦不说,薪水也没有自己期望的高,就产生了辞职的想法。在不到半年的时间里,与王新园一起来的同学就走了近一半。而王新园在坚持了一年之后,也开始嫌弃这份工作又脏又苦又累,动了跳槽的念头,决定换个行业试试。从此,他的心思不再放在本职工作上,每天琢磨着换什么工作,结果导致在一次检修设备时出现失误,险些酿成大祸,他因此受到处罚。受到处罚的王新园更急切地想要换工作。他看到干销售工作的同学收入可观,工作时间还自由,于是跳槽做了销售。新的工作岗位由于工作性质比较特殊,考勤制度相对宽松。没有了考勤管束的王新园在工作中经常"三天打鱼,两天晒网",不上班也不外出拓展业务。即便开展业务也不尽心尽力,导致工作了半年,仅联系到两笔业务。销售的产品少,年底分红就很少。王新园感觉这份销售工作压力大收入还低,不如回老家找份稳定的工作舒服。于是又回了老家,但是他对小城市的薪资待遇和人文环境又处处不满意,工作做得不多,牢骚发了不少。王新园的工作态度,令领导和同事颇为不满。频繁更换工作,王新园非但没有找到自己想要的生活,在工作中也没有取得进步。反观与他一同去上海那家企业又坚持到现在的几位同学都在自己的专业领域取得了不俗的成绩,而且成了企业的中坚力量。一向自认为有才华的王新园陷入了迷茫。

任务分析

　　在新的市场经济环境下,求职者与用人单位的双向选择是多数人的就业方式。它的好处是能让越来越多的人从事自己喜欢的工作,用人单位也能挑选自己所需要的合适人选。这也造成了大学生在就业方面的不稳定性,"这山望着那山高",随意跳槽的情况也比较多见。像王新园与他的同学们就是大学生在进入职场后不同情况的代表。

最初离开的那些同学应该是吃不了一线工作的苦;而王新园虽然坚持了一年,也取得了一定的成绩,但还是放弃了。最后坚持下来的同学才是胜利者。

爱岗敬业是人们对工作态度的一种普遍的道德要求。它要求从业人员热爱自己的工作岗位,勤奋努力,尽职尽责。这种态度不仅仅是出于职业的需要,更是出于内心的热爱和尊重。因此,从业人员要以一种认真负责的态度、干一行爱一行的理念和精益求精的精神做好本职工作。它是一个人职业道德、使命感和责任感的具体体现,是优秀员工的基本素质。它可以弥补一个人某些方面能力的不足,使其具有的才能在工作中得以充分展现,并得到提升。

📖 知识点拨

一、爱岗敬业的含义

爱岗敬业是最基本的职业道德规范,是职业道德的核心和基础,是对从业人员工作态度的普遍要求。爱岗就是热爱自己的工作岗位,热爱自己所从事的职业;敬业是敬重自己所从事的工作,是严肃、恭敬、认真负责地对待自己职业的一种工作态度。爱岗敬业具体表现为勤奋努力、尽职尽责、一丝不苟、全心全意、善始善终、精益求精。

爱岗敬业是中华民族的传统美德。早在春秋时代,孔子就提出了"敬事而信"。《礼记·学记》中提出"敬业乐群"。朱熹对敬业的解释是"敬业何?不怠慢、不放荡之谓也"。爱岗敬业是优秀员工的基本职业素养,是从业人员优秀品德与人格在工作中的具体体现。

二、爱岗敬业的标准

(一) 有责任心

责任心是爱岗敬业的前提,是一个人遵守法律法规及行为规范、承担相应责任和履行义务的自觉态度。它是一个人应该具备的基本素养,是一个人立足社会、取得事业成功、维护家庭和睦的重要品质。一个具有强烈家庭责任感的人会为了家人的幸福努力工作,一个具有强烈职业责任感的员工,会努力把本职工作做好。强烈的责任心表现为以下两个方面:

第一,对待工作严肃认真,一丝不苟。认真对待工作中的每一个环节,不放过任何一个细微的失误和瑕疵。对工作负责任的程度不仅影响到个人的发展,也会影响到公司的发展。曾享有"女王银行"美誉的英国巴林银行于1995年倒闭,它曾拥有232年的光辉历史、4万名员工,分支机构遍布全球。而一个如此辉煌的银行最终倒闭,其中一个非常重要的原因是部分管理者对工作不负责任。分行经理尼克·里森挪用公款,银行高层监管人员的监管不力,这些对工作不负责任的行为都助推了银行的倒闭。

玩忽职守可以毁掉一个公司、一个人;而严肃认真地对待工作,则不仅可以成就一个人,也可以振兴一个企业、一个国家。北京同仁堂的祖训是:"品味虽贵,必不敢减物力;炮制虽繁,必不敢省人工。"正是靠着这份承诺,这份严谨认真,同仁堂从一家普通的家庭药铺发展成为具有三百多年历史的国药著名品牌。

第二,勇于承担责任、甘于奉献。工作面前不拖延、不扯皮;错误面前不逃避、不推诿。对于上级安排的工作欣然接受,不抱怨、不怠慢,并认真完成;对工作中出现的错误勇于承认并主动承担责任,及时分析问题、解决问题,尽力弥补错误,将损失缩减到最小。

勇于负责是一种积极进取的精神,可以使一个人的能力得到充分发挥,使一个人的潜力不断被挖掘,使一个人的事业不断发展,也可以为一个公司创造巨大的效益。作为从业人员,需要对自己的工作保持清醒的认识,明确自身的责任并勇于承担。面对工作中出现的错误,不应回避,而要勇于承认,然后采取一切可能的措施弥补自己的过错。这样做不仅可以将个人为错误付出的代价最小化,也可以帮助个人在专业技能和思想认识方面得到提升,还可以让领导对你的职业道德品质、工作能力和潜在的价值有更进一步的认可。

(二)有工作热情

孔子说:"知之者不如好之者,好之者不如乐之者。"对工作的热爱是一种良好的职业情感,是做好本职工作的前提。唯有对工作充满热爱,人们才会不遗余力地去追求卓越;同样,只有对工作怀有深厚的热情,才有可能出色地完成工作。热爱本职工作就要对工作有热情、有激情,始终保持良好的精神状态,不怕挫折和困难,在克服困难、解决问题中提升自己。

1. 积极工作

出于对工作的热爱,心甘情愿地做好本职工作,不勉强、不应付。积极主动地处理自己的工作,不需要领导的督促,做到领导在与不在都一个样。积极主动地做好每一件事,认真对待工作中的每一个细节,保质保量完成任务。做到检查与不检查一个样,不因为相关部门是否监督而改变工作质量。

2. 不畏困难

热爱本职工作就不会畏惧工作中的困难和挫折,并且积极应对困难、想尽一切办法解决困难。将工作中出现的新问题、新情况视为挑战和磨炼,并充满激情、乐此不疲地研究解决。在解决问题的过程中不断提高产品质量、完善产品性能,不断提升自我的技术水平和工作能力。

3. 不牢骚、不抱怨

热爱本职工作就会用积极乐观的心态工作,坦然接受工作中的挫折和不如意之处。热爱本职工作就会甘于奉献,不斤斤计较个人的得与失。当上级决策有不当之处时,及时与领导沟通,提出合理化建议;当个人受到不公平待遇时,用实力和业绩证明自己。牢骚和抱怨的不良情绪会削弱责任心,降低工作积极性,降低工作效率,破坏公司工作氛围,是工作中的大忌。因此,热爱本职工作的人会以正面的情绪、正确的方法解决工作中的挫折,会换位思考,与领导多些沟通,对领导多些理解。

(三) 有精益求精的精神

精益求精是爱岗敬业的最高境界,是职业责任心的升华。只有对工作精益求精,才可以不断创造卓越;只有对工作精益求精,才会有所突破、有所创新;只有对工作精益求精,技能才会不断提高,科技才会不断发展,社会才会不断进步。对工作的精益求精要做到如下两点:

一是把工作做对、做好、做精。对工作不但要按照领导的要求,遵循一定的规则做对,还要认真分析、精心研究,把事情做好做精,确保客户满意、领导满意。精益求精的员工还会考虑用户的使用舒适度,为客户生产安全、放心、舒适、使用方便的产品,以提高用户体验,提高企业声誉,扩大企业影响力。

二是不断突破、不断创新。精益求精就是在做好工作的基础上能够有所创新,使工作业绩更加突出,使工作成果更令人满意,使产品性能更加完善。凭着精益求精的精神,微软公司研发的办公软件不断升级。因为精益求精,袁隆平研发了一代又一代稻米,使我国稻米产量不断提高。

三、爱岗敬业的意义

(一)爱岗敬业是民族复兴、国家强盛、社会发展的重要保障

爱岗敬业是人类社会存在和发展的需要,是一种社会责任。只有爱岗敬业、勤勤恳恳才能为社会做出巨大贡献,推动社会发展。

1. 爱岗敬业可以推动经济发展、科技进步

唯有每个人都爱岗敬业才能提高生产总值,为企业、国家创造更多经济效益,促进经济发展。每个人在自己的工作岗位上勤勤恳恳、一丝不苟,不断地钻研学习,精益求精地工作,才能实现科技的进步、技术的更新、国民素质的提高,才能实现民族振兴、国富民强的民族梦想。

2. 爱岗敬业可以促进社会和谐稳定

"职业无贵贱,岗位无高低。"无论是公务员还是清洁工,无论是教师还是工人,只有每个行业中的人都兢兢业业、恪尽职守,才能营造一个美丽、洁净、温馨的生活环境,才会构造和谐文明、风清气正的社会大环境。

(二)爱岗敬业是立业的必要前提

爱岗敬业是个人职业能力提升和企业发展必需的精神支柱。个体若缺乏爱岗敬业的精神,事业就会停步不前。爱岗敬业无论对于一个企业的发展,还是个人职业能力的提升都至关重要。

对个体而言,爱岗敬业精神可以促进个人职业能力的不断提高。具有敬业精神的人对自身职业水准有很高的要求,往往精益求精,在工作中不断完善提高。在对工作反复研究、完善提升的过程中,个人知识储备不断增加、职业视野不断拓宽、职业技能不断提升,这直接促进了个人事业的发展。

对企业而言,爱岗敬业精神是一个企业生死存亡的关键。如果一个企

业的上层决策者缺乏敬业精神，企业就会误入歧途，走向倒闭；如果员工缺乏敬业精神，企业就会松涣散漫、效益低迷，在激烈的市场竞争中被挤垮。这就是企业把员工的敬业精神看得比能力更重要的原因。一个具有敬业精神的人，他的能力势必会不断提高；而一旦缺乏敬业精神，能力是无法弥补和替代的。

（三）爱岗敬业为个人事业发展创造机会

爱岗敬业最大的受益者是自己，可以使自己学到更多知识、积累更多经验、掌握更多信息、提高专业技能，可以使你的潜力和价值被发现、被挖掘。

1. 获得就业岗位

爱岗敬业是严峻的就业形势下的现实要求。在严峻的就业形势下，具有爱岗敬业精神，是用人单位挑选人才时的一项重要标准。此外，出于对企业效益和长期发展的考虑，企业也把爱岗敬业作为对从业人员的职业要求。因此，在这种现实的社会形势下，"干一行、爱一行"的敬业精神可以帮助我们谋求一个就业岗位，获得一个展示能力和才华的舞台。

2. 才能得以展示

才干只有在工作中才能被展示出来。爱岗敬业的人会对工作倾情投入，全力以赴，将自己的全部才能和智慧投入到工作中。因此，他的工作能力会被发现、工作潜能会被挖掘，会得到上司的赏识和重用，事业才会不断进步。如果一个人对工作消极被动，不肯投入、不肯付出，他的才能也就得不到施展。是金子也要从沙粒中露出来才会发光，是人才也要将才能展现出来才会被赏识、被重用；有了更大的舞台，才能进一步施展自己的才华，事业才会有更大的进步。

3. 成功创业的强大推力

爱岗敬业不仅是一个员工必备的素质，更是一个企业负责人必备的素质，它是成功创业的强大助推力。当爱岗敬业成为一种习惯时，在个人的创业中将会发挥巨大的作用。敬业精神会使一个企业负责人竭尽全力不断做大企业规模，将企业做大做强；敬业精神会使一个企业负责人对员工负责，营造爱岗敬业的企业文化氛围；敬业精神会使一个企业负责人对客户负责，不断提高公司的业绩，从而建立更大的客户群，促进企业发展。因此，爱岗敬业不仅可以推动员工的事业发展,也能促成创业者成功创业。

劳动模范是劳动群众的杰出代表,是最美的劳动者。劳动模范身上体现的"爱岗敬业、争创一流,艰苦奋斗、勇于创新,淡泊名利、甘于奉献"的劳模精神,是伟大时代精神的生动体现。

——2016年4月26日,习近平总书记在知识分子、劳动模范、青年代表座谈会上的讲话

习近平总书记所提到的这些精神是新时代背景下推动社会进步、促进经济高质量发展、提升国家竞争力的重要举措。这些精神不仅是对劳动者个人品质的赞誉,更是对全社会价值导向的引领,是新时代赋予我们的重要使命。其中,爱岗敬业是职业道德的基本要求。它要求劳动者热爱自己的职业和岗位,尽职尽责地履行工作职责,把个人发展融入国家和社会进步的大局之中。爱岗敬业的精神能够激发劳动者的积极性和创造力,提高工作效率和质量,为经济社会发展注入强大正能量。这些精神相互关联、相互促进,共同构成了推动社会进步和经济发展的强大精神动力。我们应该积极践行这些精神,为实现中华民族伟大复兴的中国梦贡献自己的力量。

四、如何培养爱岗敬业精神

爱岗敬业作为一种职业道德规范,也是一种工作精神、一种奉献精神。在国家发展、社会发展、企业发展和个人发展中都起着非常重要的作用。培养青年的爱岗敬业精神不仅是个人的需要,也是国家和社会的需要。培养爱岗敬业精神需要做到以下三点。

(一) 树立远大的职业理想和高尚的立业动机

职业理想是指人们依据社会要求和个人条件,设想的职业奋斗目标。职业理想是爱岗敬业精神的思想基础,引导着大学生树立正确的人生观、价值观、事业观。实现远大的职业理想是实现个人生活理想、道德理想和社会理想的手段。作为大学生,首先要树立远大的职业理想、设定职业目标、规

划职业人生。作为大学生还要有高尚的立业动机。大学生作为 21 世纪高端技能型人才,对家庭、集体和社会肩负着不可推卸的责任,应时刻以推动国家发展和社会进步为己任。

(二) 建立正确的职业观

职业观念直接影响一个人的爱岗敬业精神。刚刚开启职业生涯的大学生要建立行业无贵贱的职业观;要清醒认识自己,自觉适应社会;要及时调整就业心态,主动适应工作岗位,要有先求生存、后谋发展的从业理念;摒除好高骛远的坏习惯,脚踏实地,将想法落实到行动上。

(三) 提高职业技能

职业技能是从业人员履行职业责任、爱岗敬业的手段。它包括业务处理能力、技术操作能力和专业理论知识等。唯有不断提高职业技能,才能真正实现爱岗敬业;否则,爱岗敬业就成为一句空话。作为大学生,提高自身职业技能需要做到以下几点:

(1) 牢固掌握所学专业知识,反复练习专业技能,不断提高专业技能水平。充分利用在校学习机会,认真学习,虚心请教,深刻理解专业理论知识,并用理论知识指导实践;利用实习实训的机会,熟练掌握操作技能;积极参加各种技能比赛,以赛促学,提高专业技能;积极参与专业技能证书考试,以考促学,增加知识积累。

(2) 继续深造,拓宽知识面。在校期间参加各种学术讲座、各类学术社团,养成每天读书的好习惯,以丰富知识储备、拓宽视野;入职后积极参加各种培训,虚心向有经验的同事请教,不断掌握新技术、新工艺,增加技术业务知识的储备,提高管理水平。

(3) 充分利用各种信息资源,及时掌握行业前沿动态。深入了解行业信息,掌握行业动态,更新知识结构,努力使自己成为业务骨干和技术尖兵,以过硬的职业技能实践敬业精神,为国家做贡献,为企业创效益。

(4) 强化责任意识。爱岗敬业要求从业人员要有强烈的责任意识。大学生应该在日常学习和生活中注意强化自己的责任意识。首先,要明确自己的责任。大学生的主要责任是使自己成为社会需要的德才兼备的人才,为将来的职业发展做好准备。其次,应从细微之处着手,培养强烈的责任感,认真对待每一件小事;同时,脚踏实地,保持谦逊好学的态度。再次,对自己负责,学会自我管理。大学生需掌握的管理技能包括时间管理、目标设定与管理、情绪调控、健康维护以及人脉拓展等。

 **任务反馈**

王新园和他的同学们的情况就充分体现了:爱岗敬业最大的受益者是自己,爱岗敬业可以使自己学到更多知识、积累更多经验、掌握更多信息、提高专业技能。因为爱岗敬业可以更充分地展示你的工作能力、才华和品质,可以使你的潜力和价值被发现、被挖掘。因此,在工作时:① 王新园要有明确的职业规划,不能只想着有"良好的工作环境、有不错的收入、安定的住处、固定的休息时间"的舒适工作,要平衡理想和现实的差距,清楚自己以后做什么,应该怎么做。② 王新园还应该有吃苦耐劳、坚持不懈的精神,不要计较一时的得失,要做一行、爱一行,这样才能持续进步;否则,就会"一山望着一山高",最后一事无成。而能坚持下来的学生才会有好的待遇和发展机遇。

案例分析

【案例 1 - 1】

某职业学院有个叫晨曦的学生,他本是电子应用技术专业的中职学生。中职毕业后,他觉得自己的专业技能和知识掌握得太少,于是又通过参加对口升学考试,进入高职院校。但中职毕业的他底子薄,对很多专业知识不理解,技能操作也不熟练。对电子专业的热爱让晨曦鼓起勇气迎难而上,不懂就问,操作不熟练的就反复练习。经过刻苦学习,他的专业知识和技能有了很大的提升,这一切都被老师看在眼里。大二时,负责技能大赛的老师选中他代表学校参加全省机器人竞技大赛。要代表学校与其他学校的高手同台竞技,晨曦很激动也很有压力。晨曦在赛前备战的日子里几乎天天泡在实验室。放学后,同学们都去休息了,他一个人还在实验室做实验。尽管他的机器人已经调试得很好了,但他仍不满意,依然反复研究、反复调试,以达到更好的状态。经过反复练习、调试,他最终在全省机器人大赛中,取得了一等奖的好成绩。凭着这股精神,他的各方面技能都有了很大的提高,原来对电路图都一知半解的他,现在不但会看图、会制图,还熟练掌握了编程等难度更大的技能。在校期间,他还参加了其他几个项目的比赛,均取得了很好的名次。毕业前夕,他又在全国机器人大赛中取得了优异的成绩。

【思考讨论】

1. 晨曦能成功的原因是什么?

2. 晨曦的事例给了我们什么启发?

3. 如果你是晨曦,毕业后你会怎么做?

【案例 1-2】

巴西"环大西洋号"的沉没

巴西海顺远洋运输公司曾有一艘引以为傲的海轮——"环大西洋号"。然而,这艘货轮却在一场大火中沉没了。全体船员无一生还。

救援人员在"环大西洋号"仅存的一个救生电台下面发现了一个密封的瓶子,里面有一张纸条,上面有 21 种笔迹,记录了事故发生之前船员们的工作日常。具体内容如下:

一水理查德:3 月 21 日,我在奥克兰港私自买了一个台灯,想在给妻子写信时照明用。

二副瑟曼:我看见理查德拿着台灯回船,说了句这个台灯底座轻,船晃时别让它倒下来,但没有干涉。

三副帕蒂:3 月 21 日下午船离港,我发现救生筏施放器有问题,就将救生筏绑在架子上。

二水戴维斯:离港检查时,发现水手区的闭门器损坏,用铁丝将门绑牢。

二管轮安特耳:我检查消防设施时,发现水手区的消防栓锈蚀,心想还有几天就到码头了,到时候再换。

船长麦凯姆:起航时,工作繁忙,没有看甲板部和轮机部的安全检查报告。

机匠丹尼尔:3 月 23 日上午理查德和苏勒的房间消防探头连续报警。我和瓦尔特进去后,未发现火苗,判定探头误报警,拆掉交给惠特曼,要求换新的。

机匠瓦尔特：我就是瓦尔特。

大管轮惠特曼：我说正忙着呢，等一会儿拿给你们。

服务生斯科尼：3月23日13点到理查德房间找他，他不在，我坐了一会儿，随手开了他的台灯。

大副克姆普：3月23日13点30分，带苏勒和罗伯特进行安全巡视，没有进理查德和苏勒的房间，说了句"你们的房间自己进去看看"。

一水苏勒：我笑了笑，也没有进房间，跟在克姆普后面。

一水罗伯特：我也没有进房间，跟在苏勒后面。

机电长科恩：3月23日14点我发现跳闸了，因为这是以前也出现过的现象，没多想，就将闸合上，没有查明原因。

三管轮马辛：感到空气不好，先打电话到厨房，证明没有问题后，又让机舱打开通风阀。

大厨史若：我接到马辛电话，开玩笑说："我们在这里有什么问题？你还不来帮我们做饭？"然后问乌苏拉："我们这里都安全吧？"

二厨乌苏拉：我回答，我也感觉空气不好，但觉得我们这里很安全，就继续做饭。

机匠努波：我接到马辛电话后，打开通风阀。

管事戴思蒙：14点30分，我召集所有不在岗位的人到厨房帮忙做饭，晚上会餐。

医生莫里斯：我没有巡诊。

电工荷尔因：晚上我值班时跑进了餐厅。

船长麦凯姆：19点30分发现火灾时，理查德和苏勒房间已经烧穿，一切糟糕透了，我们没有办法控制火情，而且火越来越大，直到整条船上都是火。我们每个人都犯了一点错误，但酿成了船毁人亡的大错。

这是一张绝笔纸条，纸条记录了事故的全过程。在整个事故的过程中，每个人都只错了一点点。

（资料来源：《环球时报》2004－06－07，有改动）

【思考讨论】

1. 根据这张字条的内容分析这次海难的原因。

2. 通过这个事件，我们可以得到一个什么教训？

📖 实训平台

一、游戏：勇于承担责任[①]

游戏目的：

① 培养责任心。② 培养敢于承认错误、承担责任的勇气。

游戏规则：

① 队员相隔一臂距离站成几列，裁判喊"一"时，向右转；喊"二"时，向左转；喊"三"时，向后转；喊"四"时，向前跨一步；喊"五"时，不动。② 当一列中有人做错时，做错的人要走出队列，站到大家面前先鞠一躬，举起右手高声说"对不起，我错了!"，并接受做三个俯卧撑的惩罚。如果犯错的人不主动承认错误，整列人都要受罚。

讨论探究：

通过做这个游戏，你明白了什么？

游戏总结：

这是一个勇者的游戏，虽然我们挑战的不是艰难凶险，但我们战胜的是世界上最难战胜的对手——自己。在这个游戏中，我们明白了做人要勇于承担责任的道理。"人非圣贤，孰能无过。"现实生活中，每个人难免会犯这样或那样的错误，有的错误发生时会被人发现，有的错误发生时或许不会被人发现，在犯错而不被发现时，能主动承认错误需要敢于担当的勇气。在自己的队友面前犯错误后，无论是否被发现，都能当着大家的面主动承认错误，更需要敢于承担责任的勇气。这个游戏的意义在于培养大家的责任意识。

二、职场活动

活动说明：

假如你是某公司的员工，公司近期要举办一个重要活动，准备邀请一些相关部门领导、合作伙伴和同行业的兄弟企业负责人参加活动。假如你是

[①] 资料来源：周鋆伟《团队游戏，让孩子在"玩"中成长》，《华夏教师》2012 − 09 − 15。

秘书,老板安排由你来负责邀请嘉宾参加本次活动,邀请函以微信的形式发送给受邀嘉宾,你将如何出色地完成这项工作,确保准确无误地掌握每位嘉宾参加活动的情况。请你模拟秘书来完成这项任务。

活动过程:

① 确定受邀嘉宾名单。将嘉宾分成若干组,每个组都从其他 6 个组中选 3 个合作伙伴、3 个兄弟企业。要求嘉宾中必须有老师和其他组成员。② 制作邀请函。自行制作,没有统一格式。③ 通过微信发送邀请函。④ 每位秘书扮演者统计到会人数。⑤ 收到邀请函的老师和同学对每个邀请函进行点评。

活动反思:

通过这个活动,你觉得怎么才能出色地完成这项工作。

任务二　养成诚实守信品质

任务情境

李明在离开上海友望机械制造公司一年后又重新回来应聘。再次入职时,李明轩说他这一年在另外一家机械制造企业上班,也就是说自己没有离开过这个行业,能够跟得上工作节奏。没想到,在上班一个月后,他被这家企业强行辞退了,因为他撒谎了。他再次入职后,在工作中频频出错,当车间主管再三追问他是否一直在这个行业工作时,他坚称自己一直在另一家机械制造企业从事现在这一岗位的工作。然而,在一次偶然的机会中,车间主管遇到了李明轩之前的同事,才知道他在离开的一年里去做了销售工作,并没有去他所说的那家企业从事同岗位的工作。企业的领导因此认为李明轩的诚信有问题,不能继续聘任他。就这样,李明轩失去了现在的工作。

任务分析

在激烈的求职竞争中,部分求职者不惜采用虚假手段来提高自己的竞争力,因此产生的后果也是很严重的。李明轩就因为一个谎言失去了工作,同时也失去了信誉。

2022 年,一份"求职者黑名单"经过上海 40 多家中小微企业共同核对与草拟,在上海一些中小微企业的老板之间广泛流传。被列入"黑名单"的求职者,利用中小微企业招聘机制的漏洞,以虚构身份、编造谎言、虚假承诺、经历造假等手段入职。我们不能小觑这份仅流传于部分中小微企业的"求职者黑名单",在信息传达迅速的当下,它的负效应会扩散得很广。诚实守信是人生的第二身份证,失信行为会让个人的声誉蒙尘、信用记录留下污点。对于求职者而言,还会产生严重的负面影响。

📖 知识点拨

一、诚实守信的含义

诚实,就是诚恳真实,不欺骗、不隐瞒、不弄虚、不作假,忠于事物的本来面貌,忠于自己真实的思想。守信,就是讲信用,讲信誉,信守承诺,心甘情愿地承担自己应该承担的责任和义务,保质保量地履行与别人的承诺。总之,诚实守信就是真实无欺、遵守诺言和契约的思想品德与行为准则。

诚实守信是中华民族古老的伦理道德规范。西周时期,《诗经》中就写道"无信人之言,人实不信"。春秋时期,老子提出"信言不美,美言不信"。孔子在《论语》中多次提到诚信,他认为"信"是一个人的立身之本。他曾说:"言而无信,不知其可也。"孟子则认为"诚者,天之道也。思诚者,人之道也"。后来韩非子也提出"小信成,则大信立"。可见,古人把诚信看作是最重要的道德规范。

随着时代的持续进步与变迁,"诚实守信"的理念也在不断融入新的时代精神,展现出更加丰富和深刻的内涵。在市场经济时代,诚实守信已经上升到了法律层面,约束指导着企业和个人的行为,维护着社会的稳定发展。习近平总书记提出:中共党员要"自觉讲诚信、懂规矩、守纪律"。虽然时代在变,但诚信的意义没变。诚信是一个人做人做事的根本,也是一个国家兴盛的前提。诚实守信既是一种优秀的品质,也是一种道德规范和行为准则。

在经济活动中,诚实守信是一种职业道德规范,是所有职业道德规范的根本和落脚点,也是一种市场经济法则。

二、诚实守信的意义

(一) 诚实守信对于社会的意义

1. 诚实守信是社会主义道德建设的重点

社会主义道德建设和道德教育的最终目的,是使道德核心、道德原则和道德规范,转化为人们的内心信念,并付诸实践。诚实守信关系到道德建设和道德教育的实效和进展。如果我们能恪守诚实守信的原则,亲身实践各种道德规范,那么我们的道德建设必将取得实质性进展;反之,如果我们无法做到诚实守信,道德建设就只会是空谈,难以落到实处。

2. 诚实守信是社会健康发展的重要保障

诚实守信是我国经济、政治、文化和社会健康发展的坚实保障。对于个人而言,诚信是一种人格魅力,可以构建良好的人际关系;对于企业而言,诚信是企业兴旺发达的基础,可以维持企业的良性发展;对于国家而言,诚实守信是赢得民心的关键支柱,有助于维护社会的和谐稳定,也是我们在世界民族之林中稳固立足的重要保障,同时,它还是良好国际形象的重要标志。

3. 诚实守信是建立市场经济秩序的基石

市场经济既是一种交换经济,又是一种契约经济。在这个体系中,确保契约双方能够履行各自的义务,对于维护市场秩序至关重要。为了达成这一目标,我们不仅需要依靠法律手段来强制执行市场秩序,同时还需借助道德的力量,特别是诚信的道德观念,来主动地维护经济秩序的正常运行。法律能让市场经济秩序得到规范,而诚实守信的道德观念则能引导市场经济秩序主动趋向正常,共同构建一个积极、健康且充满活力的经济运行环境。

4. 诚实守信是一切职业道德的落脚点

职业道德要求从业人员爱岗敬业、诚实守信、办事公道、服务群众、奉献社会,而诚实守信是这些道德的落脚点。没有从业人员的诚实守信,其他的职业道德要求就只能是一句空话。从业人员不能忠诚于自己从事的职业,不能信守自己的承诺,其他的职业道德就不能落实到行动上。

思 政 贴 吧

　　党的二十大报告强调："弘扬诚信文化,健全诚信建设长效机制。"习近平总书记也曾在 2016 年 12 月中共中央政治局第三十七次集体学习会议的讲话中强调："对突出的诚信缺失问题,既要抓紧建立覆盖全社会的征信系统,又要完善守法诚信褒奖机制和违法失信惩戒机制,使人不敢失信、不能失信。"

　　党的二十大报告充分体现了党和国家对于诚实守信品质的重视。诚实守信不仅关乎个人信用,也会影响到社会的进步、企业的发展。弘扬诚信文化,有助于构建更加和谐、稳定、有序的社会关系。这是一项长期而艰巨的任务,需要全社会共同努力、持续推进才能取得实效。只有这样,才能构建起一个诚信为本、和谐共生的美好社会。

　　(二) 诚实守信对于企业的意义

　　诚实守信是企业的无形资本,是企业的核心竞争力,可以为企业带来巨大的社会效益和经济效益。

　　1. 诚实守信是企业树立良好形象的必要条件

　　企业对社会、对消费者诚实守信,就会在社会上树立良好的企业形象。企业形象直接关系着企业产品及其市场占有率。良好的企业形象可以提高消费者对其产品的认可度,增加产品的销量和市场占有率,从而推动企业做大做强,走向世界。

　　2. 诚实守信是增强企业凝聚力和竞争力的精神保障

　　企业对员工诚实守信,可以激发员工的斗志,增强企业的吸引力和凝聚力。一个诚信的企业可以赢得员工的信任和支持,促使员工全身心地投入企业的工作中,全心全意为企业创造效益。诚信的企业可以构建一种积极向上的企业文化氛围,这种环境潜移默化地熏陶着员工,促使他们秉持诚实守信的原则,践行爱岗敬业的精神。员工与企业的密切配合,增强了企业的核心竞争力。

　　(三) 诚实守信对于个人的意义

　　1. 诚实守信是为人之本

　　诚实守信是文明高尚的品德修养的基础。诚实守信是形成健康人格,树立积极的人生观、价值观的前提。诚实守信还是赢得他人尊重和获得社交优势不可或缺的重要前提之一。诚实是对别人信任和尊重的表现,同时也能赢得别人的尊重。诚实守信可以增强个人的人格魅力。

2. 诚实守信是立业之要

诚实守信既是一种普遍的社会道德规范,也是一种职业道德规范。在工作中诚实守信才能赢得用人单位的信任和认可,才能为自己谋取一个赖以生存的工作岗位,才能为自己争取一个展示个人才华的平台,个人的人生价值才会实现。在生活或工作中不诚实、不守信可能会使你失去很多机会。

三、诚实守信的具体要求

诚实守信作为一种职业道德,对社会、企业和个人都有着重要的作用。那么,我们如何在职业活动中践行呢?

（一）对自己的公司忠诚

对于从业人员而言,诚实守信首先表现在对所属企业单位的忠诚上。首先要认同所属企业,其次要心中装着企业,关心企业的兴衰,与企业共命运,为企业的发展贡献自己的力量,具体来说包括以下四个方面。

1. 诚实劳动,认真负责

在工作岗位上要认真负责,勤勤恳恳,保质保量完成工作任务。诚实劳动不仅是衡量员工技能水平的基本尺度,更是其道德品质、价值观念及人生理想的直接反映。唯有诚实劳动才能把工作做好,充分体现出员工的能力。在工作中,不应有偷工减料、以次充好的行为,也不能玩忽职守,出工不出力。

2. 廉洁自律,洁身自好

在工作中是否廉洁自律,直接反映了一个人的诚信程度。从业人员的廉洁不仅仅是一个道德品质问题,还是一个法律责任问题。因此,从业人员要时刻提醒自己廉洁自律、洁身自好、不假公济私。管理人员和有一定权力的特殊岗位上的工作人员要做到不贪污、不受贿、不拿回扣;普通员工要做到洁身自好,不占公司小便宜。

3. 关心单位,热爱集体

企业是员工赖以生存的空间,是其施展才华的舞台,是其实现人生理想的平台。因此,员工要时刻关心公司的发展。要把自己当成公司的主人,为公司排忧解难。

4. 履行合同,遵守契约

市场经济也是契约经济,随着经济法制体系的健全,公司和员工之间都签订了劳动合同,形成了一种相互合作的契约关系。双方都享受一定的权利,也都承担一定的义务。公司要保障员工的劳动待遇,而员工也要依据合约履行劳动义务。

(二) 维护所属企业信誉

企业信誉影响着一个企业在社会上的形象。一个企业的良好信誉可以帮助企业在消费者或客户心目中树立良好的形象,扩大市场影响力,提高经济效益,促进企业发展。对自己的公司诚实守信,就要自觉维护企业的形象。维护企业形象需要做到三点。

1. 严把产品质量关,确保产品质量

作为员工要有产品质量意识,自觉主动地把好产品质量关,生产出质量合格的产品,不能让质量不合格的产品流入市场。要用产品质量为企业赢得消费者的信赖,赢得市场。

2. 增强服务意识,提高服务质量

与产品质量同等重要的还有服务质量。一件质量合格的产品销售出去之后,还要提供优质的售后服务。急消费者之所急,想消费者之所想,以诚恳的态度、优质全面的服务及时解决消费者反映的问题,也是树立企业信誉和形象的重要途径。

3. 注重舆论影响,引领积极导向

员工发表的关于自己所在企业的言论直接影响一个企业在消费者心目中的形象。员工私下对公司的评价往往对消费者起着一定的引导作用。因此,维护企业的形象就要注意自己的言论,多发表正面言论,不抱怨、不随意发牢骚。将消费者反馈的信息及时转达给相关部门和负责人员,以促进产品或服务更加完善。

(三) 保守企业秘密

保守企业秘密,是企业十分看重的职业素养,也是一个员工诚信的表现。市场经济中,企业之间的竞争异常激烈,而企业的任何一个商业机密被泄露都有可能给对手带来商机,可能会让自身陷入困境。因此,员工保守公司的的商业秘密尤为重要。有些不法商家为了在竞争中获胜,想方设法刺探竞争对手的商业秘密,甚至不惜花重金非法购买。在这种情况下,员工更要坚守诚信精神,保守公司秘密。

1. 抵御诱惑,坚守诚信底线

保守商业机密需要抵住利益诱惑,坚守诚信的底线。君子爱财,取之有道。作为员工在面对利益时能做到不迷失自我,不丧失诚信,不忘记法律,不取不义之财。买卖商业秘密不仅丧失诚信,也会触犯法律。《中华人民共和国反不正当竞争法》规定了侵犯商业秘密要承担的民事和行政责任。

2. 闲谈不论公事

为了获取利益而故意泄露机密信息,无疑会给企业带来毁灭性的后果。而无心之举的泄密,也可能引发企业的重大危机。有些泄密事件并非出于泄密者的本意,而是源于其对商业秘密的认知存在不足。一些人因为无法准确区分哪些信息属于商业秘密,在闲聊中不经意间便将敏感信息泄露了出去。为了防止此类事件的发生,我们必须时刻保持警惕,在与竞争对手或亲戚朋友交流时,尽量避免谈及公司的重要事务。

四、诚实守信精神的培养

诚实守信是一种良好的道德品质,这种品质是在日常生活中潜移默化、逐渐形成的。具体到工作中,可以通过企业和个人的共同努力来增强从业人员的诚信意识。

(一) 企业组织职业道德培训

从企业的角度来讲,企业应该在员工入职前对其进行职业道德岗前培训;员工入职后,要定期进行培训,不断强化员工的诚实守信意识,让其认识到诚实守信的重要性,并逐渐内化于心,形成员工内在的一种职业道德品质。

(二) 个人用积极的世界观、人生观、价值观引导约束自己的行为

1. 拓宽视野、提高思想境界

"心有多大,舞台就有多大",一个人的眼界有多大、胸怀有多大,发展空

间就有多大。因此,要不断提高自己的思想境界,培养高尚的人格,不斤斤计较蝇头小利。

2. 正确对待利益

社会是一个共同体,经济社会是一个利益的共同体,每个个体之间的利益都是相互制约、互为前提的。因此,首先要处理好自我利益与他人利益的关系。要在共同的追求中相互合作实现共赢,就必须做到诚实守信。要正确处理眼前利益与长远利益的关系。诚实守信的人可能获得长期利益,而不守信用的人,只能获取眼前利益。

3. 树立正确的价值观、事业观

以正确的、积极的价值观引导日常行为,享受各种法律规章制度赋予的权利,承担法律规章制度规定的责任和义务;在生活中真诚待人,坦诚做事,不弄虚作假,不占小便宜,不钻法律法规的空子,不抱侥幸心理。以追求事业的长足发展为工作目标,通过自己的不断努力实现可持续性、稳定性的个人发展。

任务反馈

人以诚立世,商以信立市。无论做人还是做事都要讲诚信。"人不信于一时,则不信于一世。"因此,不论个人、企业还是国家都要在自身发展过程中坚持"诚信"这个底线,不能弄虚作假。就我们本节的任务情景来看:

第一,招聘和求职的双方,都应展现出足够诚意,遵规守矩、诚实守信、公平竞争。而求职者李明轩显然没有做到诚实守信,因此失去了工作机会。

第二,求职者要洁身自爱和诚信自律,企业用工也要符合法律法规,招聘考核机制要更加完善;相关部门对履行劳动合同中的各种作假行骗行为,也要从严监管、依法惩戒。

第三,就个人而言,诚信是高尚的人格力量;就企业而言,诚信是宝贵的无形资产;就社会而言,诚信是保障有序发展的通行证。李明轩失信于公司的行为也使他个人的信誉受到了影响,进而影响了他在行业和社会中的形象。

 案例分析

【案例 2-1】

创立品牌从砸冰箱开始

1984 年,海尔的前身——青岛电冰箱总厂还仅是一个集体小厂,亏损达 147 万元,年销售收入仅 348 万元。1984 年 12 月 26 日,35 岁的张瑞敏"临危受命",从青岛市家电工业总公司副经理的位置上,调到这个小厂担任厂长。

有一天,一个客户反映海尔冰箱有质量问题。张瑞敏派人把库房里的 400 多台冰箱全部检查了一遍,发现共有 76 台存在各种各样的缺陷。张瑞敏知道,导致这个厂现在这种状况的原因只有一个,那就是质量问题,只有解决了这个问题,才能让厂子起死回生。张瑞敏把职工们叫到车间,问大家怎么办。多数人提出,也不影响使用,便宜点儿处理给职工算了。当时一台冰箱的价格 800 多元,相当于一名职工 2 年的收入。

张瑞敏说:"我要是允许把这 76 台冰箱卖了,就等于允许你们明天再生产 760 台、7 600 台这样的冰箱。"他宣布,这些冰箱要全部砸掉,谁干的谁来砸,并抡起大锤亲手砸了第一锤!

张瑞敏说:"过去大家没有质量意识,所以出了这起质量事故。这是我的责任。这次我的工资全部扣掉,一分不拿。今后再出现质量问题就是你们的责任,谁出质量问题就扣谁的工资。"这一锤所砸出的不仅是质量意识,更砸出了一种崭新的观念。从此,质量意识深深地印在海尔人的心中,而张瑞敏"大锤企业家"的美名也开始在社会上渐渐传开来。

3 年后,海尔冰箱在全国冰箱评比中,以最高分获得国家质量金奖。这是中国电冰箱史上第一枚质量金牌,海尔冰箱遂成为中国电冰箱行业的领头羊。

（资料来源:《科学启蒙·张瑞敏:创立品牌从砸冰箱开始》2009-09-01,有改动。）

【思考讨论】

1. 张瑞敏及海尔集团砸冰箱的举措体现了什么职业道德?

2. 张瑞敏怒砸冰箱具有什么积极意义？

【案例 2 - 2】

三一重工坚守诚信　赢在未来

对员工诚信：三年的承诺片纸抵金

三一重工股份有限公司是由三一集团于 1994 年投资创建的,目前是全球装备制造业的领先企业之一。但是创建之初,条件非常艰苦。在 1995 年 3 月 1 日开工典礼上,董事长梁稳根计划给三一当时在场员工每人发一枚金牌,由于一些客观原因,金牌没有做出来,于是董事长说,先给大家每人发一张纸条来代替,将来大家可以用这张普通的纸条来兑换金牌。

一张纸条换一块金牌,这怎么可能? 员工只能当玩笑听听,都没有当真。然而到 1996 年,公司为持有这张纸条的在职员工更换成铜牌。公司的这一行为令员工们信心倍增。员工们的干劲儿更足了。

2003 年,三一重工在 A 股上市,员工手中不起眼的铜牌又更换成了 24K 黄金打造的金牌和 1 万元现金。公司还郑重承诺:"到三一创收 100 亿时,给每一个手中持有金牌的在职三一员工奖励 10 万元。"

2007 年,三一销售额过百亿,在当年的"三一节"上,梁稳根再次兑现了这一承诺。20 名持金牌的老员工,获得公司给予他们每人 10 万元的奖励。现场梁稳根再次承诺,当三一销售过千亿的时候,给每一个手中持有金牌的在职三一员工奖金 100 万元。

在三一重工董事长和员工们的共同努力下,2011 年 7 月,三一重工以 215.84 亿美元的市值,入围 FT 全球 500 强,是唯一上榜的中国工程机械企业。2012 年,三一重工并购混凝土机械全球第一品牌德国普茨迈斯特,改变了行业竞争格局。现在,三一重工还在不断发展壮大。

对投资者诚信：小股东多次分红

2005 年,三一重工股改正面临破题的困难。一位来自上海的投资者徐勤芳,在仔细研究三一的股改公告后认为,"三一重工的股改是有诚意的,能给投资者带来利益"。于是,徐勤芳发表了一封致三一股东的呼吁书,请三一重工的股东珍惜权利,积极参与投票,在三一重工股东中引起了很大的震动。2005 年 6 月 10 日,三一重工股改方案以 93.44% 的高赞成率顺利通过,打响股权分置改革第一枪。

对此,梁稳根十分感慨,他说:"我们只有更加勤勉地工作,创造更好的业绩,才能对得起像徐勤芳这样热心的股东。"

三一重工没有让股东们失望,它将回馈股东作为自己的一种责任,自上市以来多次分红,将公司从资本市场募集的资金已经成倍地以现金方式回馈给了股东。

(资料来源:https://news.d1cm.com/2013010640449.shtml,有改动)

【思考讨论】

1. 三一重工成功的根源是什么?

2. 企业对员工、股东的诚信行为,对员工和股东有什么作用?

实训平台

一、反思自己的诚信度

请如实回答以下问题,测试自己的诚信度,并思考今后如何改进。

1. 如果说谎对你有利,你会说谎吗?(   )

A. 不会　　　　　　　B. 会　　　　　　　C. 看具体情况

2. 你在期末考试中有过作弊行为吗?(   )

A. 没有　　　　　　　B. 有　　　　　　　C. 有想法没行动

3. 期末考试题目被泄露了,看到了题目,你会(   )

A. 不予理睬

B. 事先做好答案,考场照抄

C. 向学校有关部门反映

4. 每次写作业,你都是(   )

A. 自己认真完成

B. 等别人写完直接抄

C. 偶尔抄同学的或网络上的答案

5. 你有一天因为出去逛街而逃课,被辅导员发现了,你会(   )

A. 如实回答,等待处分

B. 谎称自己生病了还没办法请假

C. 支支吾吾搪塞过去

6. 你犯了错误,家长(老师)却冤枉了你的兄弟姐妹(同学),你会(　　)

A. 主动承认错误

B. 窃喜

C. 不安纠结,想跟家长(老师)说明情况

7. 买东西时,卖家多找给你钱,你会(　　)

A. 直接还给卖家　　　B. 装作若无其事　　C. 没还,但很自责

8. 你在餐厅门口捡到一个钱包,里面有 500 元现金和一张餐卡,你会(　　)

A. 想尽办法还给失主

B. 窃喜,感觉自己捡到了大便宜

C. 寻找失主了没找到,就据为己有

9. 你摔坏了别人的眼镜或手机,没有人看到,你会(　　)

A. 坦诚相告,协商赔偿

B. 默默走开,当作不知道

C. 被问到时承认,但不愿意赔偿

10. 你觉得应该如何提高学生的诚信意识?(　　)

A. 学生自身提高对诚信的认识,自觉维护校园诚信

B. 主要靠国家和靠社会的引导,大环境诚信了,校园自然就诚信了

C. 主要靠学校思想教育,把"诚信"纳入课堂教育

测评标准:

选 A 得 2 分,选 B 得 0 分,选 C 得 1 分。每题得分加起来是你的诚信总分。

总结反思:

作为大学生,你在哪些方面存在失信行为,你今后如何在学习生活中践行诚实守信。

二、诚信活动

(1) 分组讨论:将学生分为若干组,围绕"如何在日常生活中践行诚信"

进行讨论,并记录下小组讨论结果。

（2）制订诚信计划：每组根据讨论结果,制订一份个人或小组的诚信行动计划,明确接下来一段时间内要实现的诚信目标。

（3）分享与反馈：各组派代表分享计划,其他组给予建议和鼓励,促进相互学习和支持。

项目总结

本项目主要介绍职业道德的相关知识。

通过任务一,我们了解了爱岗敬业的含义、标准、重要意义,掌握了培养爱岗敬业精神的途径,学会在未来的职业活动中脚踏实地、恪尽职守。

通过任务二,我们了解了诚信的含义和意义,明白诚信在学习、工作、生活中的重要性;掌握诚实守信的具体要求和培养诚信的方式方法,牢固树立并形成诚实守信的道德意识和信念;学会在社会活动中对人守信,对事负责,诚实做人。

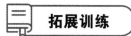

拓展训练

一、填空题

1. 职业道德是指同人们的职业活动紧密联系的符合职业特点要求的（　　　）、（　　　　　）、（　　　　　）。

2. 职业道德要求从业人员（　　　　）、（　　　　）、（　　　　）、（　　　　）（　　　）。

3. 朱熹对敬业的解释是"敬业何？不怠慢、不放荡之谓也。"不怠慢、不放荡就是（　　　　）、（　　　　）、（　　　　）地对待工作。

4. 职业技能是从业人员履行（　　　　）、（　　　　）的手段。

5. 爱岗敬业是（　　　　）的必要前提。

6. 诚实守信就是（　　　　）、（　　　　）和（　　　　）的思想品德和行为准则。

7. （　　　　）是一切职业道德的落脚点。

8. 诚实守信是形成(　　　　　),树立积极的(　　　　　)、(　　　　　)的前提。

9. 一个企业的(　　　　　)可以帮助企业在消费者或客户心目中树立良好的形象,扩大市场影响力,提高(　　　　　),促进(　　　　　)。

10. 培养诚实守信精神可以通过:(　　　　　)、(　　　　　)、(　　　　　)三种途径实现。

二、简答题

1. 爱岗敬业的标准有哪些?

2. 诚实守信的具体要求是什么?

三、综合运用题

2023年春节后,淄博这座老工业城市因"烧烤"而火遍大江南北,试从本章所阐述的内容出发,分析这一现象出现的原因。

项目三　树立团队意识

学习目标

1. 素质（思政）目标

（1）认识到团队的重要性，培养大局意识、奉献精神，摒弃个人英雄主义和利己主义，树立正确的价值观。

（2）培养团队协作意识，树立信任意识和服务意识，学会诚恳待人，培养诚信友善的美好品德。

（3）培养责任意识，学会为团队、为他人负责。

2. 知识目标

（1）了解团队的概念、构成要素、团队角色分类、团队精神的内涵及意义，掌握培养团队精神的方法。

（2）了解融入团队的益处，理解融入团队的心态，掌握融入团队的方法。

（3）了解高效团队的特征、团队的建设内容，掌握团队建设的方法及培育高效团队的方法。

3. 能力目标

（1）能运用恰当的方法培养自己的团队精神；能从团队领导角度运用有效的方法培养团队成员的团队精神；能与人合作。

（2）能准确定位自己的团队角色，能以正确的心态融入团队，能运用技巧快速融入团队。

（3）能运用团队建设的知识建设一个高效团队；能处理团队冲突。

项目导读

俗话说"人心齐,泰山移"。齐心协力,共同合作创造出来的成绩远远高于一个人的成绩。一个团队的力量也远远大于一个人的力量。无论在工作中还是在生活中,我们要达成一个目标,都离不开与他人的合作。况且每个人都有长处和短处,在团队协作中,我们可以努力发挥自己的长处,借助他人的优势弥补自己的短处。因此,培养团队协作意识,学会团结协作极其重要。

一个团队不仅要注重个体能力的发挥,同时要强调其整体协作与效能的提升。团队成员们通过集体讨论研究、共同决策、信息共享,汇聚智慧与力量,共同追求并实现团队目标,最终取得丰硕的成果。作为个体,我们要树立融入团队的意识,保持谦虚与开放的态度,拥有正确地融入团队的心态,掌握融入团队的有效方法,积极融入团队。作为个体,既要为团队贡献自己的力量,也能借助团队最大限度地发挥自己的才能,实现自己的人生价值。

作为团队的领导者,要学会建设高效团队,培养团队成员的协作意识;充分调动团队成员的积极性,充分发挥团队成员的才能,实现团队成就的最大化;同时,也要为团队成员提供展示才华、不断进步的平台,帮助团队成员实现自我价值的最大化。

何为团队? 何为高效团队? 作为领导者,我们如何建设高效团队,如何培育高效的团队? 作为个体,我们如何树立团队协作意识? 如何融入团队? 保持什么心态更易于融入团队呢? 你将在该项目中找到答案。

任务一   培养团队精神

任务情境

李明大学毕业后到北京的一家广告公司工作,在员工入职动员大会上,部门经理表示六个月试用期满后将会根据大家的表现从三人中录用两人。

李明综合对比了三个人的实力,觉得自己的业务能力比其他两人强。他认定只要自己埋头苦干,做出突出业绩就一定能被公司录用。从此,他一心扑在自己的工作上,对于同事的求助不予理睬;不与同事交流,唯恐同事学到他的创意;也不积极参加部门的团建活动,因为他认为参加无关紧要的活动会耽误他的业务进度,影响他的业绩。有一天,部门领导安排李明代表部门去参加一个会议,李明正在处理一个比较大的广告业务。这单业务完成后,李明的绩效分数会有很大的提高。李明不假思索地拒绝了领导的安排,继续做他的广告业务。一起参加工作的同事王刚和张强劝他要经常与同事交流学习,但李明认为借助网络优势与高手学习交流就足够了。王刚和张强则与李明相反,除了做好本职工作外,还经常帮助同事解决难题,也经常与同事交流观点,探讨解决方案。六个月过去了,尽管李明废寝忘食地工作,专业能力也很强,但是最后业绩却不是最好的,当然也不是最差的。但是在最后综合考核中,李明却被淘汰了。李明想不明白为什么结果会这样。

任务分析

作为团队中的一员,我们必须深刻认识到团队的重要性,积极寻求与团队其他成员之间的合作。我们在团队内还需要发挥自身的长处,学会规避短处,努力将自身所存在的不足尽量控制在能够接受的范围内,确保这些问题不会对团队工作的开展造成不良影响。

在团队中,李明一味地注重个人能力的提升,完全没有意识到团队的重要性。仅凭一个人努力,不与同事交流合作,不与同事互帮互助。这些都是他与王刚的差距,也是导致他最终没能被录用的原因。

如果你是李明,在工作期间你会怎么表现呢?是选择单枪匹马杀出重围,还是选择抱团取暖?

知识点拨

一、团队的定义

从广义上来说,团队是指一群愿意为了共同目标而相互协作、共享各自知识与技能的人的集合。

在管理领域,知名学者斯蒂芬·P. 罗宾斯(Stephen P. Robbins)曾提出:团队就是由两个或者是两个以上的相互作用、相互依赖的个体组成的,他们遵循一定规则,共同致力于实现特定的目标。

狭义的团队是由员工与管理层共同构成的一个紧密共同体。这个共同体能够有效整合每一位团队成员的知识与技能,团队成员在共同协作下解决问题,最终实现既定的共同目标。

二、团队的构成要素

一个完整的团队通常由五个至关重要的要素(5P)组成,这些要素共同构成团队的核心框架,为团队的有效运作和成功提供坚实的基础。

(一) 目标(purpose)

作为一个团队,团队成员之间应该有一个既定的目标,以作为团队不断前进的导航灯塔,为团队成员明确前进的方向。一个团队若是缺乏目标,团队则会如同一盘散沙,失去其应有的凝聚力和存在的价值。

(二) 人员(people)

人员是团队的核心驱动力,同时也是构成团队的基石。只要有两个或者更多志同道合的人,便能够共同构建起一个团队。团队目标的实现,离不开每个成员的贡献。人员的选择是团队构建中的重要环节,每个人在团队中扮演着不同角色:有的人负责出谋划策,有的人则需要负责规划布局,也有人负责协调沟通。这种分工合作的方式,能够确保团队成员之间优势互补,进而共同推动团队目标的达成。因此,在人员的选择中,我们需要充分考虑成员的能力与技能是否能够形成互补,同时还需要关注成员的经验背景,以确保团队的整体效能与稳定性。

(三) 定位(place)

团队的定位具有双重含义。一是团队的定位,即一个团队要确定在整个集体中的位置,对谁负责,采取什么模式来管理等。二是团队成员个体的定位,即作为成员在团队内部所扮演的角色及职责。

(四) 权限(power)

权限是团队中与职责相对应的职能权责范围。团队的权限是由团队目标和定位决定的;而个人权限则由个体在团队中扮演的角色及所处的岗位性质共同决定。团队领导者所拥有的权力的大小,与团队发展阶段紧密相连。通常情况下,随着团队日益成熟,领导者所拥有的权利会逐渐减弱。在团队发展初期阶段,团队领导权往往相对较为集中,领导者在团队内拥有较大的决策权和影响力。

(五) 计划(plan)

团队计划是实现团队目标的具体执行方案。团队计划的内容包括:团队如何分配和行使组织赋予的权力,如何完成任务目标,如何分配团队成员的工作等。

三、团队精神

(一) 团队精神的定义

团队精神是指一个组织具有的共同价值观和道德理念在团队文化上的反映,具体表现为大局观念、协作精神、责任意识与奉献精神。其核心是协作精神。

团队精神强调协同合作,要求团队成员之间互帮互助,旨在增强团队的凝聚力和向心力,提高工作效率和质量,确保团队高效运转。团队精神追求个体利益与整体利益的和谐,在提倡大局观的同时,尊重每位成员的个人兴趣和成就,鼓励成员展现特长,而非牺牲个性。

(二) 团队精神的作用

1. 团队精神对于个体的作用

第一,于个体而言,具备团队精神可以得到他人的协助和激励,提高工作效率,更大限度地实现个人价值。在团队中具备团队精神,积极与他人协作、乐于奉献的成员才会得到他人的协助。没有人愿意帮助一个不合群、不配合、不顾大局、不肯奉献的人,也没有人愿意与这样的人合作。在团队中得到他人的协助可以帮我们更好地发挥自己的优势,同时又能弥补工作能力中的不足之处,使我们的工作效率更高,创造更大价值,保证工作目标的实现。

第二,具备团队精神,可以激励个体不断提升。团队精神其中的一个表现就是具备责任意识。团队责任意识要求我们勇于承担责任,把事情做精做好,不断提高自身专业能力;团队责任意识要求我们积极维护团队的荣誉和集体的利益,这就需要团队成员坚持创新,积极掌握行业新动态、学习新技能,推动团队发展。

第三,具备团队精神,可以与团队其他成员相互学习、相互帮助,共同成长。三人行,必有我师。在团队中积极与人合作沟通,相互帮助,就有机会向他人学习,实现能力提升和资源共享。他山之石,可以攻玉。他人的一个建议、一句话可能就会让我们大受启发,帮助我们解决困惑已久的难题。如果团队成员之间能相互合作,坦诚交流,就可以帮助大家共同进步。

2. 团队精神对于团队的作用

第一,可以增强团队凝聚力。借助团队成员在长期实践中形成的习惯、信仰、动机、兴趣等,促使团队成员产生共同的使命感、认同感和归属感,形成强大的凝聚力。

第二,可以调控团队成员和群体行为。一个团队内部共同的目标和理念以及团队协同一致、奉献自我的氛围会形成一种力量来规范、协调个体行为,使之与团队整体利益相一致。担任不同角色的团队成员所具备的责任意识又会使其在发现群体行为需要调整时及时提醒、及时落实,从而起到调控群体行为的作用。

第三,可以提高团队工作效率。一个团队若有共同的目标和价值观,可以使团队成员齐心协力,向着同一个目标努力。团队成员之间相互协作,共同奉献对团队成员起到促进激励作用,促使团队成员自觉进步,力争优秀。

四、团队精神的培养方法

(一)从个体角度培养团队精神的方法

个体作为团队中的一员,要主动培养自己的团队精神,做到善于合作、甘于奉献、勇于担责、乐于分享、积极进取。

1. 善于合作

团队精神的核心是协作。培养团队精神要学会与他人合作。首先要服从领导安排,接受领导安排的工作,并保质保量按时完成。其次要学会虚心请教,主动寻求领导和同事的帮助。凭一个人的能力不能完成的工作,要积极请求他人协助完成;"独学而无友,则孤陋而寡闻",当遇到自己的知识盲区时,要虚心向同事请教。最后,也要积极帮助同事,配合同事完成工作。

当与同事共同完成一项任务时，也各司其职，相互配合。即便不是合作关系，当同事需要协助时，也应提供帮助。

2. 甘于奉献

当个人利益与团队利益冲突时，甘于无条件地牺牲个人利益，以维护团队利益；当某些特殊时刻，团队需要个体付出更多时间和精力时，为了团队发展，个体可以心甘情愿地绝对服从团队安排；当同事确实需要帮忙时，团队成员应该积极伸出援手，为同事排忧解难。

3. 勇于担责

在一个团队中，每个成员都有各自的角色和职责。属于自己分内的工作，要积极完成，不得推诿。对于自己负责的工作，既要力求做细做精做好，也要开拓创新，不断突破。一旦工作中出现了失误，要勇于承认错误，承担相应的责任；同时及时纠正错误，并积极采取措施弥补过失。

4. 乐于分享

一个团队就是一个利益的共同体，其资源与信息是共建共享的。作为个体要乐于与大家分享自己所掌握的信息、资源、知识、技能，与同事互通有无，促进团队共同进步。个体还要乐于分享劳动成果。一个人在团队中取得的成绩，绝非仅凭一己之力，也有团队其他成员的帮助和支持。当取得成绩时，不要贪功，不要抢功，不要独占团队成果。

5. 积极进取

在团队中要有主动做事的意识，而不是被动等待。领导需要能独当一面能主动做事的员工。领导安排任务时，一般只会提出目标和要求，至于如何做，如何才能做好，则需要员工发挥主动性。同事也喜欢业务精、能推动团队进步的合作伙伴。因此，个体不仅要有工作积极性，还要不断提升自己的业务能力和综合素养。

孟子曰："天时不如地利，地利不如人和……城非不高也，池非不深也，兵革非不坚利也，米粟非不多也；委而去之，是地利不如人和也。"

——《孟子·公孙丑章句下》

译文：

孟子说："天时不如地利，地利不如人和……城墙不是不高，护城河不是不深，兵器和甲胄不是不坚利，粮食也不是不多。但敌人一来，守城的人就弃城而逃，这就是所谓的地利不如人们齐心协力。"

孟子的这番话充分诠释了团结协作对于团队的重要性。一座城池即便有地势、财力、武器装备的优势，如果人心不齐，不能共同御敌，照样会失守。一个团队的发展固然离不开财力、物力、人才的支持，但更重要的还是团队成员之间的团结一致、齐心协力。

(二) 从团队角度培养团队精神的方法

作为一个团队，要增强团队凝聚力、培养团队精神，需要为团队成员创造精诚合作的工作环境和工作机制，做到目标一致、权责分明、团结友爱，还要激发成员的主人翁意识。

1. 树立共同目标

目标是前进的方向和动力，一个团队拥有一致的目标，才会拥有共同奋进的动力，也才会有凝聚力。因此，一个团队首先要树立一个明确的、共同的奋斗目标，以此来增强团队的凝聚力。

2. 保护团队成员的正当权益

只有正当权益得到保护，团队成员才会有奋斗的动力和积极性。保护成员的正当权益首先要有完善的规章制度，明确团队成员的权利和职责，做到权责分明；要明确赏罚机制，无论赏还是罚都要做到有章可依，严格执行。其次，培养团队意识的同时，也要尊重成员的个性发展，充分发挥每一位团队成员的个体优势。团队精神不是一刀切，不要求整齐划一，而是在维护团队利益的同时，允许成员充分展示个性。而发挥个性也是增强团队活力不可或缺的因素。

3. 激发团队成员的主人翁意识

激发员工的主人翁意识需要团队领导适度放权赋能，给团队成员一定的自主权。让团队成员参与团队的决策与管理也是激发团队成员主人翁意识的一个途径。在某些重大决策或者涉及成员利益的事情上,广泛征求成员的意见,并认真参考,有选择性地采纳。这会让成员产生参与决策的自豪感,会增强团队成员的责任意识。鼓励团队成员参与决策与管理,可以调动他们的主动性,积极为团队发展出谋划策,贡献力量。

4. 强化团队成员全局观念

团队成员如果缺乏全局意识,就容易一味追求个人利益,而忽视团队利益,导致团队一盘散沙。要通过思想教育、团建活动等多种方式强化团队成员的全局意识,帮助他们认识到"大河有水小河满,大河无水小河干"的道理,引导团队成员兼顾集体利益与个人利益。

缺乏全局观念,还可能出现追求个人英雄主义而忽视团队合作的现象,导致团队的整体战斗力下降。有些工作需要成员之间或不同部门之间相互配合,打好配合赛,才能达到事半功倍的效果。个人英雄主义会影响其他合作伙伴能力的发挥,从而影响整体成绩。

任务反馈

1. 首先要认识到团队的重要性

一个由至少两个人构成的集体,他们自身所具备的知识和技能都能够得以有效利用,通过协同工作来解决问题,最终实现共同设定的目标。但李明在工作初期并没有意识到团队的重要性,只想凭一个人单打独斗,并且想要一枝独秀。然而,实际情况则是团队成员在工作上需要相互协助,在心理上对彼此相互依赖,在感情上产生共鸣,这样一个团队的整体效率会提高,个人工作效率也会提高。因此,李明应该认识到团队的重要性,并主动培养团队精神,与他人合作。

2. 要互帮互助,相互学习

团队是一个需要相互协作的集体,其成员间建立起良好的信任关系,是团队能够得以运作的重要基础。李明没有做到相互学习、相互交流。他不应该因为担心被队友超过就隐瞒自己的信息和资源,也不应该孤军奋战。李明应该像王刚和张强那样与同事共享资源和信息,共同探讨,从而达到共同进步的目的。

3. 要具有大局意识和奉献精神

李明不希望因为参加团建活动而耽误自己的工作进度,这是缺乏大局意识的一种表现。当领导安排他放下手头工作代表部门参加会议时,他也因为担心耽误自己工作而拒绝领导安排,这是缺乏奉献精神的表现。在集体利益面前,个体要从大局出发,必要时牺牲个人利益来维护整体利益。团建活动和开会也是工作的一部分,李明不应该只盯着与考核相关的业绩,而不完成其他工作。他正确的做法是积极参与团队安排的团建活动。当领导安排任务时,应欣然接受,并认真完成。

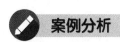 **案例分析**

【案例 1－1】

龙　舟　赛

龙舟比赛是一项多人竞技运动,决胜的关键在于团队合作的协调程度,因此龙舟比赛是最考验团队合作能力的体育比赛。

要把团队的力量发挥到极致,靠的是协调性,如果众多选手没有协调性,无论单人使了多大的力气,最终大家的力量都会互相抵消,导致龙舟不仅不会前进,还有可能原地打转。因此,决胜的关键在于发挥团队的合力,朝着同样的方向,以同样的节奏,同时使出全力,才能让龙舟达到最快速度,获得最大"合力",这合力来自每一位成员的全力以赴、技能娴熟、动作一致、默契配合。

龙舟团队分为四个工种,船尾是舵手,船中是鼓手,船头是夺标手,其他人是划桨手。这四个工种的默契配合至关重要。

龙舟的掌舵人,称为"龙",是一条龙舟的总指挥,也无疑是整个团队的核心人物,直接决定了龙舟的行驶方向,为整个团队更好地发挥能量起到引导作用,一个好的掌舵人能起到事半功倍的作用。整个团队中,舵手需要有丰富的经验和运筹帷幄的能力。

鼓手是龙舟的"灵魂",比赛中的一切行动都要听从鼓手鼓点的引导,鼓手的临战经验和综合素质是龙舟团队取胜的关键。鼓手必须了解划桨手的体力、耐力和船的速度,要打出有效的节拍,既不能太快,也不能太慢,还要根据外部环境的变化做相应的调整——要了解风向和水流,浪花怎么样,划桨的人耐力怎么样,动作怎么样,怎样击鼓才是最合适的。

夺标手的作用是迅速夺标,及时举标,起划后协助稳定船身,并辅助船头的起落。这就像公司里的部门经理,不能只顾自己的部门,还要兼顾整个公司的运营状况的稳定性。

划桨手作为最终行动者,一切行动听指挥,紧跟节拍,步调一致,全力以赴,只有把劲儿使到一处来,才能最大限度地发挥团队的合力,争取比赛的胜利。

(资料来源:胡坚兴《管理的思考与实践》,企业管理出版社,2015)

【思考讨论】

1. 龙舟比赛中体现了哪些精神?

2. 本案例对你有何启示?

【案例1-2】

打造高绩效团队——华为的团队精神

在所有的动物之中,狼是将团队精神发挥得淋漓尽致的动物。狼团队在捕获猎物时非常强调团结和协作,因为狼同其他大型肉食动物相比,实在没有什么特别的个体优势,因此它们懂得团队的重要性。

…………

直到今天,华为团队不仅骁勇善战,不达目的不罢休,而且往往以一个团队整体出击,纪律严明。这种特性成为华为品牌推广体系的强力支撑,使得华为能在短时间内站稳脚跟,并以令人吃惊的速度成长为中国通信行业的领袖。

任正非曾经对"土狼时代"的华为精神做了经典概括。他说:"发展中的企业犹如狼群。狼有三大特征,一是敏锐的嗅觉,二是不屈不挠、奋不顾身的进攻精神,三是群体奋斗的意识。企业要扩张,必须具备狼的这三个特征。"

华为团队具有的"狼性"精神,不仅体现在其高度的危机感、敏锐的洞察力、强烈的进取心、高度的团队凝聚力等几个方面,而且还表现为心态积极、行为主动、勇于挑战、不畏困难、信念坚定、全力以赴等具体行为上。

狼之所以能够在比自己凶猛的动物面前获得最终胜利,原因只有一个:团结。即使再强大的动物恐怕也很难招架一群早已将生死置之度外的狼群的攻击。可以说,华为团队协作的核心就是团结互助。

(资料来源:王伟立《华为的团队精神》,海天出版社,2013)

【思考讨论】

1. 华为的团队精神是什么?

2. 华为的团队精神带给你的启示是什么?

实训平台

一、游戏活动:各显神通

活动目的:

(1)训练团队成员之间沟通及配合的能力。

(2)帮助成员认识到各尽所能,共同协作的重要性。

(3)加深理解团队精神。

活动准备:

跳绳若干条,毽子若干个,地图拼图玩具若干份,白纸若干张,签字笔若干支。

活动规则:

(1)将全班同学分成若干个团队,每个团队 6~10 个人,人数越多,难度越大。

(2)每队分别选出一个人跳绳,一个人踢毽子,其余成员分成两队,一队默写古诗,另一队共同拼好地图。

先由第一个人跳绳 20 下后,另一个人开始踢毽子;踢 20 个后,其余成员开始默写古诗,每人 1 首诗,不得重复,不得抄袭,但可以相互提示。所有人默写完古诗,另一队拼完地图后,游戏结束。在整个活动过程中,跳绳的人和踢毽子的人不能停。

（3）在活动过程中，一旦有一个环节失败，游戏从头开始。

（4）每个团队限定时间 5 分钟，超时算失败。

（5）根据每个团队完成游戏的时间计算成绩。

交流分享：

（1）请说出参加活动后的感受。

（2）你觉得怎样才能取得更好的成绩？

二、情境训练：评选文明宿舍

训练主题：

我的宿舍，我们的家。

训练目的：

（1）培养团队合作能力。

（2）加深对同学的了解，增进同学之间的友谊。

（3）提高文案编辑能力和信息技术运用能力。

（4）增强集体荣誉感和自豪感。

训练要求：

以宿舍为单位，每组制作一份图文并茂的课件，介绍自己的宿舍。介绍内容包括三个方面：宿舍全体成员的基本信息、性格特征、兴趣特长、令你感动的事情，体现宿舍团结友爱的事情。要求全员参与制作课件，明确分工，各宿舍选派一名代表上台讲解。

训练过程：

（1）教师布置任务，说明要求。

（2）小组内自行分工，可由各宿舍的宿舍长分配，也可组员协商分配。具体任务包括：搜集素材、写作文案、制作课件、写讲解稿、上台讲解。

（3）全体成员根据自己的分工，完成课件制作。可共同讨论，相互补充。

（4）各组代表上台在 3 分钟内展示课件，介绍自己的宿舍，为自己的宿舍拉票。

（5）投票选出你心中的文明宿舍。

总结反思：

(1) 通过这个活动,你对团队精神是否有了新的认识?

(2) 你的收获是什么? 你觉得自己宿舍有哪些方面需要改进?

任务二　　快速融入团队

任务情境

李明之前曾在某广告公司工作。工作期间,为了能凭借优异的业绩顺利转正,他一味追求个人业绩,而忽略了整个团队,最终还是失去了转正的机会。最近他又成功应聘到另一家公司。此时的他认识到了团队合作的重要性,决定吸取之前求职失败的教训,在新的公司团结同事,积极与同事合作。但是李明又有了新的苦恼。他虽然专业能力很强,然而性格比较内向,不太善于交流。而且以前他也不太注重与人合作,习惯了独来独往,现在虽然有融入团队的强烈愿望,却不知道该怎么做。

任务分析

一个人到了新的团队中,必须尽快了解团队、熟悉团队并融入这个团队,才可能顺利开展工作。李明是新入职的员工,他如果想在新的公司尽快开展工作,必须快速融入这个新的团队。李明也意识到了这一点,他有了融入团队的愿望。

李明之前求职失败的经历说明他缺乏团队精神,现在他虽然意识到了团队的重要性,也有了融入团队的愿望,但是缺乏融入团队的方法。

李明专业能力强,是他的优势,能为他融入团队提供一些帮助。但是他不善于交流,不会与人合作会阻碍他融入团队。我们需要帮助李明正确定位自己的角色,掌握融入团队的方法。

知识点拨

一、融入团队的意义

（一）有助于获得归属感和安全感

马斯洛（Abraham Harold Maslow）的需求层次理论指出人有归属需求，每个人都希望得到他人的关心和照顾。归属感得到了满足，人们才有可能"自我实现"。有研究表明，缺乏归属感的人对自己从事的工作缺乏激情，责任感不强；社交圈子狭窄，朋友不多；业余生活单调，缺乏兴趣爱好。融入团队后，我们不再单打独斗，可以得到团队其他成员的关心和帮助，从而产生安全感和归属感。在团队中，个体的业务能力和精力付出会以升职加薪等多种方式被认可，个体更容易获得被尊重感和成就感。

（二）有助于自我提升

在团队中，成员之间可以相互学习经验、知识、技能，以弥补个人的不足，还可以分享更多信息和资源。团队还会为成员提供培训、评比等多种形式的学习提升机会。团队也为成员提供了更大的发展空间。在团队中，个体奋斗目标更明确，分工更精确，精力更集中，在自己擅长的领域中更容易取得成就。

（三）有助于解决问题

团队是一个群策群力解决问题的集体。在团队中，遇到困难可以集思广益，合力突破。团队成员各有分工，各有专长，遇到难题，可以交给更擅长的成员解决，达到事半功倍的效果。史蒂芬·柯维（Stephen Covey）在《高效能人士的七个习惯》一书中提出了"综效"一词，意思是将两个或多个不同的事业、活动或过程结合在一起所创造出来的整体价值会大于结合前个别价值之和。同理，一个团队的整体力量也远远大于单个成员力量之和。

二、融入团队的思想意识

（一）团队信任意识

1. 什么是团队信任

信任是指在人际关系中，基于对对方的行为、品质和能力的评估而形成的对对方的信赖和依赖。建立信任是人际关系中非常重要的一环。无论是在个人关系还是商业合作中,信任都是建立长期合作的关键。

团队信任是指团队成员之间在互相尊重、理解与合作的基础上建立起来的相互信任与依赖,是团队成员之间形成良好合作与沟通的基础。

2. 团队信任的重要性

团队信任对于一个团队的重要性在于它是团队的核心要素,是团队成功的坚实基础。它能够汇聚个体的智慧,形成超越个人能力的团队智慧。这种团队智慧,不仅能够推动团队走向成功,更能创造出卓越的团队表现和绩效。建立团队信任还利于构建成员之间互相包容、互相帮助的人际氛围,减少领导者的协调工作压力,提高团队工作效率。

团队信任意识对于个体的意义包括:

(1)有助于个体理解包容团队其他成员,并乐于为其他成员提供帮助;同时,也有助于个人获得团队其他成员的包容和帮助。

(2)有助于个体培养团队精神,增强奉献意识。

(3)有助于提高个体对团队的忠诚度和对团队工作的满意度,提高工作热情。

(4)有助于提升个体的自信心和自我价值感及工作效率。信任团队领导和同事就会感受到自我被团队所接纳、所认可、所需要,从而提升价值感,增强自信心。价值感和自信心是工作效率的精神源泉,高价值感有助于提高工作效率。

3. 培养团队信任的方法

团队信任包括团队成员之间的信任、团队管理者与成员之间的信任、团队成员对团队的信任。建立对团队的信任,需要做到以下三点:

(1)要足够信任团队的整体实力,认可并自觉遵守团队的规章制度;信任团队文化,接受并适应团队文化;信任团队资源,积极参与团队活动和团队培训,乐于使用团队提供的资源。

(2)作为下属,要信任领导,服从领导安排,虚心接受批评和指教。但信任和服从领导,并非无条件地盲从。当领导把工作安排得不妥或你对工作有个人见解时,要勇于表达自己的想法,纠正领导的不妥之处,或者为问题提供一个更完美的解决方案。

（3）作为团队中的一员，你也要信任你的同事。能开诚布公地与同事交流工作意见，提出见解；信任同事提供的信息和帮助；能与同事共享信息，分享资源，分担任务。

融入一个团队不仅需要增强对团队的信任，更需要取得团队领导者和同事的信任。取得团队信任的方法包括：

（1）展示人格魅力，取得团队对你品行的信任。取得团队的信任，需要做到真诚、友善、积极、热情。能与同事和领导坦诚交流；乐于将自己的信息和资源分享给团队成员；能用言语和行动为团队提供支持和帮助；能对团队成员一视同仁，不厚此薄彼，不拉帮结派。能保守秘密，既要保守团队的工作机密，也要保守其他团队成员的个人秘密。不谈论他人的隐私，不对他人妄加评判。待人真诚、与人为善、乐于助人、公平公正、不泄密、不言是非的品行良好者更易于取得他人的信任。

（2）展现才能，取得团队对你工作能力的信任。在团队中大胆展现专业才能，有助于赢得同事的尊敬和领导的赏识，也有助于赢得整个团队的信任。你的专业水准使他们相信你有能力干好工作，有能力为团队创造利益，有能力推动团队工作进展进而实现团队目标。

（3）同向同行，取得团队对你价值信念的信任。与团队树立相同的价值观、奋斗目标和文化理念，让团队成员看到你与团队目标同向、与团队发展同行，这样就会赢得团队对你价值信念的信任。让团队成员看到你与团队同进共退，利益共同。用行动表明你的工作不仅是为自己谋取利益，也是在为团队谋取利益，你与团队拥有共同的利益，这样也有助于赢得团队对你的价值观和奋斗目标的信任。

（二）树立主动服务意识

1. 要积极主动服务他人

快速融入团队需要树立服务团队、服务同事的正确服务意识。能端正工作态度，提高服务认知，强化服务意愿，积极主动地为团队提供优质服务。

2. 提高个人素养为团队提供更好的服务

作为团队成员，要加强专业知识的学习，与时俱进更新知识，不断提升专业技能和自身素养，以更高的专业水准、更强的专业能力为团队提供更优质的服务;同时,还要提高共情能力,以恰如其分的共情为团队成员提供情绪价值。

(三) 展现团队精神

团队精神可以使个体在团队中得到帮助,也可以帮助个体不断成长。团队精神可以增强团队凝聚力,可以调控团队成员和群体行为,可以提高团队工作效率。

作为新成员,要想尽快融入一个团队,必须充分认识到团队精神的重要性,并积极展现团队精神。要学会与他人合作,服从领导安排,虚心向同事请教,积极帮助配合同事完成工作。要甘于奉献,主动维护团队利益。要勇于承担责任,保质保量完成分内工作;面对工作失误,不推诿,不逃避,勇于承认并及时纠正错误,弥补过失。要乐于与团队成员分享资源,共享劳动成果。

三、融入团队的技巧

(一) 详细了解团队文化并自觉融入

融入团队需要先详细了解团队的性质、功能、规模、体制、历史及优劣势,了解团队的目标、制度、价值观等文化。在了解团队文化、团队目标的基础上与团队同行同向,以团队目标为目标,向团队文化靠拢,遵守团队的规章制度。

(二) 准确定位团队角色

角色定位至关重要,有助于员工清晰认识自我,发挥自身优势。团队员工对自身定位模糊或定位不当,影响职责履行,甚至会对团队绩效产生消极影响。因此作为团队成员需要准确定位自我团队角色。

1. 什么是团队角色

团队角色是指团队成员根据自身特点为实现团队目标而在团队中担任的角色。每一种团队角色都有其鲜明的特征,也会根据其特征分担匹配的任务。

美国学者伊莱斯·怀特(Eales White)根据"团队效力圈"概念,将团队角色分为八种:

(1) 出谋划策者,主要负责为团队工作进程推进提供策略建议。其特征是创造力强,思路开阔,思维灵活。

(2) 推动者,激发团队动力,推动目标完成。其特征是雷厉风行,干劲十足,勇于迎难而上,善于解决困难。

(3) 挑战者,对方案提出质疑并加以完善。其特征是严谨、理智、批判力强,善于综合思考。

(4) 细节观察者,关注执行过程中的微小差异,提高团队目标完成质量。其特征是关注细节、追求完美。

(5) 实施者,将想法转化为行动,确保计划落地实施。其特征是踏实、努力、高效、忠诚。

(6) 资源调查者,负责获取信息,搜寻和整合资源。其特征是高度热情、反应敏捷、性格外向。

(7) 协调者,调和团队内部的矛盾,解决棘手问题。其特征是合作性强、性情温和、善解人意,处事灵活,亲和力强。

(8) 领导者,统筹全局,指引方向。其特征是成熟、自信、公正、权威、有感召力、目标性强。

2. 准确定位团队角色

在了解团队角色及分工的基础上,团队成员要定位自己的团队角色需要做到以下几点:

(1) 清晰认识自己的优势、劣势和性格特征,扬长避短,根据自己的特点选择恰当的团队角色。

(2) 适当限制自己的团队角色行为,根据团队利益需要,适时调整自己的角色行为。

(3) 能在团队角色之间适当转换。由于团队工作的变化或者领导者对团队人员分工的调整,个体的团队角色也会相应地发生变化。作为团队成员,要主动适应变化,尽快适应新的工作岗位,这样才能实现个人价值,维护团队利益。

(4) 清晰认知他人角色,加强沟通协作。清晰定位自我角色,了解他人角色,才会清楚什么时候与谁合作,什么事情听取谁的建议,听从谁的安排,这样才能在团队中更好地合作,提高工作效率。

（三）积极参与团队活动

团队成员的命运与团队的命运是紧密相关的，积极参与团队活动并处处为团队考虑的成员是会受到大家欢迎的。参与团队活动包括参与团队工作和工作之外的其他团队活动。热爱团队工作，努力做好本职工作是融入团队的基础。除了做好本职工作之外，还要发挥自己的优势和特长积极参与团队组织的其他各类活动。

（四）建立良好的人际关系

融入团队，需要主动与团队成员交流，建立良好的人际关系。既要处理好与领导的关系，又要处理好与同事的关系。与领导相处要做到不卑不亢，尊重而不谄媚。尊重领导的价值观、行为方式、管理模式及兴趣爱好。每位领导都有独特的处事方式，要学会适应不同的领导。与同事相处，做到谦虚低调但不卑微；对同事一视同仁，避免亲疏有别；与同事团结互助，当同事需要帮助时，能帮则帮。

无论与领导相处还是与同事相处，都要做到开诚布公。在团队内能坦诚交流观点和看法；同时也要认真听取他人的建议。

善于赞美别人的优点，认可别人的付出与价值。正面的激励既能鼓舞士气，又能使你深受欢迎。学会用欣赏的眼光看待团队同伴，多给予正面激励，如真诚地表扬他人的行为、赞美其优点、认可其能力、肯定其付出等。当团队成员取得成就时，要及时送上真心的祝贺，承认别人的能力和价值，切不可嫉妒同事，讽刺打击别人。

（五）善于学习，谦虚低调

作为公司新人，要有积极进取的意识，也要有谦虚请教的态度。无论之前你取得了什么成绩，在进入一个新的团队之后，都要以空杯的心态，向新团队的前辈虚心求教，尽快熟悉业务，适应工作。一个优秀的团队成员需要具备强大的学习能力，能积极主动地通过多种渠道学习，不断提升自身业务能力，不给团队拖后腿。向团队其他成员学习求教是非常好的学习途径和增进感情的途径。通过与同事的交流学习，不仅能熟悉团队业务，还能增长知识、开阔思路，也能增加彼此的了解，促进彼此的情感沟通。团队新人谦虚求教的态度会给同事留下较好的印象，利于被前辈接纳，能帮助新人快速融入团队。

曲则全,枉则直,洼则盈,敝则新,少则得,多则惑。是以圣人抱一为天下式。不自见,故明;不自是,故彰;不自伐,故有功;不自矜,故长。

——老子《道德经第二十二章》

译文:

因势柔曲则能保全,弯曲绕行则能迅速直达,低洼处才能盈满,破旧才能立新,少取则真得,贪多反而惑乱。因此,圣人坚守大道为天下的楷模。不求自我表现,所以能明道理;不自以为是,所以能辨是非;不自我炫耀,所以能多有事功;不自大,所以能长久。

老子从生活经验出发,阐述了正反相互转化的辩证思想,告诉我们低调不争的人生智慧。"洼则盈",因为谦虚低调,所以才能不断充实自己。"不自伐,故有功;不自矜,故长",不自夸,不自大,才有可能取得成功,才能取得长久发展。在一个团队中也是如此,谦虚才能使人成长;不居功,不自傲,才能被团队所接纳,才能取得长足发展。

任务反馈

1. 首先要意识到融入团队的重要性

李明吸取之前无视团队的教训,产生了融入公司团队的迫切愿望,这说明他意识到融入团队的重要性。这是能快速融入一个团队的前提。

2. 端正融入团队的心态

产生了融入团队的愿望后,李明还应该摆正心态,要培养信任团队的意识,信任自己新公司的领导和同事,能与同事坦诚交流,能与同事分享自己的想法和创意;也要有主动服务意识,能为公司、为同事、为客户积极服务;更要充分展现团队精神,甘于为公司和同事奉献,勇于承担工作中的责任。

3. 运用一些技巧

李明首先应该详细了解新公司的目标、理念、规章制度等文化信息,遵守公司的规章制度,在团队理念上与同事们达成一致。其次,快速定位自己在公司的角色,同时了解同事们承担的不同角色,以方便以后配合开展工作。平时也要注意积极参加公司组织的各种集体活动;要学习一些沟通技巧,学会与领导和同事有效沟通,建立良好的关系;要谦虚低调,善于向同事学习。

 **案例分析**

【案例 2-1】

张超进入新团队

张超原是某医疗器械公司的销售人员,主要负责家庭保健器材的销售。由于他对产品性能了如指掌,服务态度好,又能诚恳地为客户推荐合适的保健器材。因此,他的销售业绩一直很好,连续多次被公司评为销售冠军。一年前,为了有更好的发展,张超跳槽到一家更大的医疗器械公司,成为常用医疗器械销售部门的一名员工。

入职前,张超借助网络,查阅了该公司大量的资料,了解公司的发展史、发展理念、企业文化、主营业务、机构设置等。张超入职后,销售部为了迎接新同事组织了一次团建活动。团建活动项目丰富多彩,既有体育运动类项目,也有文娱类项目,张超根据自己的特长选择参加了几个项目。在活动中,张超细心观察每个成员的特点及需求。对于展示才艺的同事,他都给出了衷心的赞美。他还为运动量大的同事送上功能饮料,帮助同事尽快恢复体能。通过这次团建活动,张超给大家留下了深刻的印象。

张超明白,虽然现在的工作仍然是销售工作,但是换了新的公司新的业务,这对于他来说,几乎就是全新的开始。为了尽快熟悉公司及销售部门的相关规章制度、工作模式、业务范围等,他虚心地向部门领导、带岗师傅及其他同事请教。为了全面掌握产品性能及优势,他也时常到生产车间去请教。业余时间,他就去做市场调查,听取用户对自己公司产品的评价,了解自己公司产品的优势及存在的不足。他把调查结果整理出来,在部门例会上分享给大家,并就销售过程中遇到的困难向大家请教。虽然张超到新单位的时间不长,但很快就得到了领导和同事的一致好评。

【思考讨论】

1. 张超融入新团队时抱有什么心态？

2. 你认为张超融入新的团队运用了哪些技巧？

3. 假如你是张超，你会怎么做？

【案例 2-2】

格力集团为新员工构建融入团队之道

格力集团认为，员工需要尽快融入岗位、融入团队、融入组织中，得到同事和领导的理解、信任与支持，从而更好地获得工作上的成功。因此，格力集团举办系列活动帮助新员工尽快融入团队。

一、举办"入职欢迎会"

格力为每一届新入职员工举办"入职欢迎会"，让新员工能够近距离接触公司领导，并给他们在欢迎会中分享初入公司的经历与心得的机会，使其能够尽快融入格力大家庭。同时加强与同事、领导之间的沟通，完善个人的分享沟通心智。

二、开展素质拓展培训项目

格力开展素质拓展培训项目以及换位思考、感恩人生等体验课程，让员工充分发表自己的思想与观点，也让他们感受到公司的关怀。员工在分享观点、吐露心声的过程中，也将自己的想法传播出去，让其他员工深受感染，从而更好地凝聚员工之间的情感，加强团队精神的建设。

三、举办知识竞赛

格力举办员工知识竞赛，并鼓励全体员工积极参与，竞赛中涉及的题目涵盖公司企业文化、产品、新闻热点、历史等方方面面，目的是希望格力员工无论立足于哪种岗位，在学好本岗技能的同时也能不断挑战、学习公司产品以及其他方面的技能和知识，让员工在参加竞赛的过程中增强对企业的归属感。

四、格力运用榜样力量来为员工树立标杆

为了让新员工更好地适应工作以及在工作中不断地学习，格力强调要让有多年工作经验且能够体现出格力人精神相貌的榜样员工来带领新员工熟悉并开展工作，并在此过程中增强员工的信心，提高其学习能力，增强员工的自我效能感。

（资料来源：张振刚《格力模式》，机械工业出版社，2019，有改动）

【思考讨论】

1. 为了鼓励团队成员间的高度融合与协作，格力团队领导人采取了哪些措施？

2. 在阅读此案例之前，你所了解的格力是什么样的？通过阅读案例，你对格力有了哪些新认识？

3. 你认为格力之所以能够做大做强的根本原因是什么？

实训平台

一、角色自测问答

1. 如果你是某社团的社长，你会采用哪种方式管理社团？（　　）

A. 独断专行，给成员布置明确详细的任务

B. 统筹安排，在明确基本方案的前提下指导社团成员完成任务

C. 广泛听取意见，从成员提出的各种方案中选出较好的一项，再分配任务

2. 你在社团中通常采取哪种方式对待他人？（　　）

A. 命令他人

B. 听从安排

C. 沟通交流

3. 你认为构建优秀团队最重要的因素是（　　）

A. 严谨有序的管理制度

B. 团队成员的创新和实践精神

C. 和谐友好的团队氛围和执行力

4. 你认为优秀的部门领导所具备的最重要的特质是（　　）

A. 强大的办事能力

B. 高涨的工作热情

C. 良好的沟通能力

5. 在集体讨论中,你一般担任什么角色?(　　)

A. 服从安排者

B. 会议的主持者

C. 最终决策者

6. 你认为团队能否出色完成任务主要靠(　　)

A. 成员个人办事能力是否优秀

B. 管理者是否有领导能力

C. 成员之间能否相互协作

7. 如果你完成某项任务有困难,你会(　　)

A. 请求与别人交换任务

B. 自己想办法完成

C. 请他人协助自己完成

8. 在团队会议中,你会如何对待自己提出的观点?(　　)

A. 很容易被他人的想法左右,而改变自己的观点

B. 坚持己见

C. 借鉴他人想法来丰富自己的观点并统一思想

9. 下面哪种情况更适合你?(　　)

A. 与人交流有压力,害怕跟人进行交谈

B. 不太健谈,但是在某些特殊情况下跟某些特定的人也能够交谈

C. 与人交流没有压力,基本上跟谁都能可以轻松交谈很久

10. 你与团队其他成员讨论问题时,最后的结果往往是(　　)

A. 各执己见

B. 你说服了他(她)

C. 协商达成一致意见

11. 设想团队成员各自学习有益于职业发展的知识技能,你觉得会是下面哪种情境?(　　)

A. 担心自己所学内容不如别人的价值大

B. 各自默默努力,希望超过他人

C. 成员之间都了解各自学习的渠道和内容

12. 你希望的工作状态是(　　)

A. 独立完成工作

B. 不断超越他人，最终获得大家的认可

C. 与同事加强沟通交流，在同事的协助下完成任务

13. 一项任务需要你和同学两人共同完成，但是你习惯晚上工作，你同学希望早起工作，你俩怎么才能顺利任务呢？（　　）

A. 都不改变自己的习惯，两人分工各自完成

B. 想办法说服对方接受我的习惯

C. 相互迁就，采用折中作息方案，一起完成任务

评估标准：

选 A 记 0 分，选 B 记 2 分，选 C 记 4 分，将各题分数相加，算出总分。

结果分析：

（1）30～52 分：能顺利融入团队，反应敏捷，能对面临的事件迅速作出反应，采取行动，并能采用非常恰当的方法妥善解决问题。能清晰地认知自己所承担的工作角色，能准确定位自己的团队角色，个人言语、行为符合角色要求。

（2）10～30 分：能比较顺利地融入团队，反应比较敏捷，对事件能做出较迅速的反应，能采用比较合适的方法，较妥善地解决问题。对自己承担的工作角色有一定认知，较准确地定位自己的团队角色，个人言语、行为比较符合角色要求。

（3）10 分及以下：难以融入团队，难以用恰当的方法解决问题，对自己承担的工作角色没有认知，难以定位自己的角色，不能按照角色的要求参与活动，个人语言、行为不符合角色要求。

二、训练活动：分享加入社团的经历

活动目的：

（1）学以致用，通过分析自己的真实经历了解自己融入团队的能力。

（2）总结自己在融入团队中的经验教训，提升融入团队的能力。

任务描述：

同学们都加入了不同社团，请大家分享当时加入社团的经历和心路历程，并用本节内容分析你融入社团时运用了哪些技巧。

活动过程：

（1）请写出你所在社团的相关信息，包括名称、性质、主要活动内容、负责人、成员组成（总人数、男女比例、专业比例）、你的社团角色，社团的宗旨、章程、特色。

（2）请写出你熟悉社团、融入社团的用时，分享你融入社团的经历和心路历程。

（3）请用本节课内容分析你融入社团时运用了哪些方法，并写出你会为新同学融入社团提供什么建议。

（4）随机抽取同学到台上与大家分享自己融入社团的经历和感想。

任务三　建设高效团队

任务情境

李明在这家公司稳定下来之后，吸取了之前的教训，虚心请教、真诚待人。3年多的时间里，他通过自己的打拼终于当上了部门的业务主管。

李明自从当上部门主管之后，踌躇满志，一心想要做出一番成绩来证明自己的管理才能。新官上任三把火，第一把火就是提升业绩。他给部门定了一个远大的目标——第一季度创收800万元。部门员工听到这个目标后，感觉犹如泰山压顶：这可是原来业绩的4倍呀，怎么可能完成呢！刚开始大家感觉到压力还产生了一些动力，但是加班加点工作一段时间之后，大家发现无论怎么努力都不可能实现，也就躺平了。李明看到大家懈怠的工作态度，很是气愤。他认为大家工作积极性不高是因为缺乏竞争。于是，他又改变了部门原来的规章制度，引进了末位淘汰制。他给每位员工都下达了广告招商任务，完不成任务的就被淘汰。此办法出台后，部门里无论技术人员、文案人员，还是销售人员全员去招商，导致正常的工作业务不能如期完成。为了不被淘汰，员工之间还出现了恶性竞争：用非正当手段争抢客户，相互打压、诽谤等。业绩非但没有提升，整个部门还被搞得乌烟瘴气。

任务分析

这是一个团队管理的案例,李明的初衷是建设一支高效团队,他也为此付出了努力,但是方法是不恰当的。

第一,李明制定的目标不切实际。不切实际的目标不但起不到激发员工工作斗志的作用,可能还会适得其反。显然,案例中员工躺平的工作态度证明了这一点。

第二,李明贸然修改了部门之前制定的规章制度,采用末位淘汰的新规定。他没有征求团队其他成员的意见和建议,也没有考虑由此带来的后果,结果是打乱了团队原有的节奏。

第三,李明不分角色、不分职责地要求所有人都完成广告招商的任务,这一要求不能发挥每个人的特长,其后果是既无法完成招商业务,也不能完成正常的工作。

第四,部门内部不团结,阻碍了部门业绩提升。为了完成任务,同事之间恶性竞争、相互打击,这样的团队不仅没有共同前进的动力,反而相互牵制,造成了内耗,严重阻碍了团队的发展。

知识点拨

一、什么是高效团队

(一) 高效团队的定义

高效团队指那些发展目标明确、成果显著,相较于一般团队展现出卓越工作效率的集体。在高效团队中,成员们在有效领导下,相互信任、沟通顺畅、协同合作,共同推动团队发展。

(二) 高效团队的特点

1. 目标明确

高效的团队通常具备清晰且明确的目标,这些目标具备以下四个显著特点：

（1）团队成员能够清晰描述目标，并全身心地投入其中，致力于实现这一目标。

（2）目标设定既具有明确性，又富有挑战性，同时符合 SMART 原则，即具体、可衡量、可达成、相关性强、时限明确，确保团队的努力方向明确且可行。

（3）实现目标的策略清晰明了，团队成员能够清楚地了解如何有效地推进工作，以达成预期成果。

（4）在面对团队目标时，每个成员的团队角色和职责都十分明确，或者团队目标已被有效地分解为各个成员的个人目标，使得每个成员都能明确自己的职责所在，共同为团队的整体成功贡献力量。

2. 赋能授权

赋能授权意味着，一个团队从集权模式向分权模式转变。在这一过程中，团队成员能够在日常工作中感受到自身能力的提升，整个团队也会由此获得新的能力。赋能授权包括大组织对小团队的授权和对团队成员的授权。

（1）大组织给小团队授予更多的自我决策权和支配权，小团队在决策和行动上拥有更多自主权，能够更好地适应变化的环境，同时又能够更好应对挑战。

（2）授予团队成员某些方面的支配权，使他们能够根据实际情况做出决定。

在进行赋能授权时，需要注意以下几点：

（1）确保员工了解并遵守合理的规则、程序和限制，以保证工作的顺利进行和团队的稳定发展。

（2）为团队成员提供获取资源的渠道，助力其在指定的工作范围内有效完成任务。

（3）各项政策的推行以及相应的实施策略，都必须有助于团队最终目标的实现，确保小团队的工作与大组织的整体战略保持一致。

（4）团队成员之间应相互尊重，愿意相互帮助，形成良好的合作氛围，共同推动团队的发展和成功。

3. 关系融洽

高效团队的成员之间能够有效沟通。团队成员愿意公开、坦诚地表达个人的想法和观点，而且也能够积极主动地去倾听他人的意见和建议；而团队也能够高度重视并尊重团队成员不同的意见和观点。

团队成员之间能够相互理解、彼此接纳、相互关爱，使得团队氛围更加和谐融洽。

4. 富有弹性

高效团队通常具备较强的弹性与灵活性，其成员表现出出色的自我调节能力，能够迅速地适应团队内的变化。当某一角色出现暂时性空缺时，其他成员则能够迅速主动补位。团队成员能够积极分担团队领导的责任，推动团队发展。

5. 生产力佳

高效团队具备健全的管理制度，具有解决问题、处理危机的科学程序，能够高效地解决问题、完成任务、处理危机，从而保证工作高效完成，确保其产品品质在行业内稳居前列。

6. 反馈正向

高效团队的领导和成员之间多用认可和赞美进行正面激励。团队的成就不仅仅是个人的荣誉，它汇聚所有成员的辛勤付出与智慧结晶，因此每个团队成员都会感受到被尊重。当团队的贡献得到组织的重视和认可时，这种尊重感会进一步升华。从个人到团队，其付出都得到了应有的认可，这种正向的反馈无疑会极大地提升员工的士气，激发他们更积极地投入工作和团队建设中。

7. 士气高涨

每个人都热爱这个团队，以成为团队中的一员为骄傲，怀揣着坚定的信心，展现出高昂的士气。当团队成员对自己的工作怀有自豪感并深感满足时，团队的凝聚力将变得尤为强大，士气亦随之高涨。这种积极的氛围有助于团队更加高效地协作，共同面对挑战，实现共同的目标。

二、建设高效团队的方法

建设高效团队，需要培养团队成员坚定的团队信念，使他们坚信团队工作的价值和团队目标可实现。要强化团队成员的协作意识，汇聚团队智慧。

要加强沟通,构建无障碍的沟通渠道。

（一）以信念为支撑

信念作为集体的精神支柱,对于构建高效团队至关重要。团队建设的首要任务是为团队奠定坚实的信念基石,确保成员们为了共同目标而坚定信心、勇往直前。

在塑造团队信念的过程中,要不断地向团队成员展示团队未来的宏伟蓝图,包括企业使命、宗旨、理念及经营目标等。例如,明确企业在未来三年、五年及十年内的具体发展目标,以及是否有上市的规划等,这些都能够为员工提供明确的方向和动力,坚定他们为实现这些目标而付出的决心。作为团队领导者,必须为员工绘制远大的愿景,并善于运用激励手段,点燃他们的热情。

领导者还需要与团队成员积极交流,让每一位团队成员能够清晰地预见自身在企业内的职业发展道路,从而更加坚定地投身于团队事业。

最后,利用企业文化的独特魅力吸引和留住人才。在未来的市场竞争中,文化竞争将占据重要地位。通过构建独具特色的企业文化,吸引更多志同道合的人才,坚定他们留下来为团队发展贡献力量的决心。

（二）强化协作意识

通过团队协作,可以实现团队成员的优势互补,充分发挥每个成员的专长,提高工作效率。团队协作可以增强团队的凝聚力和向心力,让大家更有归属感。团队协作有助于提高决策的准确性和质量,降低风险。此外,团队协作还能增进各成员之间的交流和学习,提升个人能力和素质。

（三）注重互动沟通

现代社会中有效沟通对建设高效团队有至关重要的作用。团队的成长离不开有效的内外沟通,如若缺乏与外部的良好沟通,企业便难以营造良好的经营环境;内部沟通的缺失,很有可能会导致猜疑与误会的产生,团队成员之间会逐渐产生隔阂。

建立良好的团队内部沟通机制,可以帮助团队成员了解彼此的需求和目标,避免出现误解和冲突,有利于建立良好的人际关系。建立良好的团队内部沟通机制,可以促进信息的共享和交流,及时了解项目的进展情况,提高工作效率,增强合作。建立良好的团队内部沟通机制,可以更好地协调团队成员的工作,合理分配资源,确保项目顺利进行。

建立良好的团队内部互动沟通需要从以下三个方面入手。

1. 团队领导者与下属员工的沟通

团队领导者切忌独断专行、作威作福,以免堵塞上下级之间的沟通通道。领导者应该做到平易近人、平等民主、从谏如流,敢于接受下属的意见和建议。同时,领导者还应该主动关心下属,为下属排忧解难,让团队成员感受到温情。

2. 下属员工与团队领导者的沟通

鼓励员工尊重领导者权威的同时,勇于表达自己的意见。遇到问题及时汇报请示,及时沟通解决。

3. 团队员工之间的沟通

鼓励员工之间互敬互爱、互帮互助,营造和谐友爱的沟通环境。鼓励员工坦诚交流意见,积极配合工作。

三、高效团队建设的内容

(一) 建设富有战斗力的队伍

团队建设的主体是人,是团队成员。建设高效的团队,必须组建一支富有战斗力的队伍。这支队伍由领导能力强的领导者和高素养的团队成员共同组成。富有战斗力的团队,领导者具备良好的道德品质和管理能力,能高效完成团队任务。富有战斗力的团队需要经常组织团队成员学习,不断提高团队成员的业务能力和文化素养。

1. 优秀团队领导者

1) 优秀团队领导的品质

团队领导是一个团队的决策者,是团队目标、团队规章、团队工作计划的制定者,是团队工作任务的分配者,是团队工作进展的督促者,是团队工作成效的评估者,是团队内部矛盾的协调者。这些角色对领导者提出了更高的要求,要求领导者具备诚实公正、关爱他人、勇于创新、善于学习、果断勇敢等品质。

2) 优秀团队领导的能力

(1) 能建设优秀团队。建设团队包括组建队伍、确定团队目标、制定团队规章、打造团队文化。一个优秀的领导者能组建一支富有战斗力的队伍，正确选人用人；优秀的领导者能制定清晰明确的团队目标；优秀的领导者能制定并严格执行科学可行的团队规章；优秀的领导者能打造积极向上的团队文化。

（2）能提高团队凝聚力。团队凝聚力是衡量团队战斗力的重要标志。优秀的领导者能确保沟通渠道畅通，提高团队凝聚力。优秀的领导者能构建良好的沟通渠道，以方便信息实时共享、工作问题得到及时解决、员工合理要求得到满足，提高团队成员的信任感和归属感。优秀的团队领导者熟悉成员的特征，包括他们的核心能力、追求价值点、人格特征等，能根据每个成员的职业特征和工作偏好合理分配任务，做到人尽其才。

（3）能推动团队发展。推动团队发展需要有效的团队激励。优秀的团队领导者能为员工提供保持积极性的工作环境，能借助物质激励保持员工的积极性，能给予员工认可、鼓励、表扬，给员工提供个人成长、发展、晋升的机会，满足员工的自我实现需求，对员工进行精神激励。

推动团队发展需要定期对团队进行评估。优秀的团队领导者需要对团队绩效做出客观评估。这就要求团队领导者建立一个有效的客户反馈机制来获取客户的真实反馈。根据客户反馈资料，表彰成绩卓著者，进行强化激励；反省整改团队存在的问题。

推动团队发展需要对团队定期进行休整。无论从生理层面，还是从心理层面，人都需要定期休息。团队成员经过一段时间的工作之后，也需要休整以释放压力。团队领导者应定期为员工创造休息的机会，这也是团队休整的机会。领导者借机重新审视团队的目标、规章、工作方法等，并对发现的不当之处进行修订。

2. 组织团队学习

保持团队的活力和战斗力需要团队全体成员不断提高业务水平，提升职业素养和文化素养。因此，一个高效团队要定期组织团队成员参加培训。于个体而言，团队学习可以促进团队成员的成长进步。在团队学习过程中，团队成员可以学到新知识、新技能、新理念，成员之间可以相互学习、相互切磋、激发灵感，从而提升专业能力。团队学习的过程也有助于发展团队成员的整体协作能力。于团队而言，团队学习可以提高团队的核心竞争力。每个个体竞争力的提升共同促进团队竞争力的提升,个体的成长进步有助于实现团队的共同目标。

有效组织团队培训学习需要做到以下几点:

(1)明确培训需求,确定培训内容。调查了解团队成员的技能和知识培训需求,结合成员的职业发展规划需要和团队发展需要,确定培训学习的主要内容。

(2)制订培训计划,根据培训的主要内容,确定培训主题、师资、时间、地点、参加人员。

(3)选择培训方案,根据培训主题的实际情况,选择恰当的培训方案,例如内部培训、外部培训、在线学习等。

(4)注重实践应用,在团队成员学习某些理论后,要为成员提供实践机会,让员工学以致用,既帮助员工巩固所学知识,又提升团队业绩。

(5)做好考核评价。通过过程性动态考核,检验培训效果,根据培训效果及时调整培训计划。

思 政 贴 吧

问渠哪得清如许,为有源头活水来。——朱熹《观书有感》

译文:

要问池塘里的水为何这样清澈,是因为有永不枯竭的源头源源不断地为它输送活水。

君子博学而日参省乎己,则知明而行无过矣。——荀子《劝学》

译文:

君子广博地学习,并且每天自我反省,那么他就会变得智慧明理并且没有过错了。

这两句名言都说明了终身学习的重要性。朱熹的诗句表明了他的一种治学态度。他借景喻理,表面写池塘之所以永不枯竭、永不陈腐、永不污浊,永远"深"而且"清",是因为有源源不断的活水注入,实则以此揭示一个人生哲理:一个人的思想如果能保持深刻、清明、富有活力,就需要有源源不断的新知识输入。荀子告诉我们如果一个人能广泛地学习多种知识,并能经常反思,就会通透明智,减少过失。

　　一个人唯有经常学习新思想、新知识、新技能,才能保持自己的进步和富有活力的状态。一个团队唯有经常组织队员学习才保持旺盛的生命力,才会不沉滞、不落伍、不被淘汰。

（二）制定清晰明确的团队目标

1. 高效团队目标的特征

高效团队的目标是清晰明确的、可实现的。团队目标是根据组织发展战略所制订的可实现的目标,是团队所有成员共同努力的方向。它使团队成员的努力指向性更强,可以有效避免团队成员陷入职业迷茫。清晰明确的团队目标能帮助团队成员有针对性地开展工作,提高团队成员的执行力,确保工作效率。团队目标是一个团队持续发展的原动力,也是团队成员奋斗的动力。因此,团队目标必须是可实现的、适当的,不能太大也不能太小。目标太大,难以实现,会使团队成员失去信心;目标太小,太容易实现,会使团队成员失去斗志。

2. 高效团队目标的制定步骤

优质的团队目标既要清晰明确,更得切实可行,能被团队成员广泛认可。因此,团队目标的制定需要团队所有成员共同参与,群策群力;也需要进行系统而严谨的论证。具体步骤分为全面调研、汇总评估、初稿研讨、最终确定、阶段分解。

1）调研

首先在团队成员中摸底调研,了解他们对自己的发展期许及他们对团队未来的发展期许。同时,也了解团队成员的优势和特长及他们的发展趋势,了解他们将来能为团队发展做出什么贡献,了解团队成员的能力和发展潜力,以确定团队目标的高度。通过调研,激发团队成员认真思考自己的特长、对团队发展的价值及从团队发展中的获益,激发成员思考自己的发展目标及职业规划。这样的调研咨询给了员工参与感,可以有效增强他们的主人翁意识。

2）评估

汇总调研摸底收集的信息,归纳成员的意见,对成员的各种观点进行提炼总结,再对提炼出来的几类不同观点进行评估。综合考量各种观点,评估其可行性、一致性、创造性和合作性。

3）讨论

根据评估结果,初步确定团队发展目标。初步确定后和团队成员集体讨论目标具体内容和最终定稿,以便获得团队成员对目标的认可。集体讨论的具体方式可以多样化,如以问卷或面对面的头脑风暴等形式对初稿提意见。团队领导者对成员提出的修改意见进行深入剖析,采纳合理建议,最终达成共识。这个环节的目的是确保团队成员充分表达自己的观点,收集合理化建议,从而保证团队目标的科学性和可行性,完善团队目标的具体内容。

4）确定

进行了深入而广泛的讨论之后,在初稿的基础上融入合理化建议,求同存异,最终确定一个被大多数成员认可与接受的团队目标。规范表述目标内容,细化具体内容,形成明确的团队目标。

5）分解

路要一步一步走,目标也要一步一步实现。团队总目标明确后,再对总目标进行阶段性分解,根据团队实际情况设定过程中的一些里程碑式的目标。这些分目标的实现可以给团队成员带来成就感,增强他们的信心,为最终实现团队整体目标提供动力。

（三）制定规范严明的团队规章

团队规章是团队成员共同认可的价值体系和制度体系,是团队成员的行为规范,是团队管理的依据,是团队高效运转的强有力的保障,是团队高效实现目标的有力支持。只有铁一样的纪律和完善的规章制度才能提升团队成员的执行力,才能规范化地进行团队管理。

1. 团队规章的特点

1）规范性

一个团队的规章制度必须是全体成员共同讨论制定的,经过大家认可通过的,以书面形式呈现出来并公之于众的明文规定。它是团队成员工作行为的依据,对团队成员具有规范作用。无论形式还是内容,都是经过严谨的流程确定下来的。

2)强制性

团队规章制度无论对于成员个体还是团队集体,都具有强制性。团队规章制度一旦制定就要求团队成员必须遵守。每一个个体只要加入团队,也必须遵守团队的规章制度,接受团队规章的约束。假如违反了规章制度,就会受到相应的惩罚。同理,作为集体的团队也必须依据规章维护团队成员应该享有的权益。

3)稳定性

一个团队的规章制度是经过反复论证制定的,是团队全体成员共同的意志,不得随意制定、修改和废止。规章制定后一般可以长期执行,如果确实由于外部环境的变化或公司的发展,导致某些条款不再适用,也需要进行深入调查和严格的论证后再做出修订。

2. 团队规章的制定流程

1)调研

围绕团队目标,通过实地观察、抽样调查了解团队需要的规则、办法等。通过访谈、会议、问卷等方法,调查团队成员对于规章、办法、细则的看法。通过文献调查法,了解和借鉴其他团队的章程、办法及规范。在充分调研的基础上,综合考虑多方意见,才能客观公正地拟定适合自己团队的规章制度。

2)草拟

结合前期调研结果,初步拟定团队规章制度的草案。虽然是草案,但也是一份全面而具体的完整规章。草案拟定后,经团队领导审核后发给团队成员讨论。

3)讨论

团队全体成员对拟好的规章草案细则进行讨论,提出修改意见。在这个阶段要广泛征求意见,反复讨论修改,最终完善定稿。

4)试行

一个规章制度类文件在正式执行、全面推广前需要试行。试行的目的是检验制度的科学性、合理性、可行性等。根据试行情况及在试行中发现的问题,进一步修改完善,形成适用于自己团队的完整、详细、科学、合理、公正的规章制度。

5）正式执行

经过反复修改形成的完整、详细、科学、合理、公正、可行的规章制度以规范的文件形式面向整个团队颁布。规章颁布后,将作为团队行为的准则和团队管理的依据。

（四）打造积极向上的团队文化

1. 团队文化的内涵

团队文化是团队成员为完成团队共同目标,在长期合作过程中形成的团队理想、价值观、行为准则、管理制度、道德风尚等的总称。它深刻映射出团队成员的整体精神风貌,彰显了共同的价值追求,契合了时代的伦理要求,并展现出团队追求卓越发展的文化素养。

2. 团队文化建设的方法

团队文化的建设要以团队目标为核心,以团队发展为宗旨,以公平公正、平等友爱、求同存异为原则,全员参与,共同建设。

（1）严谨制定、严格执行规章制度,提供公平公正的工作平台。制度类文件的制定要做到尊重民意、赏罚分明,制度的执行要严格。团队的各项赏罚措施要有章可循、有章必依、执行必严,形成积极的竞争环境,避免恶性竞争。

（2）大力弘扬团结协作、甘于奉献的团队精神,凝聚精神力量。引导团队成员从全局的角度出发,紧紧围绕团队的核心目标,相互支持、协同作战,共享胜利的喜悦。

（3）营造友爱和谐的工作氛围。团队领导者要积极关心员工及员工家属,在节日和员工生日,及时送上祝福。通过细节关怀营造和谐的工作氛围,激发团队成员的工作热情。鼓励团队成员之间相互尊重、相互关爱、互帮互助。

（4）尊重个性,营造平等民主的工作环境。鼓励团队成员敢于表达个人见解,敢于对团队及团队领导者提出意见。注意培养员工的创新意识,鼓励员工敢于创新。

（5）经常组织活动,通过多种形式增进团队成员之间的感情,强化团队文化的感染力。例如通过多种形式的团建活动增进员工之间的了解和协作,通过节日关怀增进员工对团队的情感等,在潜移默化中增强团队文化的感染力。

任务反馈

1. 要制定明确而恰当的团队目标

建设高效团队要有明确的目标,明确的目标是团队前进的方向和动力。李明确实也制定了目标,但是制定的目标不切实际。不切实际的目标给了员工太大的压力,导致员工失去信心。李明要提高部门业绩的想法是好的,他应该结合原来业绩,综合考虑各种因素后制定一个比原来稍高些的恰当的目标。

2. 要有严格而系统的规章制度,不得随意修改

一个高效的团队要有严格而系统的规章制度。严格的规章制度明确权责、赏罚分明,是不能随意改动的。但是李明引进末位淘汰制,破坏了原来的制度。而且他在修改制度时没有征求员工的意见。规章制度修改同制定一样慎重,如果修改,李明也应该按照流程先调研,再征求员工意见,充分论证后再试用、修改。

3. 准确定位员工角色,做到人尽其才

在一个高效团队中,拥有不同能力的人扮演不同的角色,分管不同的工作,能各司其职,各尽其能。但是,李明不做区分地要求所有人都完成广告招商的任务,没有准确定位员工角色。他应该根据团队成员各自的优劣势分配工作,让每个人各展其能。

4. 打造团结向上的团队文化

高效团队一般拥有团结友爱、积极向上的团队文化。团队的文化是一个团队的灵魂。团结向上的文化氛围才能形成团结一致的团队,才能形成强大的合力。李明的团队如果想要提升业绩,必须团结一致,相互配合,共同发力才可以。适当的竞争是有必要的,但是应该采用正当的竞争机制。李明也应该引导员工使用正当的竞争手段,进行良性竞争。

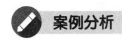
案例分析

【案例 3－1】

格力：打造学习型组织，增强团队合作能力

格力集团注重打造良好的学习型组织，增强团队合作能力。为此，格力集团采取了一系列措施。

一、明确发展目标，实现自我超越

格力通过召开干部总结会议，明确格力未来一年的战略规划和目标，并对目标进行分解，以目标为导向制订细化的工作方案。各部门、分厂中层干部及骨干围绕领导人的讲话精神，就如何在具体工作中落实目标以及今后围绕目标所开展的各项工作设想进行分组学习、讨论，从而有效传达目标。

二、共享企业愿景，形成文化共识

格力通过开展入职培训、年度总结、榜样表彰大会等多种形式的组织学习，使员工在互相学习与交流中理解并共享企业愿景，强化员工对格力文化的认同感，从而形成文化共识。

三、开展协同合作，增强团队力量

格力组织跨职能部门团队对研发项目进行"三层论证"，每一层论证都经过多个部门共同学习并共同解决问题。一项研发设计的初步方案提出后，由工艺部、工业设计中心等部门组成的跨职能部门团队的成员提出初步论证，就方案的各个方面提出问题并互相讨论，形成产品策划方案；然后由家技部或商技部主导提出详细方案论证，各部门成员再次进行讨论与交流，将产品研发过程中存在的潜在问题暴露出来；最后由技术研发、工艺质控、科管部等多个部门共同合作，对方案进行全方位的技术论证，在知识的相互传递与协同互补中解决问题，为接下来组建产品研发团队打下基础。

四、提供机制保障，促进组织学习

为了让员工、团队之间更好地开展学习活动，格力为全体员工安排了在岗培训、脱产培训，通过组织多样化的内部培训、外出培训等培训活动，给员工提供了补充知识、提升能力的机会，让员工能够通过培训系统地掌握工作中所需的理论与知识。

格力集团还为员工搭建了知识库,构建了全员参与创新机制、企业培训机制、知识管理考核机制、员工激励机制等一系列制度。

(资料来源:张振刚《格力模式》,机械工业出版社 2019 年版,有改动)

【思考讨论】

1. 格力的领导者是如何开展团队建设的?

2. 格力团队通过开展哪些活动来提高战斗力?

3. 如果你是格力的员工,你在这些活动中受到了哪些启发?

【案例 3-2】

阿里巴巴:如何打造高效团队

起初,阿里巴巴集团以独特的 B2B 模式解决了中小企业在国际贸易中的信息不对称问题,迅速获得市场的认可。随着互联网的普及和电商的发展,阿里巴巴又推出了面向普通消费者的 C2C 平台——淘宝网,进一步打开了市场。

阿里巴巴集团的市场领导地位不仅表现在规模上,更体现在其对电商生态的深刻理解和创新能力上。通过构建包括物流、支付、云计算在内的全方位服务体系,阿里巴巴成功打造了一个覆盖全产业链的生态系统。阿里巴巴的成功不仅在于其商业模式,更在于其独特的管理方式。

愿景与使命

阿里巴巴的愿景是成为一家能够持续发展 102 年以上的公司,服务全球 20 亿消费者,创造 1 亿个就业机会。这个愿景体现了公司管理层对公司长期发展的深远思考,以及对社会责任的承担。它激励着员工超越短期利益,着眼于公司的长远发展。阿里巴巴的使命是"让天下没有难做的生意"。这一使命深刻影响了公司的业务模式和发展战略,无论是 B2B、B2C、C2C还是跨境电子商务,阿里巴巴都在致力于降低商业活动的门槛,提高效率,让商家和消费者都能享受到互联网带来的便利。

组织架构

阿里巴巴的组织架构设计是其管理理念的重要组成部分,旨在用灵活高效的结构来支持公司的快速发展和市场适应性。

(1) 提升团队灵活性。小团队作战模式使得团队能够更加灵活地调整战略和方向,以适应不断变化的市场环境。小团队通常具有更高的自主性和责任感,能够快速做出决策并执行。

(2)增强团队凝聚力。小团队模式有助于增强团队成员之间的沟通和协作,每个成员都能在团队中扮演重要角色,这种紧密的合作有助于建立团队的凝聚力和信任。

(3)提高响应速度。小团队能够更快地响应市场和客户需求的变化,因为决策和执行过程不需要经过复杂的层级审批,团队可以迅速采取行动,抓住机会。通过扁平化管理和小团队作战的模式,公司能够快速适应市场变化,激发员工潜力,推动持续的业务增长和创新。

人才管理

人才是企业最宝贵的资源。阿里巴巴的招聘理念强调寻找具有潜力和热情的人才,而不仅仅是那些已经拥有丰富经验的人。公司通过提供有竞争力的薪酬、吸引人的企业文化和广阔的职业发展空间来吸引顶尖人才。阿里非常重视员工的个人成长,公司提供各种培训和发展机会,帮助员工提升专业技能和管理能力。

危机管理

危机管理是企业运营中不可或缺的一部分。阿里巴巴建立了一套成熟的危机应对机制,确保在面临挑战时能够迅速、有效地采取行动。这包括但不限于风险评估、预警系统、应急预案和危机沟通策略。在危机发生时,阿里巴巴能够迅速做出反应,评估情况并采取必要的措施缓解危机带来的影响。不仅如此,阿里巴巴还会深入分析危机发生的原因,从中吸取教训,并优化流程和策略,以避免类似情况的再次发生。在不断变化的市场中,持续创新是保持企业竞争力的关键。

阿里巴巴的成功并非偶然,而是其独特管理理念的必然结果。通过学习这些管理理念并将其应用于其他企业或团队,可以帮助更多的组织实现高效管理和持续发展,从而在竞争激烈的市场中取得成功。

(资料来源:《环球案例研究》2024-07-18)

【思考讨论】

1. 阿里巴巴的领导者是如何建设高效团队的?

2. 如果你是阿里巴巴的员工,你在公司的这些决策中受到了哪些启发?

实训平台

一、情境训练：成立公司

训练目的：

（1）清晰认识自己在团队中能扮演的角色及承担的责任。

（2）实践建设高效团队的理论，学会建设团队。

（3）认真思考自己可以为团队做出哪些贡献，培养职业自信。

训练情境：

学校为了鼓励大学生创新创业，在创客空间为每个班免费提供了三间办公室，作为同学们创业的办公地点。请大家根据自己的职业规划分成三组，成立三个公司。

训练要求：

（1）每个人根据自己的特点和优劣势选择适合自己的角色和分工。团队内部自行讨论分工，分配职务，并为每个人制作一个名牌。

（2）拟写公司建设构想。团队成员共同讨论商定公司的主营业务、团队目标、团队规章大纲、企业文化，制作成课件向大家展示。

活动总结：

（1）想一想你为公司的成立作出了哪些贡献，今后能为公司的发展做出什么贡献。

（2）说一说你参与这个活动后的感受。

二、团队优秀度测评

活动说明：

请结合各团队在以上活动中的表现，依据下列评价标准对团队做出评价，并提出改进建议。

活动步骤：

（1）所有人根据下列标准为自己的团队打分，计算出平均分，并提出改进建议。

（2）所有人为其他团队打分，计算平均分，并提出改进建议。

（3）教师为每个团队打分，并提出改进建议。

（4）将自己团队成员自我评价的平均分和其他团队成员评价的平均分及教师评分填写到表3-1中。

（5）各团队统计归纳改进建议填入表3-1。

表3-1 优秀团队评价标准

评价指标 （每个指标满分10分）	团队自我 评价得分	其他团队 评价得分	教师评价 得分	改进建议
团队有明确的目标				
团队成员在工作中扮演各种角色				
团队成员各自的技能得到充分发挥				
团队成员之间相互尊重				
团队成员都能积极参与讨论				
团队成员之间互相支持				
团队成员的交流比较公开				
团队成员能够真正做到互相倾听				
团队成员出现冲突时，能勇于承认错误				
团队的工作安排有序清晰				
团队成员都能接受工作方法和程序				
定期检查团队的工作情况				
定期检查工作进程				
把困难和错误看作学习的机会				

续　表

评价指标 （每个指标满分 10 分）	团队自我 评价得分	其他团队 评价得分	教师评价 得分	改进建议
团队凝聚力强				
得分小计				

✓ 项目总结

本项目主要介绍团队合作的相关知识，帮助大家更好地了解团队精神，学会怎样更好地融入一个新的团队中，学会建设一支高效团队。

通过任务一，我们认识什么是团队、团队的组成要素是什么，理解团队精神的内涵，掌握培养团队精神的方法。通过任务二，我们了解了融入团队的意义，学会如何快速地融入一个团队。通过任务三，我们了解了什么是高效团队，建设高效团队的主要内容有哪些，掌握建设高效团队的方法。

拓展训练

一、填空题

1. 团队是由（　　）与（　　）共同构成的一个紧密共同体。这个共同体能够有效整合每一位团队成员所具备的（　　）与（　　），团队成员在（　　）下解决问题，最终实现共同的既定目标。

2. 团队的组成要素（　　　）、（　　　）、（　　　）、（　　　）、（　　　）。

3. 团队角色分为（　　　）、（　　　）、（　　　）、（　　　）、（　　　）、（　　　）、（　　　）、（　　　）。

4. 高效团队的特征有（　　　）、（　　　）、（　　　）、（　　　）、（　　　）、（　　　）。

二、简答题

1. 建设高效团队的方法有哪些？

2. 如何有效提升主动服务意识？

3. 怎样才能具备团队精神？

4. 融入团队的益处有哪些？

三、综合运用题

1. 快速融入新环境

当你新加入一个团队时，或者当你到一个新班集体时，请尝试用快速融入团队的方法，加入新的环境当中。将你融入团队的经过、结果及体验写下来。

2. 问题与讨论

（1）你熟悉自己所在的班级或团队吗？你与其他成员之间的沟通是否存在困难？

（2）在班级或团队需要建言献策时，你是否能够积极地参与并且能够大胆说出你的想法和建议？你能否动员其他成员积极参与其中？

（3）在一个集体中如何才能找到归属感？我们应该怎么做才能帮助我们的集体取得成功？

项目四　提升沟通能力

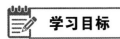 **学习目标**

1. 素质(思政)目标

(1) 培养真诚、友善的美好品德,学会尊重他人、理解他人。

(2) 养成全面、客观地看待问题的思维习惯,培养全局观念,树立正确的世界观。

(3) 培养自信乐观的工作态度,以昂扬的面貌应对职场生活。

2. 知识目标

(1) 了解职场沟通的特点,掌握职场沟通的方法。

(2) 了解倾听的重要性,掌握有效倾听的方法。

(3) 理解巧妙表达的重要性,掌握表达的技巧。

3. 能力目标

(1) 能在职场及学习、生活等各个方面进行有效沟通。

(2) 能有效倾听,能从他人谈话中接收较完整、较准确的信息。

(3) 掌握表达的技巧,能巧妙地说服他人、赞美和批评他人,能适当拒绝,能自信演讲。

项目导读

职场沟通是一项重要的能力,是需要经过后期培养训练的。我们是生活在同一世界的社会人,不可能孤立生活,每个人都必须与外界沟通和交流,只有不断增强沟通能力,拓宽人际交往范围,提升职业素养,才能在这个社会立足。即将步入职场的青年学子除了要具备相应的专业知识、专业技能和综合素质外,还需要掌握一些职场沟通的技能,熟练运用职场沟通技巧,以使得未来的职业道路更加宽广。

一个普通人每天大约有六成到八成的时间用在"听、说、读、写"等沟通的活动上。有一项针对近千名人事部门主管做的调查,结果表明,80%以上的人认为,在当今社会人才市场中,沟通技能(包括口语表达能力、有效倾听能力和书面表达能力)是最有价值的技能。

通过本章的学习,你将能够:

(1) 了解职场沟通的基本知识。

(2) 提升沟通能力。

(3) 学会倾听、说服、拒绝、赞美、批评及自信演讲。

任务一　　了解职场沟通

任务情境

为人随和的小张在某公司负责销售工作,他脾气好,极少与人争执,与同事相处得很不错。但前段时间,同部门的小王处处刁难他,甚至当众对他冷嘲热讽,不但让小张多做工作,有几次还争抢小张的老客户。最初,小张认为大家都是同事,选择了退让的态度,他认为忍一忍就没事了。可小王的气焰日益嚣张,小张感到实在无法忍受,终于到经理那儿告了状。经理非常严厉地批评了小王:"小王,同事之间应该相互理解、互相帮助,你怎么能故意找小张的麻烦呢?扣除你一个月的奖金。"从此,小张和小王再也无法友好相处了。

任务分析

小张所遇到的问题是我们在工作中经常会遇到的问题。在一段时间里，同事小王对他的态度大有改变，这应该是小张有所警觉的，他应该思考是不是哪里出了问题。但是，小张只是一味地忍让，而忍让不是最好的办法，更重要的应该是多沟通。小张应该考虑到小王是不是有了一些什么想法或者误会，才会让他对自己的态度有如此大的变化，因此他应该及时主动地和小王进行一次真诚的沟通。比如问问小王是不是自己有什么地方做得不对，让他难堪了之类的。任何人都不喜欢与人结怨，在误会和矛盾比较浅的时候通过及时的沟通会消解。但结果是，小张到了忍无可忍的时候，选择了告状。而部门主管的处理方式也不合适，没有起到应有的调解作用，他的一番批评反而加剧了二人之间的矛盾。小张、小王和部门主管都是因为没有进行有效沟通才导致的矛盾加剧。

知识点拨

一、职场沟通的定义

沟通是指为了一个确定的目标，使相关信息、思想感情在个人或群体间传递，进而达成共识的过程。沟通在我们生活中无处不在，只要与人交流就有沟通，只要想要他人配合就需要沟通。无论生活中还是学习工作中，都是如此。沟通的目的是获得他人的配合以帮助自己实现某些目标。

职场沟通泛指在职场活动中，人与人之间通过语言、文字或其他方式交流信息和思想、表达情感以达成彼此互动的过程。沟通的过程是信息发出者发出信息，再通过某种渠道传递给信息接收者，最后接收者解读信息再给予反馈。在这一过程中解读信息需要一些条件：技巧、态度、知识、社会文化背景。因此，在沟通过程中会出现一些扭曲信息的现象。

管理学研究表明，一个管理者大部分的工作时间都用在沟通上，如开会、谈判、指示等，他们工作中大部分的障碍也是由于沟通不畅产生的。因此,具备职场沟通能力尤为重要。有效的职场沟通有利于合作伙伴之间保持良好的关系,能够相互理解、相互支持、相互信赖。

二、职场沟通的重要性

良好的沟通对于任何企业和组织的有效运作都是十分重要的。调查表明,企业中出现的很多问题都是源于沟通不畅。给企业造成最大损失的原因往往不是技术不精、人才不足,也不是资金不到位、理念不先进,而是企业与企业之间或企业内部各部门之间、员工之间的沟通不通畅。例如,企业工作效率低下、执行力差、管理层和执行层的不和谐等问题在很大程度上都可归因于沟通不顺畅。而良好的沟通则可以提高团队竞争力,促进个体的事业发展。

（一）良好的沟通有利于提高团队竞争力

良好的沟通有助于团队内部资源共享,汇聚团队智慧。良好的沟通可以促进团队成员之间相互分享信息与资源,互通有无,彼此互补,运用大家的智慧使问题得到解决。

良好的沟通有利于提高团队工作效率。良好的沟通可以实现领导者与下属之间、同事与同事之间的深入交流和相互合作,能实现团队成员之间的互帮互助,有助于及时发现问题、解决问题。

（二）良好的沟通有助于构建和谐的人际关系

良好的沟通是建立和谐人际关系的桥梁。社会心理学研究表明,人和人的熟悉程度能影响彼此之间的好感,而沟通是增强熟悉感的最佳途径。

良好的沟通有助于在团队内部营造和谐的工作氛围,减少成员之间的误会,从而提高团队的工作效率和工作质量。良好的沟通也有助于团队与外部的交流,为团队争取更多的资源和发展机会,推动团队发展。

人际关系在很大程度上影响一个人的成长和事业发展。人际关系的好坏很大程度上取决于个体沟通能力的强弱。有效的沟通有助于个体构建较好的人际关系网络,帮助个体获得他人的帮助,也有助于个体展示自我,获得他人的认可。因此,有效沟通可以助推个人的成长和事业的发展。

（三）良好的沟通能够满足人们的心理需求

人是社会性动物，每个人都有被倾听、被理解的需求，也有倾诉的需求。当人们出现一些消极情绪时，正确地表达才能使消极情绪被听到、被理解。作为听众，也需要用心倾听、适当共情、恰当表达才能帮助他人摆脱消极情绪。

三、影响有效沟通的因素

（一）管理者以自我为中心

思维方式影响沟通方式。一些执着于自身思维方法的管理者喜欢凭主观判断事物，他们对人对事不够客观公正，不会深入剖析自我，忽视他人想法，缺乏换位思考的意识。这样的管理者一味地急于传达信息，而不考虑对方的感受。比如管理者想提高工作绩效，但管理者不与下属进行有效沟通，也不向他们提供相关反馈信息。管理者在下发任务时不考虑下属的特点或专长，也不认真听取下属的意见；或者轻易打断对方的谈话或者在谈话过程中心不在焉等；或者管理者时时处处以自我为中心，不认可有效沟通的重要性，简单粗暴地下命令；或者只使用物质奖惩；或者搞"一言堂"，对下属颐指气使；等等。这种管理者听不得不同意见，他们认识不到沟通的作用和价值。对于这种以自我为中心的管理者，下属往往出于自身利益的考量，会顺从管理者的想法和做法，管理者听不到反对意见，就更会强化管理者自我中心主义的为人处世方式，从而陷入一个恶性循环：管理者始终以自我为中心，被管理者愈加盲目顺从。

（二）缺少良性的信息反馈

沟通中的反馈通常是指接收者接收到信息后，根据自身情况做出相应的调整，将个人意见返回到信息发出者那里，形成一个循环。有反馈，信息才可以流通起来。社会情况越复杂，组织内部就越多样化，彼此依赖性越强，大家对同一件事情的观点越多。因此，对于信息发出者来说，信息反馈至关重要。但是，如果信息有去无回，只发出信息，但没有反馈信息，或者反馈了不被领导者看见。那么沟通链条就会断裂，沟通就不能实现良性循环。即便有信息且被接收到，但如果反馈有误，缺乏真实性，就容易形成理解偏差，带来不必要的误会，也会影响沟通效果。

（三）沟通媒介选择不当

沟通需要凭借一定的媒介，不同的信息往往需要不同的媒介来传递。如果媒介选择不当，很可能会产生沟通障碍。比如，微信留言的方式存在着沟通延时的弊端，不能实现及时沟通。此外，因微信留言的方式无法感受对方的语气和表情，还可能造成双方对信息理解的偏差。

（四）沟通双方有文化差异

在职场中，沟通双方可能来自不同国家、不同地区，可能分属于不同的种族和民族，这就意味着文化差异的存在，这种差异必然影响沟通效果。首先，就文化差异中的语言差异来说，如果交流双方使用不同语言，彼此都听不懂，根本就无法沟通。即便使用同一种语言，不同区域的语言文化中含有不同的方言俗语，如果不懂这些方言，也无法顺利沟通。其次，思维方式存在差异。每个人在长期生活和工作过程中形成了自己独特的思维习惯，其中包括价值观、思维方式、生活和工作理念等。在沟通过程中，双方会不自觉地用自己的思维习惯表达想法、解读对方传递的信息。运用不同的思维习惯解读的信息很可能会存在偏差，影响沟通效果。最后，不同文化背景下的文化心理、个人思想偏见等，也会造成沟通障碍。沟通双方如果对对方所属的地域、种族等存在偏见，或者对对方有刻板印象，就可能对对方传递的信息产生抵触情绪，在交流中会漏掉大量重要信息，从而造成信息解读有误，影响沟通效果。

四、有效沟通的原则与技巧

（一）有效沟通的原则

1. 真诚友好

有效沟通的前提是真诚。真诚友好的态度体现了一个人想要有效解决问题的意愿。唯有持真诚友好的态度交流，才能为沟通创造良好的氛围，让对方敞开心扉，也才有可能共情对方真实的感受，较客观地接收到对方传递的信息。也唯有坦诚友好地讲出自己真实的感受、想法和期望，也才有可能被对方所理解和共情，从而使沟通顺利进行。因此，在沟通过程中要尽量做到开诚布公；要友好待人，不抱怨、不责备、不嘲讽。当然，开诚布公不代表信口开河。在职场沟通中，只说与交流主题和交流目的有关的内容,不谈论他人隐私;要多赞美对方的优势和成绩,少挑剔对方的缺点和不足;对对方的解决方案有异议时,要用诚恳的态度婉转地提出。

感人以诚不以伪。

——清·方苞

善气迎人,亲如弟兄;恶气迎人,害于戈兵。

——春秋·管仲《管子·心术下》

清代散文家方苞在《方望溪先生全集》中提到,人与人的相处之道,当以诚为先。精诚所至,金石为开。从古至今,真诚相待、讲究诚信都是成事的必要前提。以诚相待,才能敞开心扉沟通,才有成事的希望。

管仲告诉我们"待人态度和善,彼此就会像亲兄弟一样;待人态度恶劣,就会招致兵戈相见"。友好待人是中华民族的传统美德,也是顺利沟通的前提。真诚友好地待人才有可能换来对方的真诚友好。

2. 相互尊重

尊重他人是与人相处的基本原则,也是个人涵养的体现。尊重他人才能赢得他人的尊重,尊重他人才能让对方感受到你的友好。因此,在沟通过程中,双方相互尊重,才能让沟通顺利进行。尊重他人无关对方的种族、性别、年龄、身份。要平等地对待对方,不要以说教的姿态讲大道理;要尊重对方的话语权,给对方足够的表达机会;尊重对方的想法和情感,不要嘲笑或指责;尊重对方的习俗,不要无端冒犯或挑衅。若对方不尊重自己时,可以请求对方的尊重。如果不能实现彼此尊重,沟通将难以继续,可以暂停沟通。

3. 冷静理性

人在冷静的状态下,理性地思考和表达的内容更清晰、更完整、更真实。人在冷静的状态下,理性地倾听对方,也才能更完整、更准确地接收到对方传递的信息,才能较真切地感受到对方的情绪。而如果在情绪激动时沟通,可能会造成无法挽回的后果。人在激动时,思路会不清晰,甚至会口不择言,给对方造成言语伤害,更有甚者,采取极端行为,给对方造成人身伤害。因此,沟通时要保证双方的情绪冷静。如果双方或任何一方处于不理性的状态,都要申请暂停沟通,可以等双方情绪调整好之后再继续。

（二）有效沟通的技巧

1. 把握有利的沟通时机

沟通是否有效与沟通的时机有很大的关系。有些事情需要在安静的环境下沟通,有些事情在相对舒适轻松的环境中沟通效果可能会更好。不同的工作需要不同的沟通环境和沟通时间,因此要根据工作的实际情况选择合适的沟通时机。一些简单明了用时较短的工作,可以见缝插针,利用一切空闲时间进行沟通。而一些比较复杂重大的工作,需要相对完整的、较长的时间在相对安静的环境中进行沟通。

另外,给对方留下良好的第一印象,也十分重要。要善于抓住时机,努力展示自己的才能,用真诚的态度和优秀的工作表现树立自身良好的形象,为以后的沟通奠定情感基础。

2. 选择恰当的沟通方式

常用的沟通方式有面对面沟通、书信沟通、电话沟通和网络沟通等。常见的沟通形式分为群体沟通和单独沟通。不同的工作,需要不同的沟通方式。如果是一般的说明情况的信息沟通,通过电话、邮件就可以解决;如果是为了交流感情和增强信任,则应该在合适的时间、适宜的地点面对面沟通。如果沟通的事项是需要周知的事项,可以通过会议的形式群体沟通;如果是针对某一个人的事项或者是保密性的工作,则需要单独沟通。

3. 掌握说与听的节奏

沟通是说与听的互动过程。有效的沟通既要会表达,也要会倾听。表达时语言要简洁凝练,能在有限的时间内将自己想要表达的内容尽量清晰、完整、准确地表达出来。简练的语言利于对方准确理解你表达的意图,避免对方产生误解。语言简练也有助于对方保持专注力,完整地接收到你所表达的信息。

有效的倾听既能使我们准确把握对方想表达的意思,也能激发对方表达的欲望。唯有让对方尽情地表达,你才能知道对方的真实想法、性格特征及此时的情绪。了解了对方的想法、性格、经历、情绪,你才能知道自己说什么、怎么说让对方更容易接受。有时以倾听为主的沟通所达到的效果比滔滔不绝地说更好。在沟通过程中,不要急于表达,要先倾听。倾听对方讲话,观察对方说话时的神态、表情、动作,以了解对方真实的想法。切记在别人讲话的过程中不要轻易打断或着急插话,要给对方充足的发言时间。

4. 适当借助肢体语言

在面对面的沟通中,除了用简洁凝练的语言之外,还要善于借助眼神、表情、动作等肢体语言。肢体语言中往往包含着一个人的情绪和情感。温和的眼神、微笑的表情能让对方感受到你的友好,增强对方沟通的欲望。倾听时,恰当使用点头、注视、微笑等肢体语言,可以鼓励对方继续讲下去。同理,我们也可以借助对方的肢体语言判断对方的情绪和真实的想法,由此决定接下来如何沟通。

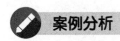

任务反馈

案例中小张的正确做法可以是:努力消除双方的误会,本着加强与同事沟通的原则来处理这件事,这样做的结果可能会好一些。小王如果对小张的某些做法有意见,也应该与小王坦诚交流,而不应该采用打击报复的方式。部门主管应该找小王谈谈心,让小王从心里认识到自己的做法会破坏同事间的团结,只有改正这个错误,才能从根本上解决问题。我们每一个人都应该学会主动、真诚、有策略的沟通,这样才可以化解工作和生活中产生的误会和矛盾。

每个人都希望建立良好的人际关系。而沟通是一种能力,需要学习和练习。如果想要闯出自己的一番天地,一定要学会沟通。

案例分析

【案例 1-1】

"东方式的细腻演出"(党史撷英)

日内瓦会议期间,中国代表团巧妙运用公共外交形式,向世界展示新中国形象。

1954 年 5 月 13 日晚,中国代表团新闻处在日内瓦圣彼得广场剧院举行电影招待会,放映纪录片《1952 年国庆》。能容纳 250 人的剧院座无虚席。放映前,周恩来总理特别交代:要选好放映日期,不要在开会的日子,也不要在周末;把请柬分成两种,一种指名邀请,一种不写名,就放在"记者之家";放映时,用英语作简单说明。放映过程中,掌声不时响起,一位瑞士记者还在报道中称赞这部影片。

1954 年 5 月 20 日晚,中国代表团在日内瓦湖滨旅馆大厅放映电影《梁山伯与祝英台》。根据周恩来总理的提议,请柬上写着:请你欣赏一部彩色歌剧电影——中国的《罗密欧与朱丽叶》。这部越剧电影受到众多外国记者的喜爱。当放映到"楼台会"时,一位法国女记者感动得热泪盈眶。

放映结束,观众还沉浸在剧情中。沉寂过后,突然爆发出热烈的掌声。

一位美国记者说:"这部电影太美了!"一位印度记者说:"新中国成立不久,就能拍出这样的片子,说明中国的稳定。这一点比电影本身更有意义。"

根据放映反馈,周恩来总理又要求扩大影片放映范围,以拉近同各国人士的距离。一些人观影后赞叹:"这是东方式的细腻演出。"

6 月 8 日,周恩来总理宴请以艾登为团长的英国代表团,并招待他们观看《梁山伯与祝英台》。看后,艾登说:"影片的色彩鲜艳,服装美丽,女主角表演优异。"他还建议中国向外国出口这部影片。

日内瓦会议期间,周恩来对影片独具匠心的安排,增加了外界对新生的社会主义中国的了解,拉近了中国代表团与各个国家人士的感情,推动了日内瓦会议的进展,成为公共外交的成功范例。

(资料来源:《人民日报》,2021 - 02 - 10(5),http://paper.people.com.cn/rmrb/html/2021-02/10/nw.D110000renmrb_20210210_3-05.htm)

【思考讨论】

1. 该案例告诉我们一个什么道理?

2. 与人沟通时应该提前了解沟通对象的哪些信息?

【案例 1‑2】

不 同 的 待 遇

场景一：（在某学校的教务处处长办公室里）

小张：齐处长，这是我们平台的资料，你看看！

齐处长：先放这儿吧！等我有时间看看，如果需要我们就给你打电话。

小张：你先看看嘛，不看怎么知道感不感兴趣呢。关键是我们这个平台便宜……

齐处长：不好意思，我现在要去开个会，会后我看了和你联系，好吗？

小张：你先看看嘛……

齐处长：抱歉，我要去开会了。（说着齐处长离开了办公室。后来小张的资料就和一堆废弃的纸张堆放在了墙角。）

场景二：（在某学校的教务处处长办公室里）

老李：齐处长，您好！我是智达教学平台的推广人员老李，这是我们这个平台的相关资料，您看看咱们学校需要吗？

齐处长：先放这儿吧！等我有时间看看，如果需要就给你打电话。

老李：我们这个平台比现有的教学平台多了虚拟仿真功能和网课直播功能……

齐处长（立刻表现出极大的兴趣）：有虚拟仿真功能？还能网课直播？快请坐，麻烦你详细介绍一下你们这个平台！

齐处长停下手头的事情，听老李详细介绍他们的平台。

【思考讨论】

1. 同样的一家公司推荐同样的产品，怎么会有两种不同的待遇？

2. 小张的失败之处在哪里？老李成功之处在哪里？

实训平台

一、测试一下你的沟通能力①

1. 你认为你在表达非常重要的观点，别人却表现得心不在焉，你会

---

① 资料来源：武洪明《职业沟通教程》，人民出版社，2011，有改动。

( )

  A. 立刻气呼呼地离开

  B. 停止表达，很生气

  C. 等待继续表达的机会

  D. 认真分析原因，找机会换个方式表达

  2. 参加好友的婚礼，你很高兴，你的同事对婚礼的情况很感兴趣，这时你会( )

  A. 告诉同事你在婚礼上看到的所有细节

  B. 讲一下自己认为重要的

  C. 同事问什么答什么

  D. 感觉很疲惫，什么都不想说

  3. 你是一个重要会议的主持人，这时你的下属在玩弄手机，手机声音干扰了会议现场，这时你会( )

  A. 委婉含蓄不失幽默地劝下属放下手机

  B. 声色俱厉地警告下属不许玩手机

  C. 装作没看见，放任不管

  D. 当场让他难堪，不给他留面子

  4. 你正在向老板汇报工作，这时，你的助理急匆匆地跑过来说，有一个重要客户打长途电话过来找你，这时你会( )

  A. 告诉他你正在开会，会议结束后回电话

  B. 向老板请示，在征得老板同意后，再去接电话

  C. 让助理说你出去了，让助理和客户沟通，问问什么事

  D. 不向老板汇报，也不请示老板，赶紧去接电话

  5. 与一位重要客人会面，你会( )

  A. 跟平时一样，随意打扮

  B. 穿得不是太邋遢就行了

  C. 换上自己觉得很得体的衣服

  D. 精心打扮，非常用心地准备

  6. 接连两个下午，有一位下属都请了事假，第三天上午临近下班，他又拿着请假条过来了，说下午还要请事假，这时你会( )

A. 耐心询问他请假原因,根据实际情况做出决定

B. 告诉他下午部门要开会,不允许请假

C. 你虽然心里很不高兴,但是嘴上什么也没说就批准了

D. 你非常生气,不愿意理他,也不准假

7. 你刚刚应聘成功,到一家公司担任了部门经理。上班时间不长,你听说公司里原有好几位同事想竞争你的职位,老板却没有应允,后来通过招聘选上了你。面对这几位同事,你会(   )

A. 主动认识他们,了解他们的特长,以便日后沟通合作

B. 不理睬这些事儿,尽全力做好本职工作

C. 私下调查他们,看看他们是否对自己未来发展形成威胁

D. 私下调查并找机会让他们难堪

8. 跟各种身份地位的人谈话,你会(   )

A. 对身份地位低微的人,总是爱搭不理

B. 对身份地位高的人讲话总是表现得很紧张

C. 视情况而定,在什么场合用什么态度讲话

D. 不管什么场合都一样

9. 在听别人讲话时,你总是会(   )

A. 对别人的讲话表现出极大的兴趣,并且努力记住要点

B. 请对方直接说重点

C. 当对方讲废话时,马上打断他

D. 不知所云时会焦躁不安,想干点儿别的事

10. 与人沟通前,你认为应该了解对方的(   )比较重要。

A. 经济条件、社会地位

B. 个人品行、能力水平

C. 个人习惯、家庭背景

D. 价值观念、心理特点

测评标准:

题号1、5、8、10,选A得1分,选B得2分,选C得3分,选D得4分,题号2、3、4、6、7、9,选A得4分,选B得3分,选C得2分,选D得1分,把10道测验题的得分加起来,就是总分。

测试分析：

（1）总分为 10～20 分：你总是不能恰当地表达自己的思想情感，因此你也经常被人误解。本来可以很容易地解决的事情，但因为你的表达方式不太恰当，所以有时会把事情弄得很糟糕。但不要灰心，只要你能慢慢把控好情绪、改掉不太恰当的沟通习惯，你随时都可能重新获得别人的理解和支持。

（2）总分为 21～30 分：你掌握了一定的沟通技巧，能够尊重别人，能控制住自己的情绪，能比较恰当地来表达自己，并能达到一定的沟通效果。但是，你缺乏更高层次的沟通技巧，不太积极、主动。其实许多事只要你再努力一下，就可以做得更好。

（3）总分为 31～40 分：你非常稳重，能够随时控制好自己的情绪。你能恰如其分地表达自己，有较高的职场沟通能力和人际交往能力。只要你能将性格中的少量不足加以改正并尽力优化，就一定能取得更加优异的成绩。

二、沟通活动

活动材料：

在"学习强国"平台上找到一则革命先烈的故事，大约 600 字左右。将这则故事分成上、中、下三部分，分别用 A4 纸打印出来。

活动准备：

将所有学生分成若干组，每组 3 人。组员编号甲、乙、丙，分别在不同的教室里等候。

活动过程：

① 教师将第一组学生甲叫到倾听室一，以正常语速向学生甲读出红色故事（下）。② 教师将第一组学生乙叫到倾听室二，以正常语速向学生乙读出红色故事（上）。③ 教师将第一组学生丙叫到倾听室三，以正常语速向学生丙读出红色故事（中）。④ 将第一组学生甲、乙、丙三人叫到一起，让他们互相沟通，将他们听到的上、中、下三部分整合在一起，由一名代表将完整故事讲述出来，需要录音。⑤ 每组依次进行，最后将各组的完整故事录音播放出来，评选出叙述最完整、最通顺的优胜组。

思考总结:

① 在这个活动中,你认为影响沟通的因素有哪些? ② 想要在这个沟通活动中获胜,你需要怎么做?

任务二 掌握倾听技巧

任务情境

临近毕业的一天上午,某系学生科长召集各班班长开会,布置关于学生毕业的各项工作。机电自动化二班班长王铭参加会议时,一边听会,一边打游戏。会议结束后,学生科长要求各班班长将会议内容传达给全部同学,下午需要上交大家填写的两份表格。王铭由于开会时忙着打游戏,会议布置的三项工作,他只记住了一项,压根儿没听见下午需要交表。结果到了晚上,他们班也没有交表格,王铭被班主任批评了一顿。这时,他才想起来可能会上还布置了其他的任务。于是他去向一班班长咨询。在一班班长给他介绍任务的过程中,他不时地跟班里的其他同学说笑。看着王铭的表现,一班班长不再继续向他介绍,面带愠色地离开了。王铭很不解:一班班长为什么不高兴了呢?

任务分析

王铭之所以没有完成任务,原因有两个。一是他没有听全会议内容,也没有听清会议要求。大家都去开会,为什么王铭没有听全会议内容呢? 很显然,是因为他一边开会,一边打游戏,注意力不集中。况且会议布置了多件事情,不做笔记,仅凭记忆也不容易都记住。二是他不懂倾听的技巧,没有认真倾听同学讲话。当一班班长向他介绍会议内容时,他也没有用心听,不但没有记住对方所说的内容,还惹得对方不高兴了。他应该怎么倾听呢?

📖 **知识点拨**

一、倾听的重要性

（一）倾听能够获得有效的信息

在沟通的过程中，懂得倾听的人能够在听的过程中摸清对方的大意，心领神会，获取有效的信息。认真倾听别人讲话，可以从他们说话的声调、表情、肢体语言中，了解对方的需求、态度和期望。

（二）倾听能培养良好的人际关系

在倾听的过程中你所表现出来的专注、微笑、认同等，都能让对方感受到你的尊重和理解。在沟通的过程中，理解是人人都需要的，不只是被理解，同时也要理解别人，这样就能够进一步建立良好的人际关系。

（三）倾听是一种极高的修养

善于倾听不仅是一种才能，也是个人修养的一种体现。认真倾听，对他人讲话表现出兴趣，不打断他人讲话，对他人的讲话给予回应。这些都是认真倾听的表现，既体现了你对他人的尊重，也体现了你的耐心和同理心，是个人修养的一种体现。

二、倾听的类型

（一）听而不闻

听而不闻也就是只有"听"没有"到"，是指表面上看起来在听，实际上并没有听进去，没有接收到表达者所传达的信息。出现这种情况，往往是因为倾听者对讲话内容不感兴趣，或者不太喜欢信息表达者，但是出于礼貌又不能转身离开。因此，表面上应付，大脑却在思考其他的事情，更有甚者会在听对方讲话时左顾右盼或者做与倾听无关的其他事情。

（二）有选择地听

有选择地听，是指只听自己感兴趣的部分，而对于其他部分则不予理会。有选择地听，不能捕捉到对方表达的全部信息，只听符合自己的意思或口味的话语，与自己想法不太一致的部分一概自动过滤掉，对对方的话语往往一知半解。

（三）有效倾听

有效倾听是最高层次的倾听，既能接收到讲话者传达的全部信息，也能调动讲话者传达更多信息。这种倾听者不仅会专注倾听对方讲话，也会主动参与沟通。倾听者聚焦讲话内容，把注意力从自己转移至讲话者，不带偏见，不做预先判断，积极反馈，使讲话者从你的参与中受到鼓励。这种倾听做到了用耳、用眼、用脑、用心。

三、倾听的障碍

有效倾听是倾听的最佳状态，既能使倾听者完整捕捉有效信息，也能鼓励讲述者积极表达。但是，在实际倾听中往往有各种因素阻碍了有效倾听。妨碍有效倾听的主要因素有以下六个方面。

（一）专注度不够

专注度不够的表现有多种。有时候是倾听者被外界因素诱惑，注意力完全不在倾听上，导致什么信息都没听到。有时候倾听者虽然在听，但注意力集中在对方的着装、姿势和表达能力上，而忽略了表达内容本身。也有时候倾听者会被一些噪声干扰，听不清表达的内容。有时候倾听者自身的情绪也会干扰倾听效果，如生气、烦躁、兴奋、难过都会使我们无法专注地倾听。

（二）表达欲望太强

倾听者在倾听时如果不能克制自己的表达欲望，急于发表自己的观点，也会妨碍有效倾听。不等对方说完，就打断对方讲话而发表自己的意见，会导致对表达者的意思一知半解，甚至是曲解。或者即便不打断对方，但由于倾听者的注意力集中在急于表达上，而忽略了对方讲述的内容。

（三）有抵触情绪

当倾听者对讲述者本人有抵触情绪时，对方讲述的内容都会被倾听者屏蔽掉，是一种听而不见的状态，完全接收不到对方传达的信息。有的倾听者则只认同与自己意见一致的观点，抵触与自己不一致的观点。听到与自己看法不同的观点时，他就会自动筛选掉，这种情况下接收的信息是不完整的。

（四）思维定式和成见

一个人的思维定式和成见对于接受他人的观点、理解他人所表达的信息有非常大的影响。当倾听者持有偏见时很难冷静、客观地倾听表达者传达的信息，这也会在一定程度上影响倾听的效果。此外，人们在解读对方传达的信息时，带有自己的思维习惯、价值观，解读出来的信息是符合自己思维定式的，而非表达者的真实意思。

君之所以明者，兼听也；其所以暗者，偏信也。

——汉·王符《潜夫论·明暗》

古今成大事者必有容人之雅量，能听得进不同意见，能集思广益、兼容并蓄，注重沟通与合作，从而达到事半功倍的效果。这句古文告诉我们一个道理：要同时听取各方面的意见，才能正确认识事物；只听信一方面的意见往往会受蒙蔽，从而做出错误的判断，得出错误的结论。

（五）内容枯燥乏味

当表达者所讲述的内容过于枯燥乏味，或者不符合倾听者的心理期待时，倾听者就容易产生厌倦的情绪，导致注意力不集中，不能完整倾听对方讲话，更不能准确接收对方所表达的信息。

（六）倾听者的不当反馈

倾听者在倾听过程中缺乏回应。一味倾听而没有必要的回应，这会让表达者误以为倾听者对讲述的内容不感兴趣。倾听者的一些习惯性肢体语言也会影响表达者的表达欲望。如抖腿、左顾右盼、双手抱胸等。这些肢体动作传递给表达者的是厌烦的情绪。不当的反馈会影响表达者的信心，导致其减少表达内容。

四、倾听的技巧

沟通是倾听和表达的双向活动，学会倾听是学会沟通的第一步。通过倾听可以获得对方的信任和好感，通过倾听可以增加对对方的了解。这些都有利于沟通的顺利进行。要做到有效倾听，需要掌握以下技巧。

（一）鼓励对方表达自己

鼓励对方表达自己分两个时间段：一是交谈开始时，鼓励对方先开口；二是交谈过程中，通过鼓励性的话语或肢体语言引导对方继续表达。在交谈开始时，鼓励对方先开口是尊重对方的一种体现，可以让对方感受到友好，有利于营造和谐的沟通氛围。让对方先开口也有助于我们了解对方的想法，有的放矢地展开交流。

在沟通过程中鼓励对方表达自己，可以借助一些肢体语言，如鼓励的眼神、专注的神情、微笑、点头等。尤其要注意用目光给予恰当回应。交谈中，我们要自然地注视对方，不可左顾右盼、目光飘忽不定，也不要一直盯着对方的眼睛，那样往往会给人咄咄逼人的感觉。正确的做法是用眼睛注视对方的鼻尖或前额，这样能让对方感觉你的眼神比较柔和。也可以借助一些引导性的话语，如"哦""后来呢""我明白了""你当时是什么感受"等，通过这些鼓励性的语言让对方感受到你一直在专注地听，你对他的谈话内容感兴趣，这样对方才会有继续表达的欲望。表达的内容被接纳、被关注的程度越高，表达的欲望就越强烈。

（二）不要轻易打断对方的讲话

当对方谈兴正浓时，不要轻易打断对方的谈话。打断别人的谈话是一种没有教养的行为。如果有很特殊的情况，不得不打断对方的谈话时，要先表达歉意，之后要帮助对方恢复被打断的思路。当别人向你倾诉时，请多点耐心，多一些理解，鼓励对方说下去。

（三）不要意气用事

在沟通过程中，可能会涉及倾听者的切身利益，也可能会谈到一些让倾听者兴奋、悲伤或愤怒的事情。此时，倾听者要注意控制自己的情绪，无论是愤怒还是高兴，无论是赞同还是反对，都不要急于表达。既不要义愤填膺、打抱不平，也不能因为同情而哭哭啼啼，更不能妄加批评指责；否则可能会中断沟通，也可能会使对方的情绪更激动，甚至会引起争执。

（四）及时与对方产生情感共鸣

有效的倾听需要有同理心。所谓同理心就是站在对方立场设身处地地思考。有同理心的倾听是在准确把握对方情绪的基础上，对其情绪给予认同，让对方感觉到倾听者能够体会其感受，并与其产生共鸣。做到有同理心地倾听,需要倾听者努力领会对方想要传达的信息。有时,对方不一定会直接把他的真实情感表达出来,这需要倾听者从其谈话内容、语气语调或肢体语言中找到蛛丝马迹。如果无法准确判断其情感,也可以积极引导,如询问对方"那么你感觉如何?",这样可以准确把握对方的情绪,也可以引出更多的沟通内容。

(五) 适时回应

一个好的听众,并不只是盲目点头,要根据对方的谈话内容,给予恰当的回应,可以是一句简短的话语、一个点头、一个微笑。这样的回应,能让对方感受到你的真心和善意。对于对方说出的独到见解或有价值的陈述,或有意义的信息,要适时给予真诚的赞美,如"你这个见解很独到""你这个方法很有新意"等。良好的回应可以有效地增强对方的谈话兴趣。

同时,也可以在对方表达暂告一段落时,对于一些重点内容或有没听明白的地方,提出问题或发表一些观点,来帮助对方梳理思路,这样有助于对方更清晰地表达自己,也利于倾听者尽量准确地理解对方。

(六) 认真总结谈话内容

在倾听的过程中,对对方讲述的内容进行阶段性总结概括,以确保接收信息的准确性和对方表达的准确性,可以用"你的意思是……"这样的语言。这种总结概括是对对方表达的反馈,也是把握沟通方向和节奏的一种方法。沟通过程中的总结要选择在对方表达的间隙。在交谈结束后,也需要进行整体总结。在心里回顾谈话不同阶段的重点内容,提炼总结对方想要表达的中心思想,将总结的内容准确表达出来,请对方确认。在对方确认后,再有针对性地表达见解或建议。

📝 任务反馈

任务情境中的王铭在两次倾听中都犯了严重的错误。在参加会议时,他忙着打游戏,没有认真听会,导致会议信息接收不完整。跟一班班长交流时,没有认真听对方讲话,导致对方很生气。由于外界诱惑和外界干扰,导致他的倾听无效。他应该这样做:

(1) 开会时,收起手机,全神贯注倾听会议内容。开会时带着笔记本和笔,记录会议的要点。

（2）向一班班长咨询时,应用心听对方讲,不能同时与其他人说笑,也不能随便打断对方讲话。他边听边与其他同学说笑的行为,既打断了对方谈话,也是对对方不尊重的表现。

 **案例分析**

【案例 2‑1】

扁鹊见蔡桓侯

扁鹊去拜见蔡桓侯,站了一会儿。扁鹊对蔡桓侯说:"君主您有病在表皮里,不治就会加深。"蔡桓侯说:"我没有病。"扁鹊出去了。蔡桓侯说:"医生喜欢给没有病的人治病并作为自己的功劳。"过了十天,扁鹊又来拜见说:"您的病在肌肤里,不治恐怕会深入体内。"蔡桓侯不予理睬。扁鹊出去了。蔡桓侯又不高兴。过了十天,扁鹊又来拜见说:"您的病到了肠胃,不治还将会加深。"蔡桓侯又不予理睬。扁鹊出去了。蔡桓侯又不高兴。过了十天,扁鹊望见蔡桓侯扭头就跑,蔡桓侯派人来问扁鹊原因。扁鹊说:"疾病在表皮里,可以用汤药熏洗;在肌肤里,可用针石治疗;在肠胃,可以用清热去火的汤药治疗;在骨髓间,那是属于掌管生命的神的领地,医生是无可奈何了。现在桓侯的病已到了骨髓,我因此就不再请求为他治疗了。"过了五天,蔡桓侯身体疼痛得厉害,派人去找扁鹊,扁鹊已逃到秦国去了。蔡桓侯最后病死了。

（资料来源:高华平、王齐洲、张三夕译注《韩非子》,中华书局,2010,有改动）

【思考讨论】

1. 蔡桓侯在倾听中存在哪些问题?

2. 假如你是扁鹊,你怎么能让蔡桓侯认真倾听你说话?

【案例 2‑2】

破 局 的 关 键

工程师李研负责的一个软件开发项目在推进过程中出现了漏洞,团队成员们为频繁出现的程序漏洞焦头烂额。程序员们觉得是测试环节不够严谨，测试人员则认为是开发过程中架构设计就存在隐患。

李研没有急于评判谁对谁错，而是把大家召集起来，让每个人详细阐述自己的工作流程、遇到的问题以及对项目的看法。他专注地倾听着，不打断任何一个人的发言。在别人发言时，他不时记录要点，给予发言者肯定的眼神，有时会点头表示认可。在每一个发言者讲完后，他都进行了总结以确认自己理解无误。

在收集到大家的想法后，李研综合了开发与测试双方的视角和建议，提出了一个全新的排查方案。按照这个方案，团队迅速找到了漏洞根源：原来是开发过程中一个小模块的接口设计与测试环境的配置存在兼容问题。

问题顺利解决了，大家纷纷佩服李研的能力。但李研说："功劳是属于大家的，如果没有团队成员们提出的那些建议，我也很难这么快找到突破口。"该项目不仅顺利推进，交付后还获得了客户的高度赞誉，团队也因此获得了丰厚的项目奖金和更多的合作机会。这次经历让团队成员们深刻认识到：倾听能够汇聚集体智慧，是解决问题、走向成功的重要基石。

【思考讨论】

1. 李研在开会时用到了哪些倾听的技巧？
2. 李研顺利解决问题与他开会时用心倾听有关系吗？

实训平台

一、倾听测试：你是个有效的倾听者吗？

回答下列各题，回答"否"得 1 分，回答"是"得 0 分。

（1）对于别人所讲的内容，你只听你想听的部分，对于不感兴趣的，你会心不在焉或者根本听不进。

（2）在别人说话时，边听边思考接下来你要说什么。

（3）在别人讲话时，你经常因为急于表达而打断对方。

（4）别人不同的意见会让你激动，你会拂袖而去或者打断对方。

（5）你能听懂对方说什么，但猜不透对方想什么。

（6）通常对方还没说完，你就已猜出他想表达所有想法。

（7）你能做到专心听别人说话，但会忽略他的肢体语言。

（8）对方一结束谈话，我马上就做出反应和评价。当对方结束讲话时，你能迅速做出回应。

结果分析：

得分在 7 分及以上，说明你具备良好的倾听习惯；得分在 5～6 分之间，说明你具备一定的倾听能力，但倾听习惯还有待改进；得分在 5 分以下，说明你的倾听能力不足，需加强训练。

二、倾听活动

活动材料：

40 个常见的成语。

活动准备：

将 15 名学生分成 5 组，每组 3 人。组员编号甲、乙、丙，分别在不同的教室里等候。

活动过程：

（1）教师将第一组学生甲叫到倾听室，以正常语速向学生甲读出 40 个成语。

（2）学生甲认真倾听并尽可能多地记住成语。

（3）在教师的监督下，学生甲将自己记住的成语背给学生乙听。

（4）学生乙再将听到并记住的成语背给学生丙听。

（5）学生丙背出其听到并记住的成语。

（6）5 组学生依次进行，最终哪组的最后一名学生背出的成语数量最多则获胜。

思考总结：

（1）在这个活动中，你认为影响倾听的因素有哪些？

（2）想要在这个倾听活动中获胜，你需要怎么做？

任务三　学会巧妙表达

任务情境

小王大学毕业，找到了一份心仪的工作，本想大干一场，没想到却处处碰壁。关于新项目，他有个很好的主意，想要说服同事按自己的想法做，他直截了当地告诉老员工："张哥，我觉得我这个方案很好，你们还是按照我的方案做吧。"张哥看了看小王，摇了摇头，继续工作。小王茫然地看着同事的反应，不知道如何说服同事采用他的方案。小王明白在单位里要尊重同事，与同事友好相处。他也一直本着这个原则帮助同事。但是有时候同事提出的要求超出了他的能力范围，他也不好意思拒绝。结果浪费了自己的时间，还耽误了同事的事情，惹得同事不高兴。有时候同事提出了不太好的建议，他也不知如何拒绝。单位举行演讲比赛，小王本来也想参加，却不知道怎么准备，不知道怎么演讲，结果错失展示自己的机会。

工作了一段时间，小王感觉自己平平庸庸，产生了强烈的挫败感。

任务分析

案例中的小王意识到，要想在职场中有所作为，就必须得具备说服他人的能力，但是他缺乏说服他人的技巧，直截了当地跟老员工提出要求不容易被接受。团结帮助同事是对的，但不是无原则的帮助，不是表面的一团和气。有些不妥的要求应该拒绝，否则不仅造成感情伤害，还会造成精神内耗。无论说服还是拒绝都有一定的技巧，小王需要掌握这些技巧。

知识点拨

表达是以语言为工具，将思维成果呈现出来的一种行为。良好的表达可以帮助我们准确地传递信息,使对方了解我们的思想,从而获得对方的协助。良好的表达可以帮助我们构建和谐的人际关系,可以帮助我们获得他人的认可和好感。在职场中,清晰的逻辑、正确的三观加上巧妙的表达,才能取得良好的沟通效果。

表达根据形式分为书面表达和口语表达,根据内容可分为说服、拒绝、赞美、批评、提问、回答等,根据应用场景可分为日常表达和职场表达等。这里主要从口语表达的角度,重点介绍职场中说服与拒绝、赞美与批评、演讲的表达技巧。

一、说服与拒绝

(一)说服

1. 说服的内涵

说服是人们为改变他人的观点、态度或行为,运用非暴力的方法和手段,使其接受自己的主张或建议从而达到预期目的的一种表达方式。一个人被说服的过程一般会经历服从、认同和内化三个阶段,即表面服从阶段——主动改变态度和行为阶段——彻底将对方的观点纳入自己的价值体系阶段。这一过程需要说服者运用说服技巧才能顺利完成。

2. 说服的影响因素

1) 说服者的因素

有效的说服对于说服者来说首先取决于其个人因素,包括社会身份、受欢迎程度、可信赖度等,如具有一定权威的专家学者更容易改变人们的观点和行为。另外,说服者与被说服者的关系也很重要。通常情况下,能够被选为说客的人往往与被说服者有密切关系。

2) 被说服者因素

被说服者会受到人格特性、情感情绪、社会压力、身份角色等因素的影响。自信的人往往被说服的难度更大;情绪较为稳定的人比较容易被说服;来自他人的压力或认同会影响说服效果;被说服者在事件中的身份角色和介入程度也会对说服产生一定的影响。

3) 说服信息因素

说服信息指的是说服者为达到说服目的所提供的信息,主要包括说服者采用的信息和倡导的观点或态度。信息所引起的共鸣或恐惧都有可能达到说服效果。另外,说服信息呈现的方式对说服效果也会产生影响。面对面的交流效果要强于打电话或发信息。

3. 说服的技巧

1)创建一个和谐互信的沟通环境

合适的沟通环境对说服者和说服效果有较大影响。只有在轻松和谐的沟通环境中交流,并且取得对方的信任,你才可能被对方认可,你说的话才能被对方听进去。说服者的态度要诚恳,多采用开放式的肢体语言等,绝对不能表现得高高在上、以势压人。

2)提前准备,增进了解

在说服对方之前务必要对被说服者的性格特点、兴趣爱好和他对事件所流露出的看法和态度等都做好了解工作,以便于从中捕捉可以说服对象的有利信息,正所谓"知己知彼,百战不殆"。

3)表达不同意见时,先肯定对方观点

在说服的过程中,被说服者必然会有不同意见,不妨先肯定对方的某些观点,再帮其分析其中的问题。比如尽量用"我很感激你的意见,我觉得这样非常好;同时,我有另一种看法……""你这样考虑是很有必要的……";不要用"你这样说是没错,但我认为……"的句式,这种生硬的语气可能会引起对方的排斥和反感,导致说服失败。

4)转变提建议的方式

给对方提建议时要委婉,充分顾及对方的自尊心,比如说"我们是否可以这样考虑……",通过引导让对方说出期望,不说"我认为……""你应该……"。

5)学会换位思考

从被说服者的角度出发,考虑他的需求和感受,通过换位思考,学会共情,站在对方的立场上讲出的道理更容易被接受,从而达到说服的目的。

与人善言,暖于布帛;伤人之言,深于矛戟。

——《荀子·荣辱》

对别人说友善的话,比穿上棉丝织品还要温暖;用恶语伤害别人,比矛、戟刺得还要深。虽说"良药苦口利于病,忠言逆耳利于行",但是说服别人的语言也可以让人听起来舒服。正所谓"良言一句三冬暖,恶语伤人六月寒"。我们要学会巧妙表达,要学习用适宜的话,给人安慰,给人力量,这样即使处于寒冷的冬季也能让人感到温暖。而一句不合时宜的话,就如一把利剑,易刺伤他人,即使在炎热的夏季,也会让人感到阵阵寒冷。因此,对我们每个人来说,学会表达非常重要。

（二）拒绝

　　拒绝在职场沟通中是一门学问,更是一门艺术。传统观念认为拒绝别人是一种特别难为情的行为,因此,我们很少对别人说"不"。但在现代职场中不会说"不",不会拒绝,并不是一种有效的沟通。它可能会导致工作上的被动,降低工作效率,甚至会影响你的职业形象和职业生涯。

　　1. 拒绝的基本原则

　　1）拒绝别人态度要真诚

　　对于他人的请求,不要视而不见或无动于衷,拒绝时不要流露出不悦或冷漠的神情,要始终保持温和亲切的态度,让对方感觉到你对于他的请求确实无能为力。

　　2）拒绝的内容要明确

　　要明确表达拒绝的内容,不要吞吞吐吐或含混不清,使对方误解你的意图。尤其对于确实不能完成的请求事项可以直接说"不",以免对方抱有幻想,产生不必要的麻烦。

　　3）拒绝的措辞要委婉含蓄

　　在拒绝他人时要充分考虑对方的感受,照顾对方被拒绝后的情绪,在措辞上做到委婉含蓄,不说伤害性的话语。必要时可以适当地用"实在抱歉""不好意思"等致歉语。

　　4）拒绝的理由要合乎情理

　　在拒绝对方时不要简单拒绝,要说明合乎情理的理由,做到让对方感觉合情合理,谅解你的行为。

2. 拒绝的技巧

拒绝要学会说"不",尤其是刚参加工作的大学生,碍于"面子",担心在老同事心中留下坏印象,不敢说"不"。我们要充分认识到,当遇到不合理的要求时,可以拒绝,可以说"不"。

1) 以延时答复表示拒绝

如果对方的请求不合理或者内心不情愿又碍于场合或人情不好当面拒绝,可以采用缓兵之计拖延拒绝。比如可以说"我考虑考虑再答复你",这样既不会让对方感到被拒绝的尴尬,又让你有时间考虑该如何答复,还有可能让他认为你对他的请求是认真的。

2) 以转移话题表示拒绝

如果不善于拒绝别人,可以转移话题,对对方的请求避而不谈,可以巧妙地选择与对方正在谈论的话题无关的内容转移对方的注意点,让对方意识到你的态度。当然,如果多次转移话题仍被对方穷追不舍,最好的办法就是直接说明自己的态度表示拒绝。

3) 以退路代替拒绝

当对方提出一个很难解决的问题,或者你目前无法解决的问题,但这个问题却是你职责范围内的问题时,要学会有退路地拒绝,可以退而求其次找到一个你们都能接受的替代办法。暂时性解决,以便给日后解决问题留有余地。

4) 以建议代替拒绝

对自己无能为力又不好拒绝的事情,不妨采取献计献策的方法,比如可以向对方推荐别人,或者其他解决问题的途径,并且说明你推荐的人或提供的解决方法要比你亲自处理更好。

5) 以借口表示拒绝

每个人都不是万能的,尤其是在这个纷繁复杂的社会中,有很多事情受到各种条件的制约,面对别人的请求可能自己也无能为力,在表示拒绝时可以为自己找一个合适的"借口"。

总之,拒绝别人,既要"有勇"又要"有谋","有勇"也就是敢于拒绝;"有谋"就是有办法有策略地拒绝,最好是能让对方理解你的苦衷,同时尽量不影响你们之间的感情。

二、赞美与批评

(一)赞美

1. 赞美的内涵

赞美是人们对人或事物表示赞赏、钦佩的一种表达方式,他能够传达出对他人的优点、成就、品质或行为的认可和欣赏,是一种积极的沟通反馈,能给人带来愉悦、自信和鼓励。恰如其分的赞美能够更好地促进人际沟通,增进彼此间的感情。

2. 赞美的基本原则

赞美是职场沟通的润滑剂,能够迅速拉近人与人之间的心理距离,建立较为亲近的情感联系。但赞美也应遵循一定的原则。

1) 赞美的态度要真诚

对他人的赞美务必要发自内心,每一句话都是真挚的,真诚是赞美的前提和基础。真诚可表现在言谈举止之间,说话的语气要中肯,神态要自然,面含微笑,眼睛平视对方并有眼神上的交流,自然地表现出点头和身体前倾的动作。

2) 赞美要适时适度

赞美别人要把握时机,注意场合,在他人取得成绩需要被肯定时及时地给予赞美,让对方感受到自己的价值,从而增强其信心。适度的赞美要做到不浮夸。过度的恭维、空洞的吹捧可能会有故意讨好之嫌,让人心生厌弃。高尔基曾说:"过分夸奖一个人,结果就会把人给毁了。"因此,要防止出现因过度赞美导致的捧杀现象。

3) 赞美要注意具体化

赞美不是泛泛而谈,笼统、模糊的赞美并不能起到鼓励的作用,要做到内容具体、措辞明确。唯有包含具体内容的赞美和肯定才让人感到真实可信。

4) 赞美要讲究个性化

每个人的个性不同,能力也有差异,各具特色是常态。在赞美他人时,要根据对方的特点和成就进行有针对性的赞美。

3. 赞美的技巧

在人际关系中，赞美别人是好事，适当地赞美他人，承认对方的优点是构建和谐人际关系的良药。但真诚适当的赞美并不是一件易事，也需要一定的技巧。

1）赞美对方最看重的方面

一个小孩子最在意的可能是玩具，一个爱美的女生可能最在意的是她青春靓丽的外表，一名老师最在意的可能是他培养出来的学生，一位学者最在意的可能是他最新的学术成果。每个人都有其在意看重的方面，与人沟通时要多了解对方的情况，抓住对方最看重、最引以为豪的地方加以赞美，能够迅速地俘获对方对你的好感，使沟通过程更加顺畅。

2）赞美对方的独特之处

国内知名培训师龙飞在企业内训中曾举例：一个实习工人总是落后于其他人，对此他感到特别气馁。带班老师跟他说："你在所有的实习生里面是最认真的，虽然你做出的产品数量少，但合格率在所有实习生中是最高的。"老师的肯定极大地增强了实习工人的信心，促使他继续踏踏实实工作，最终获得最佳实习员工的荣誉。每个人都是独一无二的存在，要指出对方与众不同的地方，肯定其独特之处。

3）间接赞美对方

当面肯定一个人的优秀固然很好，但若措辞或场合不当可能会引发恭维之嫌。如果换个角度，在他背后赞美或借他人之口表达对当事人的赞美，若被当事人获悉，效果会事半功倍。这种间接的赞美在当事人看来可信度更高，更具客观性。

4）正话反说，明贬实褒

"那个人太固执了，简直到了不达目的誓不罢休的地步！"一句表面否定实际变相肯定的反话可能会制造出正话正说所不及的良好效果。这不仅会制造出情绪的波动，还会增添沟通的趣味性。明贬实褒的话语更能体现出真实情感，让人感受到你满满的诚意。

5）对比赞美

没有对比就没有高下。对比赞美并非是贬低别人抬高被赞美者，而是在同样的情况下指出被赞美者更可圈可点的表现。对比赞美也可以放在同一个人身上,比如赞美一个人的进步时,可以对比他以前的成绩来映衬他现在的优秀。

（二）批评

1. 批评的内涵

批评是对一个人或事物的缺点、不足提出的评价或意见。批评者明确指出被批评者存在的不足或错误,是对其行为、表现的一种反馈。其作用在于:① 反馈与改进。批评的目的不仅仅是指出对方的错误,更多的是帮助其发现不足,促进自我提升和自我完善。② 成长的契机。它可以促进自我反思,从错误中学习,促进个人成长。③ 客观审视。批评能够帮助个体从不同角度客观审视问题,拓宽认知。④ 促进交流。批评是一种典型的强制交流,通过矛盾冲突,有助于问题的发现和解决。

2. 批评的基本原则

1）客观公正原则

首先批评要基于客观事实,而非主观臆断;要多角度全面看问题,而不是片面地强调某一方面;对待被批评者要一视同仁,不要因身份、地位等因素区别对待;批评是以改进为目的的,其宗旨是帮助被批评者认识到问题,促进其进步和成长,而非简单的指责。

2）对事不对人原则

批评的本质是对行为的结果进行质疑,而不是针对做这件事情的人。因此,批评不要因为个人的喜好或关系的亲疏制造不必要的人际冲突和误会。

3）适时适度原则

适时指的是批评的场合和时机要合适,如不要在公众场合批评别人,不要在错误已经得到纠正时继续批评。适度指的是批评的内容要适度得体,如语言上要把握分寸,不要把话说得太狠太尖刻,给对方留有余地,以免使其产生反感进而抵触批评。

4）真诚宽容原则

批评是为了进步,要让被批评者感受到批评者的真诚和善意,他才会认真思考批评的内容,也才有可能接受批评者提出的建议。

3. 批评的技巧

1）先肯定后批评

先肯定被批评者的优点或成绩,再指出其存在的问题,这种先肯定再批评的做法是一种较为明智且有效的沟通方式。首先肯定对方的优点或做得好的部分,这能让对方感受到被认可和尊重,缓解可能因批评而产生的抵触情绪。然后再提出批评,对方会更容易接受,因为他们已经在情感上与我们建立了一定的连接。这种方式有助于保持良好的沟通氛围,促进问题的解决和双方的共同成长。

2) 私下批评

每个人都有自尊心,被批评对大多数人来说都是一件并不愉快的事,尤其是在大庭广众下被批评。因此,尽量在私下里进行批评,避免在公共场合或人多的时候批评,以顾及对方的尊严。

3) 批评方式要委婉

一般情况下,被批评者的内心是紧张、压抑的,面对批评可能会产生本能的抵触,这会大大弱化批评的效果,因此批评者要根据被批评对象的特点采取合适的批评方式。一般来说,委婉的批评方式更容易被接受。

(1) 暗示式。通过暗示的方式让对方意识到自己的错误。

(2) 启发式。引导对方从根本上认识到错误产生的原因并主动改正。

(3) 说服式。设身处地地替对方着想,以理服人。

(4) 请教式。以请教的方式让对方发现自己的错误并改正。

(5) 幽默式。在适当的场合以幽默的方式缓解紧张气氛并启发对方思考。

(6) 模糊式。在需要保护对方面子的场合使用模糊的语言指出问题。

(7) 警告式。对于非原则性错误或不在现场的错误,可以用温和的话语点到为止。

4) 要给对方申辩的机会

批评不是批判,要给被批评者申辩的机会。在批评的过程中,要允许被批评者申辩并耐心听取其申辩的内容,同时鼓励对方反思问题并探讨解决方案。

5) 批评后要有建议

批评后提出建议是一种建设性的反馈方式。批评并不是仅仅指出对方的错误,其最终目的是改进。因此,要给被批评者提供具体的建议,这样被批评者才能明白如何改进和提升。建议可以帮助他们明确方向,有针对性地采取行动,从而更好地解决问题或取得进步。同时,这也体现了对被批评者的关心和帮助,而不仅仅是指责。

三、演讲

(一) 演讲的概念

演讲也称讲演或演说,是指在公众场所,以有声语言为主要手段,借助肢体语言,向听众系统地传播信息、阐明事理、发表主张、抒发情感的一种社会活动。这种活动具有宣传鼓动的作用。

根据演讲目的,演讲内容可以分为三大类:信息型演讲、说服型演讲和激励型演讲。信息型演讲旨在传递知识、信息、技能,如关于某一实物、某个过程、某个事件、某些概念的介绍。说服型演讲是以改变或强化听众的信仰、观点、行为习惯为目的,如关于事实问题、价值问题、政策问题的演讲。激励型演讲旨在激发听众的内在驱动力和积极情感,鼓励听众克服困难,追求自我实现和成功,如关于求学的演讲。

(二) 演讲技巧

1. 内容设计技巧

1) 慎选演讲话题

演讲话题是否合适直接影响演讲的效果。因此,选择演讲话题要慎重。演讲话题要综合考虑演讲的场景、听众的特点、演讲者的自身条件来确定。

演讲的话题一般首选演讲者熟悉的话题。只有熟悉,才能讲得清楚。其次是你想进一步研究的话题。你只有具备研究热情,才会为了准备演讲,去翻阅相关书籍,查阅有关资料。当然,演讲也可以选择自己能驾驭的又是听众所期待的话题。对于听众而言,因为是自己期待的,所以才会更有兴趣倾听。而演讲者能驾驭话题,才能讲得精彩,从而吸引听众。此外,还可以选择演讲者渴望倾诉的话题。演讲者渴望倾诉、渴望分享,演讲才会更有激情,更有感染力。

2) 以惊艳开场白拉开序幕

演讲的开场至关重要,好的开场能吸引听众,从而增强演讲者的信心。下面的一些开场方法会帮助演讲者引起听众注意:演讲开场白与听众生活和切身利益紧密相关,可以提高听众的关注度;设置"悬念",激发听众的好奇心;引用听众熟悉的名人名言或幽默的小故事,激发听众的兴趣;展示相关物品,抓住现场观众的注意力;设计发人深思的问题,引发听众思考。

3) 中间部分要高潮迭起

演讲的中间部分是演讲的主体,是演讲者充分阐述论点的部分。但演讲的中间部分也是听众注意力容易分散的时段。要始终抓住听众的注意力,就要设计好演讲的主体内容。演讲的内容要有深度、有高度、有新意,能对听众增加知识、提升认知有帮助,同时还得通俗易懂。演讲要点要少而精,一般两三个要点即可。要点安排要符合逻辑,可以时间为序,也可以空间为序,或者按照因果顺序、问题解决顺序。每个要点要做到论证充分、论述精彩,可以设计一些问题或互动活动。

4) 谢幕要"余音绕梁,三日不绝"

一个完美的结尾给听众留下的印象可能比开头更深刻。要达到余韵悠长、回味无穷的演讲效果,需要处理好演讲的结尾。结尾部分,主要是总结观点、重申主题、发起倡议。发起的倡议要明确、切实可行,语言要简洁、凝练、幽默。

2. 演讲语言技巧

(1) 演讲的语言要准确、简洁、得当。演讲语言能清晰、确切地表达思想,传递情感。因此,演讲者要有丰富的词汇储备,要能分清词语的词性及感情色彩,能正确组合词语,不能出现语法错误。演讲语言要言简意赅,忌拖泥带水、冗长杂乱,以免听众产生厌烦情绪。演讲语言要得当,面对不同的听众,选择不同的语言风格。如果听众是专业学术人员或业内同行,演讲时可以适当使用专业术语;而如果听众是没有专业基础的普通大众,演讲语言要尽量通俗易懂。

(2) 演讲者发音要清晰洪亮、抑扬顿挫、富有情感。演讲中发音要准确,吐字要清晰,尽量使用普通话;声音要洪亮圆润,铿锵有力,具有一定的震慑力和穿透力;要感情饱满,语气得当。总之,演讲者在演讲过程中要管理好有声语言,保证现场听众听得见、听得清、听得懂。

3. 演讲的非语言技巧

(1) 个人形象要符合演讲主题、现场环境和观众期待。在选择服装、发型、妆容、配饰时要综合考虑演讲者的身份、演讲的主题、现场环境及听众对演讲者的角色期待。一般着装应自然、大方、优雅。演讲者良好的个人形象能拉近与现场观众的距离,赢得观众的信任,从而增强演讲的说服力。

（2）肢体语言要使用恰当。恰当的肢体语言能辅助演讲者表情达意。演讲过程中，演讲者要站有站相、坐有坐相。既不要站在一个位置呆立不动，也不要频繁快速走动，可根据演讲内容需要在讲台上匀速走动或走到观众中间。

手势的运用要优雅适度。演讲过程中可以借助手势表达感情、强化思想，但要符合演讲的内容。一是手势要恰当，确实起到配合演讲内容的作用，不能随便乱用；二是手势使用不能太频繁，以免给人轻浮狂妄的感觉。

演讲时必要的面部表情和眼神交流也有助于增强演讲的感染力。演讲者的面部表情要根据演讲情感的变化而变化，眼神要真诚、友善、自信、坚定。当现场观众较多时，可以扫视观众；当观众较少或演讲的空间较小时，应该与观众有短暂的眼神交流。

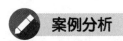 **任务反馈**

案例中的小王在工作中避免不了要与同事发生意见上的分歧，他应该先了解老员工更容易接受哪些方式，然后再选择合适的方式以不卑不亢的态度提出建议。而当同事提出不合理的要求时，小王若有理有据，可婉转地拒绝，他可以说明自己的困难来拒绝并表示歉意。当同事提出不妥的建议时，小王可以先表示感谢，再分析其中的不当之处。在演讲比赛时，小王可以精心准备，设置悬念，把握节奏以取得"余音绕梁"的良好效果。

案例分析

【案例 3-1】

赵太后新用事

赵太后刚执政，秦军就猛烈攻打赵国。赵国向齐国求救。齐国说："定要用长安君做人质，才能发兵。"太后不同意，大臣们竭力劝说。太后向身边的人明确宣布："有谁再说叫长安君做人质的，我一定向他的脸上吐唾沫。"

左师触龙说他愿觐见太后，太后气冲冲地等着他。（触龙）才入宫时，小步移动示敬，走到太后面前后致歉，说："老臣的脚有毛病，所以不能快走，好久没有机会见面了。我私下原谅自己，又担心太后的身体劳累，所以希望谒见太后。"太后说："我行动都是靠车。"触龙问道："（您）每天饮食怕会有所减少吧？"太后回答说："靠的是稀饭而已。"触龙说："老臣近些时候不思饮食，于是勉强步行，一天走三四里，逐渐想吃东西，使身子舒服了点。"太后说："我办不到。"太后的脸色有所缓和。

左师公触龙说："老臣的犬子舒祺，年纪最小，没有本领，而今我老了，心里很喜欢他，希望能让他补进黑衣侍卫的队伍里，保卫王宫，我冒着死罪提出这个请求。"太后说："非常同意。有多大年纪了？"触龙回答："十五岁了。虽说年幼，希望在我死前能把他托付出去。"太后说："男人们也喜爱自己的小儿子吗？"触龙回答说："超过女人家。"太后笑道："女人家可是特别爱小儿子呀！"触龙答说："老臣私下里认为您老人家爱燕后超过了长安君。"太后说："您错了，比起爱长安君差得远。"左师公触龙说："父母疼爱子女，为他们考虑得很深远。您老人家送燕后出嫁，临别登车，（您在车下）握住她的足跟哭泣，悲伤她的远去，也是感到伤心啊。她走后，不是不思念她，祭祀必为她祝福，祝告道：'一定别让她回来。'难道不是考虑长远，希望她的子孙世代继承王位吗？"太后说："是的。"

左师公触龙说："从现在上推到三代以前，直到赵建国时，赵君的子孙做侯的，他的后嗣还有存在的吗？"太后答说："没有。"触龙又问："不单是赵国，其他诸侯情况相同还有存在的吗？"太后答说："我没有听说过。"触龙说："这些人近的本身遭祸，远的子孙遭祸。难道君主的儿子做侯的就一定不好吗？因为他们地位高而并未建功，俸禄多而并无劳绩，并占有许多宝物。如今您老人家提高长安君的地位，把肥沃的地方封给他，给他很多宝物，不趁现在让他为国立功，一旦您不幸逝世，长安君怎么在赵国立足呢？老臣认为您老人家为长安君考虑得少，所以说您爱他比不上爱燕后。"太后说："说得是。听凭您安排他吧。"于是替长安君准备了一百辆车子，让他到齐国做人质，齐国这才发兵。

（资料来源：缪文远、缪伟、罗永莲译注《战国策》，中华书局，2012，有改动）

【思考讨论】

1. 触龙是怎样一步步说服赵太后的？
2. 你从触龙身上学习到了哪些沟通之道？

【案例 3-2】

王熙凤赞贾母

（贾母和王熙凤等人来到藕香榭参加螃蟹宴。藕香榭的柱子上有一副对联,贾母命人念,湘云念完）贾母听了,又抬头看匾,因回头向薛姨妈道:"我先小时,家里也有这么一个亭子,叫做什么'枕霞阁'。我那时也只像他们这么大年纪,同姊妹们天天顽去。那日谁知我失了脚掉下去,几乎没淹死,好容易救了上来,到底被那木钉把头碰破了。如今这鬓角上那指头顶大一块窝儿就是那残破了。众人都怕经了水,又怕冒了风,都说活不得了,谁知竟好了。"

凤姐不等人说,先笑道:"那时要活不得,如今这大福可叫谁享呢! 可知老祖宗从小儿的福寿就不小,神差鬼使碰出那个窝儿来,好盛福寿的。寿星老儿头上原是一个窝儿,因为万福万寿盛满了,所以倒凸高出些来了。"未及说完,贾母与众人都笑软了。贾母笑道:"这猴儿惯的了不得了,只管拿我取笑起来,恨的我撕你那油嘴。"凤姐笑道:"回来吃螃蟹,恐积了冷在心里,讨老祖宗笑一笑开开心,一高兴多吃两个就无妨了。"贾母笑道:"明儿叫你日夜跟着我,我倒常笑笑觉的开心,不许回家去。"

（资料来源:《红楼梦》,人民文学出版社,2008）

【思考讨论】

1. 王熙凤在赞美贾母时,用到了哪些技巧?

2. 你觉得贾母最在乎的是什么? 如果当时你在场,你会怎么回应贾母?

实训平台

一、角色扮演之拒绝

活动准备:

（1）全班同学集思广益,设定拒绝内容,内容要求健康积极向上。

（2）将自愿报名的同学分成甲、乙两组,每组若干人,抽签结对子。活动分为两轮。

活动过程:

(1) 第一轮:由甲组同学扮演拒绝者,乙组同学扮演被拒绝者,一对一搭档由抽签决定,要求在扮演过程中灵活运用拒绝技巧。

(2) 被拒绝者根据情况给拒绝者的表现打分,最高 10 分。

(3) 自由观众(可以确定 5~10 人)也给拒绝者的表现打分。平均分为该名同学的角色扮演分。

(4) 第二轮:由乙组同学扮演拒绝者,甲组同学扮演被拒绝者。依次进行,保证报名的同学都有机会体验。

(5) 由全体同学评选出最佳拒绝扮演者。

思考总结:

怎样将学到的拒绝技巧应用到实际生活或工作当中?

二、演讲比赛

以大学生"传承先辈精神 坚定理想信念"为主题,开展演讲比赛。

活动说明:

(1) 大家自愿报名,每人演讲大约 3 分钟。

(2) 由同学投票和教师投票,共同评选出一、二、三等奖。

(3) 演讲结束后,由演讲者自愿表达感受。

项目总结

本项目主要介绍了职场沟通的范畴,掌握职场沟通的方法,学会有效沟通。

通过任务一,我们了解到,职场沟通是指在职场中,人与人之间使用语言、文字或其他方式交流信息和思想、表达情感以完成职业活动的双向互动过程。信息共享需要沟通,沟通有利于提高工作效率,沟通有助于构建良好的人际关系,沟通能够满足人们的心理需要,沟通可以提高团队的竞争力。职场沟通对个人和企业来说均非常重要。

通过任务二,我们了解到倾听的重要性、类型、技巧。

通过任务三,我们了解到,学会巧妙表达很重要,在与人沟通的过程中,只有良好的表达加上丰富的内容,才能得到对方的认可,取得良好的沟通效果。说服、拒绝、演讲等均有技巧,我们要根据具体情况灵活运用。

拓展训练

一、填空题

1. 影响有效沟通的因素有(　　　　)、(　　　　)、(　　　　)、
(　　　　)。

2. 倾听的类型有(　　　　)、(　　　　)、(　　　　)。

二、简答题

1. 职场沟通的重要性有哪些?

2. 倾听的技巧有哪些?

3. 说服有哪些技巧?

三、综合运用题

1. 参加活动,体会沟通技巧

在以下活动中选择一项,体验一周。

(1) 当交通劝导员,到马路路口协助交警管理交通秩序。

(2) 走上街头为山区小学组织一次募捐。

(3) 到超市做兼职促销工作。

活动要求:

(1) 不得中途放弃,除非遇到极特殊情况。

(2) 写下参加活动时与人沟通的体会,谈谈沟通在人际交往中的作用,
你将如何在工作中培养自己的沟通能力。

2. 表达与倾听

活动名称:"我说 你听"。

规则:将班级同学分成若干组,每组大约 5 人,每位同学写出自己最想
说的话,在讲台上表达出来,最好能脱稿。其他同学认真倾听,由其他组的
成员复述表达者的大致内容。

要求:活动结束后,大家谈谈倾听与表达的感受。

项目五　　学会情绪管理

 **学习目标**

1. 素质(思政)目标

(1)培养积极乐观的人生态度,树立积极的人生观、价值观。

(2)培养坦诚、友善的品质。

(3)崇尚科学精神,追求实事求是,勇于开拓创新。

2. 知识目标

(1)了解情绪管理的定义及范畴,掌握情绪管理的方法。

(2)了解积极情绪的概念,掌握积极情绪养成的方法。

(3)了解压力源的定义、类型及压力带来的负面影响,掌握应对压力的方法。

3. 能力目标

(1)能运用恰当的方法管理自己的情绪。

(2)能培养积极的情绪,能调节消极情绪。

(3)能运用适合的方法去排解工作中的压力。

项目导读

人有喜、怒、哀、乐、惧等心理体验,这种体验是人对客观事物的态度的一种反映。当人的需要被满足时,就会产生积极的情绪体验,如快乐、幸福、放松等;反之,则会产生消极的情绪体验,如愤怒、憎恨、哀怨等;与需要无关的事物,会使人产生无所谓的情绪和情感。积极的情绪可以提高人的活动能力,而消极的情绪则会降低人的活动能力。

人的情绪会自然地产生,而且会呈现波动状态。当情绪发生波动时,人就会产生各种不同的内在感受,如愉悦、气愤、悲伤、焦虑等。倘若消极情绪得不到及时疏导,就会危害人的身心健康,使人最终走向崩溃;而积极情绪能够增强自信、增强心理素质。不同的情绪会对人产生不同的影响,因此我们要了解情绪、辨认情绪、分析情绪,进而管理情绪。情绪管理能力是一个人在职业生涯中必不可少的能力,它关系到我们进入职场是否顺利,在职场生活中能否发挥自己的能力,在关键时刻能否把握住机会等职业生涯的诸多方面。培养良好的情绪管理能力可以帮助大家在大学学习期间及今后职场生涯中做好自我管理,对我们今后的发展将产生深远的影响。

情绪管理是个体对自身情绪进行感知、控制、调节,强调人的主观能动性。管理情绪不是消除情绪,也不是压制情绪,而是在感知到情绪后,通过恰当的方式将情绪表达出来。情绪固然有正面和负面之分,但情绪本身并无好坏,关键在于如何通过恰当的方式在恰当的情境下恰当地表达情绪。在管理情绪的过程中,我们要采取恰当的措施,将消极情绪转化为积极情绪。在面对工作压力时,我们要学会用恰当的方式处理它。

任务一　　认识情绪管理

🔵 任务情境

新入职的李强被分配到业务推广部,负责公司的客服工作。有位老员工欺生,不仅给李强安排了一堆任务,还把自己分内的一些工作也交给李强来做。几个月下来,李强疲于应付,感觉很不公平,但碍于情面,他既不敢拒绝,也不敢发泄不满情绪。在巨大的压力下,李强渐渐变得急躁易怒,时常对家人大发脾气,工作中与同事多次发生矛盾,甚至与客户也产生了冲突。

对此,他十分懊恼,对自己的工作能力产生了怀疑,频频产生辞职的念头。他感到迷茫、无助、痛苦,不知道如何是好。

 任务分析

在生活或工作中,我们很多时候都会产生这样那样的情绪。情绪是个体对事物进行体验和评价后产生的不同态度,存在于人们生活、学习、工作的各种情境中。情绪无好坏之分,一般划分为积极情绪和消极情绪,但不同的情绪可能会引起不同的结果,所以说,人们需要情绪管理,在职场中更是如此。情绪管理并非是消灭情绪,而是对情绪进行疏导和宣泄,以维持积极的情绪状态。

李强面对巨大的工作压力,却用理智压抑情绪,导致情绪没有得到及时的宣泄。一直忍耐,错失向对方表明自身立场的合适机会,让对方得寸进尺。接着,他随意发泄情绪,迁怒于别人,不分对象地乱发脾气。这两种做法都没有改变他的境遇,反而让情况变得更糟糕,最终严重挫伤了他的自信心。

请你告诉李强,在生活中或工作中为什么会出现消极情绪;出现消极情绪时,我们应该如何正确处理;当面对失败时,是否应该自我否定,又该如何重拾信心。

📖 **知识点拨**

一、情绪

（一）情绪的定义

情绪是个体产生的主观认知经验,是个体呈现出的生理状态与心理状态,是以个体的愿望与需要为中介的一种心理活动。最常见的情绪有七种:喜、怒、哀、惊、恐、爱、恨。心理学上把情绪分为"喜、怒、哀、乐"四大类。

情绪是个体对外界刺激的有意识的主观体验和感受,虽然无法被直接测量,但可以通过个体的行为或生理变化推断出来。行为是情绪的外在反映。行为表现得越强就说明其情绪越强,如喜时会手舞足蹈,怒时会横眉怒目,哀时会垂头丧气,惊时会目瞪口呆,恐时会战战兢兢,爱时会笑逐颜开,恨时会咬牙切齿。

情绪是由个体的认知经验产生的,每个个体均能体验自身产生的情绪,只有自己才能真正地感受到自身不同的情绪。其他人想要揣摩你的情绪,只能通过你的外在表现,并不能直观地了解与感受。虽然个体能感受情绪的变化,但是要控制情绪带来的生理变化与行为并不容易。我们需要针对不同情况采取适当的方法进行有效管理。

（二）情绪的构成

情绪主要由三个层面构成:认知层面、生理层面和表达层面。只有主观体验、生理唤醒、外部行为三者同时存在,才能构成一个完整的情绪体验过程。

1. 认知层面

认知层面即人的主观体验。主观体验是个体对不同事件产生的主观感受,如开心、愤怒、悲伤等,人们对事件的态度不同,主观体验也就不同。考试取得好名次后的开心、被朋友背叛后的悲伤、对恶劣事件制造者的愤恨等,这些都是人的主观体验。主观和客观是相对的概念,主观体验只有个体内心才能真正感受到。

2. 生理层面

生理层面即生理唤醒。所谓生理唤醒,是个体内在的生理反应,是伴随情绪而产生的。它的涉及面十分广泛,神经系统、内分泌系统、循环系统、外分泌系统都会有所波及。任何情绪都伴随着生理唤醒活动,如当产生愤怒的情绪时,会出现心率加快、血压升高、浑身发抖的生理反应;当害羞时,会出现心跳加快、体温升高、满脸通红等生理反应。情绪反应不同,脉搏的跳动频率、肌肉的紧张程度、血压的高低、血流速度的快慢等就会不同,从而出现不同的生理反应。

3. 表达层面

表达层面即外部行为。情绪产生时,会伴随出现一些外部行为。如开心时会手舞足蹈,生气时会怒发冲冠,惊讶时会瞠目结舌,等等,这些都是伴随情绪产生的外部反应。人们一般会根据一个人的外部行为判断其情绪状态,但受多种因素影响,人们的外部行为有时会故意表现得与主观体验不一致。

（三）情绪状态的分类

情绪本身并无好坏之分。按照最终引发的行为结果,情绪可划分为积极情绪与消极情绪。按照情绪产生的速度、呈现的强度与持续的时间,可划分为心境、激情和应激三种。

1. 心境

心境呈现出微弱、弥散和持久的特性，也就是我们所说的心情，具体表现为闷闷不乐、耿耿于怀等。心境不同，带来的影响也会不同。当心境愉快时，个体就呈现出健康乐观的生活状态，如精神抖擞、思维活跃、宽容善良。当心境消沉萎靡时，个体就会被笼罩在灰色的阴影中，如思维麻木、消极悲观、敏感多疑。心境的好坏，往往有一个直接的诱因。愉快或者消极的心境会持续一段时间，不同的心境会对个体的学习与生活产生不同的影响，进而对个体的知觉、思维和记忆产生影响。

2. 激情

激情呈现出猛烈、迅疾和短暂的特点，即我们所说的激动。激情往往有具体的诱因。言语激烈是其表现形式，一般会立刻爆发，并表现得十分猛烈，但时间持续较短，牵涉面不广。激情具有双面性，我们要辩证地看待激情对个体的影响：一方面，激情能促进个体保持平衡的心理状态；另一方面，情绪过于激烈也会危害个体身心健康。当出现浑身发抖、手脚冰凉，甚至大小便失禁等症状时，要积极地接受专业治疗。

3. 应激

应激是个体在受到应激原的刺激后所产生的生理、心理反应。所谓应激原，是导致个体产生应激反应的种种刺激因素。当个体面临突然发生的紧迫事件或者意想不到的情况时，就会陷入一种高度紧张的情绪中，精神紧张是应激的表现形式。需要注意的是，过度的应激反应会导致一系列后果，因此需要适度控制与管理。

二、情绪管理

(一) 情绪管理的内涵

情绪管理是用正确的方法和恰当的方式来探索情绪、理解情绪、表达情绪、调整情绪。需要强调的是，这里所说的情绪不只是消极情绪，同样也包含积极情绪。有一个误区是人们普遍认为只有焦虑、愤怒、狂躁等消极情绪需要管理。其实不然，积极情绪也需要合理管理和调适，否则也会出现乐极生悲的后果。情绪管理是指培养驾驭情绪的能力，以维持积极健康的心态。

情绪管理不是压抑情绪。我们无法控制情绪的产生,情绪也不会凭空消失,因此我们要理解和接纳所有的情绪,然后用理性和智慧调适心境、控制行为。当你察觉到情绪将失控时,先冷静思考一下情绪爆发可能导致的后果,可以采取注意力转移法等方法调适情绪。我们无法阻止情绪的产生,但我们可以多培养积极情绪。

党的二十大报告强调:推进健康中国建设。人民健康是民族昌盛和国家强盛的重要标志。把保障人民健康放在优先发展的战略位置,完善人民健康促进政策。……重视心理健康和精神卫生。

党的二十大报告充分体现了党和国家对于人民心理健康和精神卫生的重视。心理健康是指个体在心理层面的良好状态,包括心理稳定、积极向上的情绪体验和对生活的适应能力等。学会情绪管理,及时觉察并调整情绪,才可以拥有健康的心理。心理健康对于个人和社会都具有深远的影响。就个人层面而言,良好的心理状态使人更容易感受到快乐、满足与幸福,促进人格完善与自身发展,有助于提升个体的环境适应能力。就社会层面而言,学会管理情绪能减少消极情绪反应,构建良好的人际关系,促进社会和谐。

(二) 情绪管理的基本范畴

一些心理学家把情绪管理的智慧总结为四种能力:自我觉察情绪的能力、自我调控情绪的能力、识别他人情绪的能力和处理人际关系的能力。觉察自我情绪、调控自我情绪、识别他人情绪、恰当处理人际关系也是情绪管理的基本范畴。

1. 自我觉察情绪的能力

自我觉察情绪的能力是指对自我心理活动和心理倾向的了解、觉察的能力。

自我觉察情绪的能力是情绪智力的核心能力。若具备这种能力,则能够及时发现自身所出现的任何情绪。这种能力是认识自我和领悟世界的基础。一个不具备自我觉察情绪能力的人很容易成为情绪的奴隶,听凭自己情绪的任意摆布,造成不可收拾的后果,甚至留下终生遗憾。比如,你在家里跟家人吵了一架,可能把情绪带到学校;你在学校不顺心,回到家向父母或兄弟姐妹或朋友发怒。当你遇到不顺心的事情时,上课可能难以集中注意力。这些都是因为没有很好地觉察和认知自己的情绪。只有觉察到自己产生了何种情绪,才能有意识地采取措施来调控情绪,才能维持自身稳定的情绪状态,从而更好地管理自我,避免激烈的情绪爆发和冲动决策。

2. 自我调控情绪的能力

自我调控情绪的能力是指控制自己的情绪活动以及及时有效地摆脱焦虑、沮丧、激动、愤怒或烦恼等消极情绪的能力。这种能力是建立在对情绪的自我察觉的基础之上的。这种能力的高低直接影响一个人的学习、工作、生活的质量。自我调控情绪能力弱的人会使自己经常处于痛苦的情绪漩涡中。而自我调控情绪能力强的人则可以从消极情绪中迅速脱离出来,并对情绪及时加以调整,使积极情绪及时生发出来。

3. 对他人情绪的识别能力

对他人的情绪进行识别,即学会换位思考,体察他人的情绪与情感状态。正确识别他人情绪,有助于建立良好的人际关系,能更好地理解他人的需求与感受,减少误解与冲突,建构彼此的信任,增强亲近感。这种能力对于销售和谈判以及心理疏导工作是必要的,也是非常有利的。通过观察他人的面部表情与肢体语言,判断对方产生了何种情绪,从而调整沟通方式。

4. 处理人际关系的能力

处理人际关系的能力是指善于通过自己的努力和干预来调节与控制他人情绪反应,以达到自己所期待的反应的能力。处理人际关系的能力是一个人社交能力的表现,决定了其社交范围。在社交中需要恰当地表达情绪,并通过积极情绪感染和影响对方,人际交往才会顺利进行并且深入发展。处理人际关系的前提是学会倾听,倾听他人的意见,尊重他人的感受,恰当地表达自己的想法,培养同理心,为他人提供帮助与支持,巧妙地化解冲突。

三、情绪管理的方法

(一) 体察和接纳情绪

当情绪产生时,有些人甚至分不清自己到底产生了哪种情绪,因此我们首先应体察自己的情绪。我们可以从主观体验、生理唤醒、外部行为这三个层面体察自己的情绪,要明确这三个层面是一个连续体。例如在巴黎奥运会上,中国的观众在看到中国代表队获得金牌时激动地跳喊起来,开心、兴奋是主观感受,听到获得金牌的消息后肾上腺素升高是生理唤醒,跳喊是行为表达。在了解到情绪的表现形式后,我们可以更好地面对和感受自己的情绪,这意味着你要做情绪的主人,掌控情绪。当你愤怒的时候,你满脑子都是那个让你愤怒的人或消息,你可能会气得脸通红,做出摔东西等失控行为,这是由于情绪控制了你,你的大脑已经失控。因此,想要管理你的情绪,首先要学会面对和感受情绪,学会做情绪的主人,不要任由情绪掌控你。当你习惯体察情绪后,你会发现失控行为越来越少。

由于受到各种主观和客观因素的影响,很多人不愿意承认自己的当下情绪。例如,小明在工作中受到了不平等待遇,他和朋友哭诉他的委屈,朋友告诉他:"男儿有泪不轻弹,不能因为一点委屈就掉眼泪。"这句话说得小明无地自容,他马上停止了哭泣。当类似的事情再发生时,他迫使自己隐藏这种悲伤的情绪。工作和生活中能引发悲伤情绪的事件比较多,倘若长期隐藏悲伤情绪,极容易导致情绪决堤,从而变得暴躁、易怒等。因此,当我们体察到情绪后,要接纳它们,别与自己为敌。当负面情绪出现的时候,接受自己就是悲伤的、愤怒的,这样才能有突破的可能。

(二) 学会表达情绪

表达情绪的方式有四种:① 躯体化表达,即情绪反应在身体状况中。如出现消极情绪时,有的人会产生腹痛、头痛等不适症状。② 行为表达,即通过具体行为表达情绪,如高兴时手舞足蹈,生气时摔门、骂人等。③ 语言表达,即借助语言把自己的情绪表达出来。④ 象征性表达,如绘画、写日记等。以上四种方式是个体表达情绪的出口,但并不代表都是恰当的,学会表达情绪,并不意味着可以任意宣泄情绪,随意对他人发脾气等,而是通过恰当的语言、行为表达自身情绪,不要给别人造成困扰。恰当的情绪表达不但可以缓解自身的压力,还可以拉近人与人之间的关系。当觉察到自己产生了某种情绪时,不要选择隐藏情绪。保持沉默、拒绝表达非但不能解决问题,还可能使消极情绪越积越多,最终产生严重后果。此时要选择合适的方式将情绪表达出来。例如,当朋友的某句话让你觉得不舒服,产生了不满的情绪后,你可以说出你的情绪感受,提醒朋友以后注意,以消除不必要的误会。倘若不把情绪表达出来,反而胡乱猜忌朋友的用意,这就会使你们的隔阂越来越深。

表达情绪看似简单,其实是很难做到的。很多时候人们表达的并非是自身的情绪和感受,而是对他人的评判和指责。阐述情绪是把自己内心的想法和感受表达出来,不要带有攻击性,更不要指责对方,否则会引发分歧或争议,甚至导致双方进入紧张的关系中。良好的沟通需要建立在彼此理解的基础上,要组织好合适的语言,如果词不达意则可能会造成不必要的误解。

(三)学会控制情绪

当情绪处于消极状态时,要学会用各种方式对情绪加以控制。

1. 分散

当你处于紧张、冲动、焦虑、哀伤中时,将注意力转移到愉快的事情上去,这样不知不觉中你就能摆脱消极情绪。

2. 体谅

能够换位思考,在产生消极情绪时,先进行分析判断,查找事情的原因,学会站在对方角度考虑问题。

3. 心理暗示

通过不断给自己传递积极情绪的方式,进行心理暗示。借助于想象、语言、行动等暗示自己处于积极的心理状态中,并反复强调。通过强化暗示,将自己从消极情绪中解脱出来。

4. 自我安慰

当察觉到消极情绪出现后,学会自我安慰。换一个角度看问题,从更深、更广、更高、更长远的角度来审视问题,做出新的理解,以求跳出原有的局限,使自己的精神获得解脱,以便把自己的精力转移到自己所追求的目标上来。

(四)合理宣泄情绪

人的情绪能够反映在行动上,当消极情绪令你工作状态消沉甚至混乱时,学会合理地宣泄情绪可以帮助你回到正常的工作状态中。宣泄情绪的目的在于给自己一个理清想法的机会。宣泄情绪的方式有很多,如倾诉、痛哭、运动等。根据自己的情况选择适合的且能够有效舒缓情绪的方式。

1. 诉说宣泄法

当我们遇到不如意时,可以主动找朋友诉说、交流。我们无法阻断消极情绪的产生,但要学会积极调适情绪。将自己的烦心事与朋友诉说,能够一定程度上缓和、抚慰、稳定情绪。沟通有助于拓宽个体的思路,增强个体的信心与勇气,进而能够辩证地看待消极情绪。

2. 书写宣泄法

当处于消极情绪中时,我们还可以借助书写的方式,把消极情绪写在日记中,把日记当成可以诉说的朋友;或者写在纸上,然后烧掉,并想象着把消极情绪一并烧掉了,这样就会减少消极情绪的影响,尽快消除消极情绪。

3. 愉快记忆法

所谓愉快记忆法,便是回顾生活中的高兴事,回想那些能够使你产生积极情绪体验的时刻,这会使你放松心情,调节压力状态。

4. 运动减压法

当处于消极情绪中时,可以参加体育运动,借助运动缓解压力。一些体育运动如跑步、打球等,可以促进多巴胺分泌,给人带来愉悦感和满足感,能有效消除消极情绪,促进积极情绪的产生。在运动中,人的注意力被转移,情绪会逐渐平稳下来,进而可以客观、冷静、全面地分析并解决问题。

任务反馈

1. 觉察情绪变化

情绪是个体接收到外界刺激后所产生的体验与感受。每个人都会有情绪。李强首先要学会体察自我情绪的变化,及时分析自己情绪产生的缘由,并采取相应的措施。

2. 适时适当地表达情绪

当非常气愤时,我们可以用不伤人的方式适度表达内心的感受。控制自己的情绪,并不是指情感压抑,而是避免任何过度的情绪反应。感受到愤怒后先冷静一段时间,使心情平静下来后,再理性解决问题。"对不起,我不允许你这样对待我"是自己可以把握的关系"边界"主动权。李强可以拒绝不是自己责任范围内的工作。他可以让同事或者领导帮忙区分好每项任务的具体责任和执行时间,工作变得容易了,与客户的沟通也就趋于正常了。李强可以采用诉说宣泄法,主动地找朋友诉说、交流。他也可以用书写宣泄法,把消极情绪写在日记中,或者写在纸上,然后烧掉,并想象着把消极情绪一并烧掉了。

3. 接受并调节情绪

不管是积极情绪还是消极情绪,李强都应该接受情绪的产生。同时,通过一些方法调整情绪。面对失败时,他首先应该接受挫败感这种情绪,然后分析失败的原因,并找出应对措施。为了重新找回信心,他可以进行积极的心理暗示。如通过查找总结自己的优势,做一些让自己容易获得成就感的事情,回忆自己曾经取得的成绩等。除此之外,她还可以通过打球、跑步、游泳等运动来缓解心理压力。

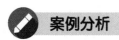 案例分析

【案例 1-1】

善于管理情绪的晚清名臣曾国藩

曾国藩是晚清名臣,也是一代鸿儒。他能取得如此大的成就,与他良好的情绪管理能力不无关系。

早年的曾国藩情绪管理能力并不佳,经常急躁、恼怒。咸丰五年,曾国藩兵败江西,加上好朋友落井下石和朝廷的不信任,曾国藩的情绪低落到了极点,简直到了"闻春风之怒号,则寸心欲碎;见贼帆之上驶,则绕屋彷徨"的程度。工作中的诸多不顺,使曾国藩常常迁怒于亲人,他经常因为小事大骂自己的弟弟和弟媳。

后来在名医的指点下,曾国藩认识到管理情绪的重要性,并对自己的过失进行了认真反省。从此以后,曾国藩把情绪管理当作修身的头等大事来抓。

曾国藩修身的一个方法是泡脚打坐。这曾是一真和尚教给他的方法。每天用热水泡脚,泡脚时心无旁骛,均匀调息,全身放松。脚泡完后,再打坐凝神,久而久之,达到处事不骄不躁的境界。通过情绪管理的修行,曾国藩逐渐达到了荣辱不惊的状态。

后来有一天,曾国藩乘坐四抬轿子与乘坐的八抬轿子的某嚣张跋扈的官员在一个巷子里相遇。这位官员看到曾国藩坐的是四抬轿子,认为其身份比自己低,借着没有及时让道的缘由,便让轿夫把曾国藩从轿子里拉出来

打了一耳光。但之后发现是曾国藩，便慌忙下轿，叩头谢罪。然而，曾国藩并没有为情绪所左右，反而选择了宽容与原谅。他平静地扶起了那位官员，并且道歉说是因为自己的轿子挡了他的道。这种冷静和理智不仅避免了不必要的冲突，也展现他的大度与智慧。

【思考讨论】

1. 曾国藩是如何管理情绪的？
2. 通过曾国藩的故事，你受到了哪些启发？

【案例1－2】

上班路上化干戈为玉帛

吃完早饭后，李强骑着电动车去上班，到路口恰好是绿灯，李强正想加速通过，突然一辆轿车快速右转过来。幸亏李强反应快，及时刹住车才没有撞到那辆轿车上。但是由于刹车太快，李强也险些摔倒。一气之下，李强大声呵斥轿车司机："怎么开车的？！"轿车司机也不甘示弱，回道："你骑车不长眼吗？"两个人你一言我一语地吵起来。矛盾迅速恶化，由言语冲突升级到肢体冲突，两个人相互抓住对方的衣领，就要大打出手。这时，旁观的一位老者说："别吵了，早晨都着急上班，再吵下去就迟到了。别因为这点小事儿，耽误了工作大事。"李强听闻此言，心想：对呀，我今天还要早去单位准备一个重要的会议，如果耽误了这个会议，将会给公司带来巨大损失；况且如果迟到了，这个月的全勤奖就泡汤了，因小失大，不值！于是，李强深深吸了一口气，松开了对方的衣领，嘴里说着："我今天还有重要的事情，就先不跟你计较了。"听闻此言，轿车司机却不打算放李强走，抓着李强说："你以为我愿意跟你计较，我送孩子迟到，媳妇还在医院，没有一件顺心的事！"听他这么说，李强有些理解了："一大早就遇到这些烦心事，难怪大哥火气这么大。他开车这么快，可能是着急去医院照顾他妻子吧。我俩都没受伤，电动车和汽车也都没有受损，何必因为一时的愤怒激化矛盾呢？"李强对自己说："你是一个情绪稳定、宽容大度、冷静理智的人，这点事情不应该让你生气。"他的情绪马上就缓和下来，带着笑意地说："大哥，对不起，我不知道你有急事儿，怪我刚才语气不好，别生气了。咱俩都没受伤，车也没事，咱俩何必吵起来没完没了了呢？"轿车司机听李强这么说，也很不好意思地说："兄弟，别这么说,是我不对,右转本来就应该礼让直行。我有错在先还不肯承认错误,我就是脾气急,兄弟你别跟我一般见识。"两个人相互道歉后,拍了拍对方的肩膀,握握手之后就各自上班去了。一场一触即发的战争就这样化解了。

【思考讨论】

1. 案例中李强和汽车司机分别产生了哪些情绪?

2. 这些情绪中,哪些属于消极情绪? 哪些属于积极情绪?

3. 最后李强是如何管理自己的情绪的?

4. 这个故事对你有何启示?

实训平台

一、测试自己的情绪状态

下面的情绪测试题可以帮助你评估自己的情绪,回答是或否。

(1) 尽管你的情绪受到影响,你依然能静下心来思考其他的事情。

(2) 不会在小事上钻牛角尖,时刻以坦率诚恳的态度对待别人。

(3) 会将重要事项写在纸上,以便时刻提醒自己。

(4) 在做事情时,你会根据预设的目标完成各项任务。

(5) 不会因为失败过分懊恼,能够调整心态,反省失败的原因。

(6) 具有长期坚持的爱好,能够排遣消极情绪。

(7) 能听取别人的建议,不断调整优化。

(8) 换到新环境后,能够调整自身,以适应新的生活节奏。

(9) 能够按照事先预定的计划去完成一件事,即使遇到挫折也能坚持下去。

(10) 能够保持清醒的思考与理智的判断,不过分拘泥于细枝末节。

(11) 能够不断积累各项经验。

(12) 很少感情用事,能够做到冷静思考。

(13) 当别人比你优秀时,也不会否认自身的价值。

(14) 当自己取得进步时,内心会得到满足。

(15) 尽管很想去做某一件事,但是在估量事情的可行性与完成难度后,会放弃不可能实现的想法。

以上问题回答"是",可以获得 1 分。

0~6 分:情绪不稳定,经常处于患得患失的状态,需要专业人士及朋友的介入,应积极有效地调整自身的情绪状态。

7~9 分:情绪稳定性一般,情绪管理能力有所欠缺,需要借助课程及书籍学习。

10~15 分:情绪管理能力强,具有较强的自我反省能力,处理事情游刃有余。

二、游戏:情绪蛋糕

活动目标:

了解自己的情绪状态。

活动准备:

白纸、彩色笔。

活动过程:

先回顾自己一周内出现的各种情绪,在白纸上画出一个饼状图,当作一个蛋糕。用不同颜色的笔表示不同的情绪,积极的情绪用明亮的颜色涂满,消极的情绪用灰暗的颜色涂满,查看自己的情绪蛋糕,计算积极情绪与消极情绪所占的比重。

活动反思:

总结自己一周内的情绪状态,概括出现消极情绪的原因,反思不同的情绪给你的生活带来的影响。

任务二　培养积极情绪

任务情境

小晨和李强今天一起去图书馆,碰到了他们的辅导员,但老师仿佛没看到他们一样,径直从他们身旁走过去了。小晨认为:"老师可能正在想别的事情,没有注意到我们。即使是看到我们而没理睬,也可能有什么特殊的原因,或许是工作太忙了。"而李强认为:"是不是上次顶撞了老师一句,他就故意不理我了,下一步可能就要故意为难我了,看来以后的评优评奖都和我无关了。"在接下来的学习和生活中,小晨即使被辅导员批评也保持着积极乐观的情绪,深受老师的信任,很快成为班委成员,帮助老师分担各种杂务。而李强一直躲着辅导员,在以后的学习中一直忧心忡忡,以致无法平静下来上好一堂课,之后朋友们都远离了他。

任务分析

情绪就是一把双刃剑,积极情绪与消极情绪对个体的影响深远。积极情绪能使人精神振奋,提高工作与学习效率,促使个人维持积极健康的心境;消极情绪则会破坏心理平衡状态,使人丧失信心与勇气,甚至做出违法的事情。从这个简单的例子中可以看出,不同的情绪及行为反应会导致不同的结果。小晨保持着积极情绪,因此他的生活中充满阳光;而李强一直胡乱猜忌老师的用意,被消极情绪所支配,久而久之就会产生烦躁、郁闷的情绪,对他的学习及生活造成了严重的影响。

请你帮助李强从消极情绪中走出来,并指导他培养积极情绪。

知识点拨

一、积极情绪和消极情绪

(一)积极情绪的定义

积极情绪是个体产生的积极心理态度,是一种正向、稳定、积极的情绪状态,是一种能对个体的生命活动产生正面作用的情绪。积极情绪一般由责任感、事业心、期望、奋斗目标、荣誉感等刺激而产生。积极情绪包含了爱、希望、信心、同情、乐观、忠诚等,是指正向情绪或具有正效价的情绪。积极情绪能够使个体增强信心,能提高脑力和体力劳动的效率和耐久力,能调整个体的生活状态。

（二）消极情绪的定义

消极情绪是与积极情绪相对的情绪状态，是在内因与外因的刺激下所产生的不利于个体学习与生活的情绪。忧伤、愤怒、悲伤、恐惧、焦虑等都是消极情绪，若不及时调控的话，会导致一系列不良结果。消极情绪的产生因人而异，其诱发因素是多种多样的。

积极情绪和消极情绪两个概念本身并不存在价值判断的成分，只是对情绪所做的分类，但是积极情绪和消极情绪会影响个体的情感倾向和行为选择，并可能会形成截然不同的结果。因此，我们应培养积极情绪，有意识地将消极情绪转化为积极情绪。我们要充分发挥积极情绪的调节作用，增强积极情绪体验，养成健康的心理素质。

二、培养积极情绪的意义

（一）积极情绪能够促进心理健康

情绪是自然而然产生的，有愉悦、开心等积极情绪，也会有焦虑、悲伤甚至愤怒等消极情绪。如果消极情绪时常出现且持续不断，就会对人的身心健康产生较大的负面影响。生活中充满各种各样的挑战，保持积极情绪能够帮助人们树立自信，从容应对挑战，提高生活质量；积极情绪还能够增强人们在学习和工作中的负压能力，促进心智的发展。

（二）积极情绪能够促进身体健康

保持积极情绪的人，更容易感受到快乐与幸福，会有更高质量的睡眠，也更乐于参加各项文体活动，能从生活中获得积极的反馈，能增强身体抵抗力，进而有益于心肺的健康。而长期保持消极情绪的人，易出现退缩、说谎、冲动、暴力等不良行为，对生活的满意度会降低，甚至可能危害身体健康。抑郁症的典型表现为缺失积极情绪。

（三）积极情绪能促进人际交往

一个人的情绪表达是否恰当在很大程度上会影响其人际关系的融洽度。若经常随意地宣泄消极情绪，会给人难以相处之感，甚至被认为心理不健康，会极大地影响个体的人际关系。而保持积极情绪，常含微笑，习惯性地赞美、肯定他人，待人态度亲切，让别人感受到温暖和善意，你的人际关系就会变得更融洽。情绪作为非语言沟通的信息传递方式，可以通过个体的声调变化、面部表情与身体姿势等方式呈现，是个体情感状态的反映，在一定程度上补充了语言沟通的不足。积极恰当的情绪表达可以消除语言交流中的误会，更好地呈现个体的态度和感受，从而促进人际交往。

（四）积极情绪是成功的基石

情绪的直观体现就是心态，积极的情绪往往会成为助人成功的基石。当个体保持积极的心态时，思维会变得积极活跃，个体更容易取得成功。情绪积极的人在面临生活与学习中的困难时，会不断给自己加油打气，会直面挫折，而不是消极躲避，这样难题便会迎刃而解。这是因为积极情绪引导的良好心态会产生一系列积极反应：增强个体战胜困难的勇气，提升个体的观察力，拓宽活跃个体的思维。

三、培养积极情绪的方法

情绪本身无好坏之分，积极情绪和消极情绪所引发的行为结果有好坏之分。因此我们不是要消灭消极情绪，而是尽量减少和转化消极情绪，有意识地培养积极情绪。

（一）保持真诚

真诚待人，胸怀坦荡，便会收获内心的安宁。真诚地生活，让自己慢下来，和自己的内心对话，用心去听、去看、去感受生活，而不只是用眼睛、耳朵和思维来审视生活。慢下来真诚地生活，我们才能真正地感受和体会到积极情绪，才能去培养积极情绪。

（二）品味美好

细心品味生活，去品味带给你"美"的感受的方方面面，可以是一只鸟、一棵树、一次美丽的日出或日落。培养积极情绪需要心灵上的触碰，只有观察美、发现美、鉴赏美，才能有积极的情绪体验。当你尝试去品味生活中的美好时，打开你的心灵，你也会变成一个积极的人，进而将积极情绪传递给他人。

（三）感恩练习

在人际交往中你所能觉察到的不仅仅是人性的善，也有人性的恶。我们需要学会感恩善意,这样你收到的善意会越来越多。所谓感恩练习,即每天给自己留出一些时间复盘你今天的经历,感恩你的父母、老师、朋友、同学、同事,甚至是陌生人,体会他们传递给你的爱意、善意。久而久之,你会发现爱意围绕着你,你也会变成善意的传递者,耳濡目染成为情绪积极的人。

(四) 健康生活

是否具有良好的生活习惯也会影响情绪表达,因此我们要保证充足睡眠、适度运动、合理饮食。良好的睡眠习惯可使大脑得到充分休息,压力激素分泌减少,可以有效缓解压力;大脑的神经递质如血清素等保持在较好水平,让人情绪更平和。一个有效地化解不良情绪的自助手段是运动。研究人员发现,健身运动能使人的身体产生一系列的生理变化,其功效与那些能提神醒脑的药物类似。哪怕每天散步十分钟,对克服消极情绪都会有帮助。此外,大脑活动的所有能量都来自我们所吃的食物,情绪波动也常常与我们的饮食有关。饮食结构要合理,食物要多元化,多吃新鲜的水果蔬菜,饮食要少油少糖,多吃五谷杂粮。需要强调的是,运动和饮食要达到平衡,注意劳逸结合。

(五) 勇敢宣泄

消极情绪产生时,我们要通过适当的方式合理宣泄情绪,进而调整自己的心态。所谓合理地宣泄情绪是指在适当的场合中,用适当的方式,来排解心中的情绪。情绪宣泄途径也较为多样化,如运动法、注意力转移法、想象法、游戏法等。在宣泄消极情绪时,我们可以从反方向去汲取消极情绪的积极意义,使之转化为积极情绪。例如当恐惧的情绪出现时,我们应意识到这会为我们提供动力,指引我们去寻找一个方向来摆脱威胁;当悲伤情绪出现时,我们应从其中获得力量,使我们更能珍惜自己仍然拥有的。

(六) 追求生命的意义

努力发现生命的意义。学会从工作、生活的挑战与挫折中寻找对自我成长的价值,赋予其积极意义,并追求应对这一切时的生命意义,这样我们能以积极的态度驾驭生活。人需要"某种东西"才能活下去,也会为了理想和价值而活。精神医学家和心理学家弗兰克尔(Viktor E. Frankl)认为满足人的生理需求使人存在,而满足心理需求就会使人快乐,满足精神需求则会使人产生价值感。对生命和生活意义的探索和追求是人类的精神需要。他提出了"意义疗法",引导就诊者寻找和发现生命的意义,树立明确的生活目标,以积极向上的态度来面对生活。

思 政 贴 吧

故天将降大任于是人也,必先苦其心志,劳其筋骨,饿其体肤,空乏其身,行拂乱其所为,所以动心忍性,曾益其所不能。

——《孟子·告子章句下》

人活一世,就像作一首诗,你的成功与失败都是那片片诗情、点点诗意。

——季羡林

人活一世,应多一份诗意,去观物、观世界、观众生。学会在平凡的事物中发现美好和真理,让心灵在诗意和美好中获得快乐。当面对挑战时,赋予挑战积极的意义,挑战会成为你成长的动力。如孟子所言,把各种困难看成是检验和锻炼自己各种才能的机会,树立积极的人生观,困难就不再是困难了。

任务反馈

1. 摒弃不合理想法,维持积极情绪

两种不同的想法就会导致两种不同的情绪和行为反应。小晨觉得老师并非特意针对,该干什么仍继续干自己的;而李强忧心忡忡,以致无法冷静下来完成自己的学业。小晨与李强面对的是同一个事件,但两人却产生了截然不同的想法,因此情绪状态迥异。小晨一直保持着积极乐观的情绪,李强则感到焦虑、无助,被消极情绪困扰。最终小晨成为老师的助手,李强被朋友疏远,可见积极情绪与消极情绪会产生不同的影响。因此当我们遇到事情时,应该摒弃不合理的想法,促进积极情绪的产生,避免消极情绪带来的后果。

2. 积极沟通,消除不必要的误会

人与人交往不可避免地会产生矛盾,沟通是消除误解的重要途径。通过沟通,我们可以了解对方的真实想法。案例中,主观臆测是李强采取的方式,因此不可避免地会对老师产生误解。另外,沟通是双方建立信任的重要手段。如果李强积极与老师沟通,增进对老师的理解和信任,会收获积极的情绪。李强应及时与老师沟通,合理适当地表达自己的观点,倾听老师的答复,而不是胡乱揣测别人的看法。

3. 品味美好并保持乐观自信

李强之所以会认为辅导员对他有意见,是因为他总是抓住学习和生活中的不愉快的片段,他应该学会品味生活中的美好,例如辅导员给他提出建议,他应该感谢辅导员的指导,而不是一味地认为老师对他有意见。学会品味生活中的美好,会发现生活中的更多美好。另外,工作和生活中总会充满各种挑战,李强应该向小晨学习,当遇到挫折时,应保持积极乐观的心态,并相信自己的能力足以应对不同的挑战。

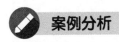

案例分析

【案例 2-1】

"核武老人"魏世杰的传奇人生

魏世杰是一位参与我国第一颗原子弹、氢弹研制的科学家。他的一生由两部分组成:前半生,隐姓埋名二十余年,为我国国防事业奉献青春韶华,功勋卓著;后半生,他身负照顾妻儿的重任,将亲情作为人生的重心。闲暇之余,魏世杰笔耕不辍,撰写科普读物、纪实文学等,其作品兼具科学性、知识性、艺术性和趣味性,向青年人传递红色基因、传授科学知识……多年来,魏世杰以非凡的乐观精神,微笑面对波澜起伏的人生。

魏世杰原本有一个幸福的家庭,妻子陈位英是他的同事,两人育有一儿一女。然而厄运接连到来,先是儿子被查出患有先天性智力障碍,没几年,女儿又不幸患上精神疾病。面对儿女的病,妻子以泪洗面,不久同样出现了精神问题。一时间,重担如山一样压在魏世杰身上。但接踵而来的厄运并没有将魏世杰击败,作为家里的"顶梁柱",他一次次镇定地应对突发事件,陪伴家人度过艰难时刻。平日里,魏世杰对家人的照护无微不至,老伴和女儿吃的药,他铭记在心,每天三次按量配好。魏世杰还想方设法锻炼儿子的生活自理能力。

面对难料的命运,魏世杰调侃自己是"倒霉老头"。可魏世杰的幸福指数却特别高。儿子对着他笑了,女儿说想吃饭了,老伴给他倒杯水……这些琐碎而平凡的小事都会令魏世杰开心不已,感到自己仍是被爱着的。

总结自己这一生,魏世杰笑眯眯地说:"上半生研究核武器,下半生照顾家人,同时写了这么多书,并且有一部还被拍成电视剧了,我活得很有意义。"

魏世杰从不抱怨,坦然接受生活中的不如意,悉心照料着家人的饮食起居。魏世杰的一条人生秘诀是人一定要在专业之外有些业余爱好。有了各种各样的爱好,生活也会充实起来。

魏世杰钟情写作,徜徉在文字的世界里寻找慰藉。退休后,他每天花一两个小时写作,自称"两小时作家"。时至今日,他的微博上还时不时出现一些千字左右的科幻微小说。短视频时代,魏世杰紧跟潮流,买了手机支架和补光灯,录些科普小视频发到网上。他还是"追剧达人",尤其喜欢电视剧《天道》。他也爱看体育比赛。中学时,他曾是学校的跳远冠军、排球队二传手。魏世杰还喜欢唱歌,散步的时候哼几句,生活似乎就不那么苦闷了。他喜欢一首名为《小路》的外国民歌:"一条小路曲曲弯弯细又长,一直通往迷雾的远方……"

"一个人活着,即便没有幸福降临身上,也要自己想办法创造幸福。写作、唱歌、养花、养猫,只要找个业余爱好,幸福就来了。"魏世杰笑着说,"你看,幸福也不是很遥远的事情。"

(资料来源:《东方文化周刊》2024年1月第2期)

【思考讨论】

1. "核武老人"魏世杰是以什么心态面对生活的苦难的?

2. 魏世杰用什么方法应对生活的苦难?

3. 魏世杰笑对生活的故事对你有何启发?

【案例 2 - 2】

不同的情绪体验

李强和朋友相约去旅行,结果天公不作美,下起了瓢泼大雨。李强的朋友便开始抱怨:"真倒霉,好不容易有时间出来放松,还遇到这种破天气,还得打伞,真是麻烦。"而李强认为在雨中赏景别有一番风味,可以领略烟雨朦胧的诗情画意,能使自己的身心得到进一步放松。在结束一天的旅行后,朋友感觉更加心烦意乱,也失去了旅行的意义。而李强则感到心情愉悦,认为这是一次新奇的体验。

【思考讨论】

1. 李强和朋友产生了何种不同的情绪体验?

2. 如果今后你遇到类似不如意的事情,你会怎么调整情绪?

实训平台

一、感恩练习

活动目标:

体会积极情绪,感恩生活中的美好。

活动要求:

准备一张纸条,写出 5～7 件让你觉得幸福的事情。这些事情可大可小,小到一顿饭、一句话,只要是让你感受到积极的情绪体验,点点滴滴都可以罗列出来。在写每一件事情的同时,回顾自己当时的体验与感受,可以将自己的情绪体验写在后面。完成后,拿着纸条与你的朋友一起分享,感受生活的美好时刻。

活动总结:

此活动能帮助个体学会感恩生活中的美好,体验积极情绪。当我们学会感恩之后,我们的生活会充满积极情绪,我们的性格也会随之改变,你会变得乐观、坚毅、温暖。

二、排遣消极情绪训练

活动目标:

排遣消极情绪,培养积极情绪。

活动准备:

空白纸条、信封。

活动过程:

准备空白纸条并发放至每位成员手中,每位成员认真思考自己目前最大的烦恼是什么,将自己最焦虑的事情写在空白纸条上,预留出足够的空间供其他同学解答。需要强调的是,不要一股脑儿地将自己所有的烦恼都呈现在纸条上,而是选择当前最困扰你的事情。写完之后,将纸条放在信封内,写上名字或代号后,交给小组内的其他成员。回答者拿到信封后,认真阅读纸条上的问题并仔细思考,结合自身的生活经验,为他人提供相应的情绪价值,帮助对方排遣消极情绪。没有对与不对之分,把自己处理这一问题的真实看法写出来,帮助他发现这一问题的积极面即可,回答者不用署名。回答完毕后,将信封放在桌上,每位成员取回自己的信封,认真阅读。

活动总结:

我们总会遇到一些棘手的事情,会不可避免地产生一些消极情绪。当我们被越来越多的消极情绪笼罩时,整个人会最终走向崩溃,因此我们要善于发现问题的积极面,培养积极情绪。当意识到消极情绪产生时,我们要采取措施排解消极情绪,保持积极乐观的态度。

任务三　应对工作中的压力

⊙ 任务情境

李强前一阵跳槽到飞帆幼儿园工作,他一直勤勤恳恳,因工作能力突出,最近被任命为飞帆幼儿园园长。但这出乎意料的提拔超越了他的职业定位,他感受到所面临的各种各样的压力。校园安全始终像一柄剑悬在李强的头顶,这也是学校管理者共同感受到的压力。社会期待与教育内部的竞争带来的无形压力压得李强喘不过气。校园安全、办学质量、各种紧急性事务、人际关系等方面的压力像一座座大山,摆在李强面前。各种压力导致李强整天处于浑浑噩噩的状态,身体也跟着出了问题。

任务分析

适度的压力能让人产生挑战自我的成就感,而过度的压力就会引发焦虑、沮丧等消极情绪,长期得不到疏解可能会诱发各种心理、生理问题,甚至发展为疾病。工作压力不可避免地存在,每个人应该学会科学应对,避免因情绪问题导致严重后果。

李强出色的工作能力为他迎来了职位升迁,担任幼儿园园长职务。但是李强并未做好角色转换,面对工作中的各项新挑战,他未能及时释放或缓解压力,因此各项工作像一座座大山压在他身上,对他的工作和生活都造成了严重的影响,甚至影响到了他的身体健康。李强需要及时调整状态,分析压力源,并及时采取措施为自己减压。

知识点拨

一、工作压力的概念

在心理学上,压力是个体受到外界刺激时在生理、心理和行为上形成的一种综合情绪体验,主要表现为紧张、焦虑等。工作压力又称为职业应激,是个体在工作情境中由相关因素造成的应激反应。当个体对自身的要求或期望过高,或者外部工作负担过重时,就会产生工作压力。其诱发因素较多,如过重的工作负担、新换了工作岗位、时间压力、承担过大的工作责任、完不成预设的目标、达不到领导的期望值、工作速度不稳定、工作时间不规律、所学的专业知识与工作岗位不匹配等。我们要辩证地看待压力,适度的压力可以成为强大的推动力,能够转化成前进的动力。但是过度的压力也会导致个体精神崩溃,从而引发一系列后果。压力是一种动态情境,且压力是可调节的。我们要善于调控压力,警惕持续性高压状态,采取积极有效的措施应对工作中的压力。

二、压力源

(一) 压力源的定义

所谓压力源,简而言之是压力的来源。导致个体产生压力反应的各种情景、刺激、事件与活动都可以被称为压力源。当个体感知到外界刺激后,会形成主观的评价,与此同时,会产生一系列的生理变化和心理变化。在一定的范围内个体能适应这些反应,但如果超出主体能承受的范围,主体需要付出较大的努力才能形成适应性反应,甚至是根本形不成适应性反应。这时主体的生理和心理就会处于一种失衡状态,个体陷入紧张状态,使人出现紧张反应的这些刺激就是压力源。

(二) 压力源的分类

1. 根据压力来源划分

为了更好地应对工作中的压力,我们需要了解压力源的分类。按照不同的分类标准可对压力源进行相应的划分,根据压力的来源,可以划分为生物性压力源、精神性压力源和社会环境性压力源。

1) 生物性压力源

生物性压力源是对个体的生存或种族的延续造成阻碍或破坏的因素。如饥饿、缺水、缺氧、疾病、睡眠剥夺等。

当个体的生存状态和种族延续受到阻碍和破坏时,如疾病、空气剥夺、缺水等,会直接影响到个体的身体健康和精神状态。

2) 精神性压力源

精神性压力源是对个体正常精神需求造成阻碍和破坏的因素,包括个体认知结构错误,个体不良经验,个体陷入道德冲突,个体的不良心理特点如多疑、嫉妒等。

3) 社会环境性压力源

导致个体社会需求被阻碍与破坏的因素称为社会环境性压力源,包括纯社会性问题和人际适应问题。纯社会性问题,比如经历社会重大变革、重要人际关系破裂、经历战争或者处于被监禁状态等。

纯粹的单一的压力源,在现实生活中极少,多数压力源都涵盖着两种以上的因素,特别是精神性压力源和社会性压力源,有时是融为一体的。因此我们在分析压力源时，要整体考虑、全面分析，采取恰当有效的措施排解压力。

2. 根据影响生活的程度划分

按照对生活的影响程度，可以将压力源划分为急性压力源与慢性压力源两种。

1）急性压力源

急性压力源是指突发的消极生活事件。这些事件会在短时间内触发，并具有明显消极影响，变动具有突然性，个体很难做出有效的应对。例如突然失业、离婚、自然灾难、遭受侵犯等。

2）慢性压力源

慢性压力源是指个体遭受的日常困扰，这些困扰不会造成很大的压力，在短时间内也不足以构成危害，但如果不加以调节，累积的压力依旧能对个体造成不良影响。

（三）工作压力的潜在来源

1. 环境因素

环境因素包括经济、政治和技术因素。经济因素是指经济大环境，经济形势好坏会影响到个体的工作机会。政治因素包括社会局势、国家政策、法律法规等，这些因素会影响个体的工作机会、经济收入及劳动强度等。技术因素是指科学技术的发展与迭代，技术的发展更新会带动工作方式的变革，也可能引起工作岗位的变化。

2. 组织因素

组织内有许多因素能引起压力感。例如，组织中的角色压力，包括角色模糊与角色冲突等，当个体的角色定位模糊，或者个体兼具多重角色时，有可能会被压力困扰。另外，组织中的人际关系也是压力的重要来源，如个体与上级、同事的关系是否融洽。当工作受到人际关系的阻扰时便容易产生压力。

3. 个人因素

压力会随着不断积累而变得越来越大。每一个新的持续性的压力因素都会提高个体的压力水平。虽然单个压力无足轻重，但如果叠加到一定水平，某个压力因素可能就成为"压倒骆驼的最后一根稻草"，直接诱发个体情绪的崩溃。因此，评估一个员工所承受的压力总量，必须综合考虑他所经受的其他压力。

潜在的压力是否会转化为现实的压力，还与个体差异性有关，诸如个人的知识、工作经验、社会支持等。

（四）工作压力的主要来源

1. 工作条件恶劣

来自工作条件的压力主要包括工作量过大或过小、工作过于复杂、技术难度太大、决策与责任压力、出现紧急或突发事件、工作危险系数高、工作时间过长等。这些源自工作条件的压力可能导致个体身心疲惫、生物钟紊乱、身体健康受损、心情烦躁或焦虑。

2. 角色定位不准确

个体在团队中的角色定位不准确，出现角色模糊或角色冲突的现象。长期的角色模糊或角色冲突会导致个体紧张焦虑、心力交瘁、不知所措、缺乏成就感、工作效率低、工作满意度低。

3. 人际关系不和谐

不和谐的人际关系会给个体造成较大的精神压力。如领导的冷漠甚至冷酷，同事之间不配合、不协助，在群体中被孤立。长期工作在这样的氛围中，容易导致个体孤独、敏感、自卑，甚至自闭、抑郁。

4. 职业发展通道受阻

来自职业发展的压力主要包括升职或降职、工作的安全性与稳定性、怀才不遇、理想受挫等。为了升职，可能需要在时间和精力上付出很多，也包括来自担忧、紧张、患得患失等精神内耗。为了不被降职，也需要付出大量的时间和精力。工作是否稳定，能否保住工作也是很多职场人面对的压力。理想抱负不得施展、能力得不到提升、发展空间狭窄等都会使员工失去自信心和安全感，增加焦虑、产生职业倦怠。

5. 组织系统混乱

员工所在的组织系统混乱，组织结构不合理，规章制度不健全；组织内部拉帮结派，存在派系争斗；组织领导独断专行，不给员工参与决策的权力，员工只能被动接受安排。这些因素会导致员工缺乏归属感，会弱化员工的内驱力，造成个体自主性受挫。

此外,还有非工作性的生活类因素,比如婚姻不顺、家庭矛盾、子女看护与教育等。这些因素虽然不属于工作范畴,但消耗一个人的精力,严重影响工作效率和情绪。

三、工作压力的负面影响

当个体接收到来自外界的各种刺激后,生理和心理会产生一系列刺激反应,例如神经系统过于兴奋、身体激素分泌增加、血压突然上升、血糖相应升高、心率过快、呼吸紧促等,如果反应强度、反应频率与时间持续维持在一个恰当的程度,人体则不会受到伤害,甚至这有利于保护机体。当这些刺激超出了个体的承受能力,个体无法自主进行调控,长期反复处于应激状态,就会给个体带来一系列后果:① 对工作的满意度下降,甚至开始厌倦工作,产生职业倦怠,工作效率降低,缺失工作热情,迟到早退,无法保证工作质量。② 变得情绪激动、躁动不安、多疑敏感、孤独郁闷、易于疲劳、经常性处于失眠状态,并会导致高血压、冠心病、消化道溃疡等疾病。③ 可能导致危害自身及他人健康的行为,如吸烟、酗酒、滥用药物、上下级关系紧张,以及迁怒于家庭成员,甚至迁怒于陌生人等。

四、减压方式

(一) 合理期望,拒绝攀比

人之所以在工作、生活中感受到挫折,往往是因为自我目标难以实现。过高的期望会使人感到自卑失望,误以为自己总是倒霉而终日忧郁。我们要辩证地看待事件的残缺面,任何一件事都难以达到十全十美,过高的要求与期待值不仅不利于任务的完成,还会徒增焦虑感。因此,应设定合理的目标,不要过高。同时保持合理的期望值,客观评价自己,避免大喜大悲,维持稳定的情绪状态。要正确地看待失败,保持平常心,不要因一次失败就全面否定自己;拒绝攀比,学会调控自身的压力。

(二) 转移注意力

当感受到的压力过大时,人的生理与心理都处于紧张状态,持续性高压会损耗身心健康。为了给自身减压,可以有意识地转移注意力,学会分散压力。例如,当发生了某件棘手的事情时,我们可能会陷入悲伤、忧郁的情绪状态,此时可以先避开压力对象,选择一些放松的方式如打球、跑步等转移注意力,等压力得到一定程度的排解后,再去寻找事情的突破口。需要强调的是,转移注意力不是逃避问题,而是宣泄压力,等情绪调整好之后,再积极解决问题。

(三) 静坐休息

当感受到压力后,每天抽出 5～10 分钟的时间放松自己的身心,可以选择一个安静的场所静坐休息。在这段时间里,集中精神回想令你愉悦的时刻,维持自身积极的情绪状态。即使工作任务繁重,也给自己的心灵和身体一段放空的时间。一旦感受到压力超过个体所能承受的度,就应该先停下来,重新审视自己,放松自己,思考一下自己的处境,重新评价自己的情况,以减轻压力。

(四) 音乐放松

利用音乐放松紧张的身心,舒缓紧张的情绪,消除工作生活中的心理压力。选择一些舒缓的音乐,仔细聆听音乐的旋律,你会发现焦躁不安的情绪会得以缓解,内心重回平静,这是因为音乐帮助你释放了不良情绪。

(五) 放声大笑

笑有很多好处。首先,笑可以帮助个体释放压力,消除不良情绪,减轻个体的压力;其次,笑能使个体的肌肉处于松弛状态,有利于消除疲劳;再次,笑能调整呼吸系统、循环系统、消化系统的运行状态,增进其功能,促进个体肢体协调,可以有效预防多种疾病。因此,当个体感受到压力过大,觉察到自身陷入紧张、抑郁等消极情绪时,可以回忆一些自己或者他人发生的滑稽可笑的事件,也可以通过收看小品、相声、喜剧片等幽默的娱乐节目,让自己放声大笑。在放声大笑中调整身体各系统的状态、调整好自己的心态。

(六) 文体活动

文体活动是宣泄压力的重要途径。例如,可以约朋友去看电影、去爬山、去散步、去游泳、去呼吸新鲜空气,暂时将压力抛开,让自己的身心得到全面放松。适当的娱乐活动可以帮助个体舒缓身心,适当的体育锻炼可以帮助释放身体和心理上的压力。运动可以促进血液流动,保证大脑获得足够的氧气和营养物质,从而改善心情。运动还可以增加大脑中内啡肽、多巴胺的分泌,这些激素能使人产生愉悦感。

　　谚云吃一堑长一智,吾生平长进全在受挫受辱之时,务须明励志,蓄其气而长其智,切不可戢恭然自馁也。

——《曾国藩家训》

　　风力掀天浪打头,只须一笑不须愁。

——杨万里《闷歌行十二首·其一》

　　在职场中得失皆有,喜忧参半。当我们面对工作压力时,乐观者会一笑了之,继续为下一段旅程努力。正如杨万里诗中所言"只须一笑不须愁"。在乐观者眼中,困难是成长的阶梯。如曾国藩所言,我们会在跨越困难的过程中明确自己的志向,总结经验教训,可使自己不断成长壮大。因此,我们应以积极心态面对工作压力。

任务反馈

　　1. 识别压力源

　　有效的压力管理需要首先识别压力源,然后制定对应的减压策略。当我们感受到压力很大时,首先应识别压力来自哪里,是生物性压力源、精神性压力源,还是社会环境性压力源,有时会出现多个压力源。李强被授予园长职务,各种压力使他无法承受,他的压力源并不是单一的,精神性压力源、社会环境性压力源像两座大山压着他,因此李强首先应明确压力源自哪里,自己到底是没有能力胜任园长职务,还是内心排斥这份工作。明确了压力源之后再采取相对应的减压策略。

　　2. 了解压力的负面影响

　　适度的压力有助于我们完成工作任务,但是我们也应该认识到压力需要适度调整,持续性的高压会给我们的生理和心理带来不良影响。李强升任园长本身是件好事,但是他也应该认识到各种压力会随之而来,如果不及时减压,可能会对他的身心健康造成影响。因此,他要及时对自己的压力源进行分析,充分了解压力可能给自己带来的负面影响,并寻求解决的方法和途径。

3. 学会给自己减压

当我们在面临新环境、走上新岗位、接手不熟悉的工作时,各种压力会接踵而至,学会给自己减压是每个人的必修课。李强在面对各项压力时,可以采取转移注意力、静坐休息、音乐放松、参与文体活动等方式给自己松绑,合理统筹工作与休息的时间,让自己保持活力与热情,更好地投入工作中。

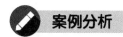 **案例分析**

【案例 3-1】

积极应对挫折的苏轼

纵观北宋文豪苏轼的一生,被贬黄州无疑是他人生的低谷,但他并没有就此消沉,而是发展多种爱好积极排遣消极情绪。

在贬官黄州期间,苏轼积极投身于著书立说,他开始潜心研究《论语》,前后用了大约一年时间写成了五卷《论语说》,详细阐明了孔子的思想。接着,他又续写《易传》一书。他还埋头整理父亲的遗稿,将弟弟的札记融入其中,并加入自己的感悟,整理成书。苏轼在著书立说的同时,还沉醉于读书。他爱书成痴,无论白天忙于何种事务,到了晚上,他都会取出书,读上一阵才肯就寝。苏轼不仅读书,还喜欢抄书。在黄州期间,他把几十万字的《汉书》抄了一遍。抄书的同时又练习了书法,他的书法珍品《黄州寒食帖》就是他随意而为的巅峰之作。他沐浴、梳头、钓鱼、采药,投身于日常生活。苏轼沐浴、梳头皆有讲究,他还研究梳头与睡眠的关系,兴致勃勃向别人推广他的经验。苏轼还发明了多种美食佳肴,"东坡肘子""东坡鱼""东坡肉""东坡羹""东坡饼"……此外,苏轼还喜欢收集沙滩上的石头,他在黄州收集了二百九十八枚"细石",列于铜盆之中,名曰"怪石供"。

在苏轼眼中,苦乐本无二境,苦中作乐,他从失落的人生中寻找乐趣。

(资料来源:刘小川《苏东坡传》,时代文艺出版社,2020,有改动)

【**思考讨论**】

1. 苏轼是如何应对工作中的挫折的?

2. 苏轼排遣消极情绪的方法,传递出他什么样的人生态度? 对你有何启示?

【案例 3 - 2】

助人为乐的小晨

李明最近新入职了某设计公司。在校期间,李明学习成绩优异,且曾在学生会担任部长职位,组织了多场活动,是公认的"三好学生"。但入职后,他发现自己的组织能力、策划能力和专业能力无法施展。针对某些项目,他提出一些新想法,却遭到总管的驳斥,总管批评他的想法过于幼稚。久而久之,李明越来越怀疑自己的专业能力,对总管的意见也越来越大,在一次大会上他的情绪终于爆发了,打翻了总管的水杯。他开始变得郁郁寡欢,不知道该何去何从。小晨了解到李明的困惑后,便将自己的减压经验传授给李明。他先帮助李明分析压力源,分析过多的压力给李明带来的不良影响。之后他又帮助李明重新确立职场目标,鼓励李明积极和总管沟通。李明和小晨都喜欢打网球,小晨就每天下了班拉着李明去打网球。每天打完球,李明就会感觉心情舒畅多了。小晨知道李明喜欢摇滚乐,他还经常带着李明去观看摇滚乐队的演奏。李明在小晨的帮助下终于从高压状态下解脱出来,人也回归到之前的开朗状态。

【思考讨论】

1. 面对总管的驳斥,李明是怎么做的?

2. 李明面临着哪些压力?

3. 当朋友陷入困境后,你是否能像小晨一样帮助朋友减压?你会采取何种方式呢?

📖 实训平台

一、小测试:你的压力大吗?

(1) 你会经常莫名其妙地产生一些消极情绪吗?

(2) 你和周围的人发生过争执吗?

(3) 你很少与朋友表达你的真实想法吗?

(4) 你有辞职的想法吗?

(5) 你的体重最近有明显上升吗?

(6) 即使你感到不舒服,也不会立即就医吗?

（7）相较于蔬菜，你更喜欢吃肉食吗？

（8）你最近是否感到食欲不振？

（9）你最近经常晚睡吗？

（10）你入睡是否困难？

（11）你经常觉得时间很紧迫，但自己又一事无成吗？

（12）你是否会忘记处理一些重要而紧急的工作？

（13）你喜欢重复琐碎的工作吗？

（14）当你遇到突发事件时，总是缺乏耐心去处理吗？

（15）你总是很懊恼赚钱少或者赚钱慢吗？

（16）你担心自己的存款不够吗？

（17）你有进修的想法，但是迟迟没有行动吗？

（18）当同事被领导表扬时，你是否觉得自己不如别人？

（19）当你看到新闻中的灾难事件，你的情绪会受影响吗？

（20）下雨天，你的心情会随之低落吗？

以上测试题，若回答"是"，请你打"√"；若回答"不是"，请你打"×"。

（1）4个"√"以下，无压力快乐族，几乎没有压力，对自己的生活状态较为满意。

（2）5～8个"√"，低压力轻松族，多少有些压力，可以自行寻求协助并解决。建议进行自我调适。

（3）9～12个"√"，中压力危险族，压力有起伏，时而轻松，时而沉重，建议找到平衡点。

（4）13～16个"√"，高压力危险族，每天绷得很紧，责任和性格因素使你暂时放不下。建议要做部分割舍。

（5）17～20个"√"，超高压力危险族，压力大到快让你身心崩溃。建议尽快寻求专业辅导。

二、冥想：心理操

活动目标：

放松身心，消除紧张情绪，缓解压力状态，提高工作效率。

活动准备：

选择一个安静的场所,准备一张舒适的椅子(在家或宿舍也可以选择床),关闭手机等通信工具。

活动过程:

选择一个安静熟悉的场所,让自己得到全身心的放松,选择舒适的姿势,倚靠在椅子上(或者平躺在床上),闭上眼睛,放松自己的精神,想象一幅画面:你正躺在碧绿柔软的草地上,微风吹拂着你的脸庞,天空中飘浮着几片白色的云彩,身旁有几个小朋友在欢快地放风筝,你的精神和身体得到了前所未有的放松。可以想象任意让你觉得美好与放松的画面,冥想时间为十分钟(注:也可以由引导师用平和舒缓的语调引导大家想象这幅画面)。

交流分享:

(1) 你最近有哪些压力?

(2) 你是否找到解压的方法?

(3) 做完心理操后,你的心情如何? 对你缓解压力是否有帮助?

项目总结

本项目主要介绍情绪管理的相关知识,帮助大家学会应对生活和工作中的各种压力,学会管理自己的情绪。

通过任务一,我们认识了什么是情绪,明确了情绪的构成和情绪状态的分类,进而了解了什么是情绪管理,掌握了情绪管理的基本范畴,学会了运用一些方法来管理自己的情绪。通过任务二,我们了解了什么是积极情绪和消极情绪,明确了情绪对我们工作和生活的影响有哪些,进而掌握了培养积极情绪的方法。通过任务三,我们认识了什么是压力,了解了压力源有哪些,明确了持续性高压对我们产生哪些负面影响,学会了用恰当的方法应对工作中的压力。

拓展训练

一、填空题

1. 情绪由(　　　　)、(　　　　)、(　　　　)三个层面构成,只有主观体验、生理唤醒、外部行为三者同时存在，才能构成一个完整的情绪体验过程。

2. 按照情绪发生的速度、强度和持续时间，可将情绪状态划分为（　　　　）、（　　　　）、（　　　　）三种。

3. 当情绪处于消极状态时，我们可以采取（　　　　）、（　　　　）、（　　　　）、（　　　　）这四种方法控制情绪。

4. 学会合理宣泄情绪是每个人都应具备的能力，排解情绪的方法有（　　　　）、（　　　　）、（　　　　）、（　　　　）这四种。

5. （　　　　）和（　　　　）两个概念本身并不存在价值判断的成分，只是对情绪所做的分类，但会影响人们的情感倾向和行为选择，并可能会造成截然不同的结果。

6. 根据压力构成因素，可将压力源分为（　　　　）、（　　　　）、（　　　　）这三类；根据影响生活的程度，可将压力源分为（　　　　）、（　　　　）这两类。

二、简答题

1. 情绪管理的智慧可归纳为哪几种能力？

2. 情绪管理的方法有哪些？

3. 如何培养积极情绪？

4. 工作压力的潜在来源有哪些？

5. 压力有哪些负面影响？

6. 减轻压力的方法有哪些？

三、综合运用题

1. 情绪小游戏

活动名称：猜猜我的心情。

活动规则：将各种不同情绪写在纸条上，既要有积极情绪，又要有消极情绪，保证情绪状态的均衡性。将纸条放在箱子里，让大家随机抽取纸条，用肢体语言将抽到的情绪表演出来，其他人猜猜这是何种情绪，表演者各自谈谈表演情绪的感受。

活动总结：此游戏能帮助参与者识别不同的情绪，在了解情绪状态的基础上谈感受，能帮助个体了解不同情绪带来的不同影响。

2. 管理你的情绪

回顾自己近期的情绪状态，当你感受到自身出现消极情绪后，尝试用学过的情绪管理法去管理情绪，将管理情绪的方法和效果与周围人分享。

3. 心情发布会

活动目的：分享各自的情绪，通过倾听别人的情绪表达，增进对情绪的认识。

活动规则：选择5～7个人组成情绪分享小组，在一个固定的时间点，通过面对面交流的形式分享一天内的情绪变化状态。当小组成员分享喜悦时，大家一起将喜悦传递，感受积极的情绪体验。当有人分享焦虑、悲伤等情绪时，大家纷纷站在不同的角度提出建议，帮助这位成员排遣消极情绪。

活动总结：参与者要学会倾听与表达，倾听别人的困惑与建议，表达自己的情绪感受。心情发布会能帮助个体感受他人的情绪状态，感受喜悦氛围，摆脱情绪困境。

项目六　强化时间管理

1. 素质(思政)目标

(1) 树立科学的时间观,懂得珍惜时间。

(2) 树立"要事第一"的时间理念,培养社会责任感。

(3) 培养创新意识,敢于突破,追求卓越。

2. 知识目标

(1) 了解时间的范畴,掌握时间管理的定义,理解时间管理的重要性。

(2) 了解时间管理存在的误区及障碍,掌握消除时间管理障碍的技巧。

(3) 了解时间管理的原则,掌握高效时间管理的法则、工具及步骤。

3. 能力目标

(1) 能准确了解自己的时间管理情况。

(2) 能走出时间管理误区,能消除时间管理障碍。

(3) 能运用时间管理工具高效管理自己的时间。

项目导读

时间对于每个人都是公平的,不论是穷人还是富人,无论是男人还是女人,每个人每天都是 24 个小时。珍惜它的人,会成就一番事业;浪费它的人,会一事无成。

文艺复兴时期的杰出画家达·芬奇说："勤劳一日,可得一夜安眠;勤劳一生,可得幸福长眠。"英国伟大的戏剧家、诗人莎士比亚也曾说:"放弃时间的人,时间也会放弃他。"俄国作家列夫·托尔斯泰亦有"你没有有效地使用而放过的那点时间,是永远不能返回的"这样的格言。这些名言都在告诉我们:珍惜时间,就是珍惜生命;浪费时间,就是浪费生命。

挥霍时间是一种最大的浪费,我们无法找回曾经浪费过的哪怕一秒钟的光阴,我们能做的就是在余下的时光里,尽可能地利用好每一分钟。我们这一生不过短短几十年,一年也仅有 365 天,一天仅有 24 个小时,每小时仅有 60 分钟。在每天每时每分里,我们能做多少事情,能实现什么目标,完成什么任务,就取决于我们的时间管理能力了。我们要管理好拥有的每一天,合理有效地利用时间,明确重点,提高效率,创造生命的价值。

我们为什么总说没有时间? 我们的时间到底去哪里了? 我们有多少时间在做无用功? 为什么有的人能高效地做那么多事,而有的人却只能做很少的事还叫苦连天? 你将在时间管理的学习中找到答案。

在这个充满竞争的时代,时间似乎被赋予了更多的内涵。有人说,我们的时间价值百万,不是说时间可以用金钱来衡量,而是时间对于我们实在是太重要了。

任务一　认识时间管理

任务情境

刘鑫是一名记者,他是一个部门的负责人,他家离单位很远。他每天的工作就是处理下属写的新闻稿件,并且参加各种会议。这些会议有的时间很长,也很重要,不得不参加。如果有事无法参加或者没有全程参加,就会因为信息获取不充分而导致工作出现失误。因此,会议成了工作的主体,时间总显得不够用。朋友看到他天天手忙脚乱,建议他学习时间管理。刘鑫不以为然,他认为时间管理不就是把所有时间都利用起来吗,不就是足够勤快、足够努力吗。因此,他工作更加努力了,早出晚归,甚至回到家也要加班。然而最近一段时间,刘鑫每天要处理大量的稿件;上午开会,下午开会;同时还要布置工作,策划选题,处理部门的突发事件。他甚至连休息的时间也没有了。人越来越疲惫,工作中还时常出现失误,他不理解为什么自己工作如此努力、如此忙碌,仍然不能把工作都处理完;而面对同样的工作任务,同事不仅能高效处理完,还有时间去健身。难道时间真的也需要管理吗?刘鑫陷入了沉思。

任务分析

时间管理是一项可以使人受益的技能,每个人每天的时间都相同,如何用更少的时间完成更多的任务,就需要用到时间管理。学习如何管理你的时间,可以改善你的状态,提高你的生产力。

刘鑫每天看起来任务繁重,工作时间总显得不够用,好像工作中的每一件事情都离不开他,但是这样导致的结果就是,不仅工作完成效率不高,浪费了很多时间,还严重影响到了自己的身心健康。如果他掌握了时间管理技巧,或是将自己的时间进行合理规划,他不仅能降低自己的压力水平,还能更好更快地完成任务。

请你告诉刘鑫,他的时间管理上出现了哪些问题? 如果你是刘鑫,你会如何分配自己的工作时间和私人时间? 对工作时间中的事宜如何进行合理规划?

知识点拨

一、时间的定义、分类、价值

(一) 时间的定义

时间是物质运动、变化的持续性、顺序性的表现。时间是一种特殊的资源。从本质上来讲,时间是物质存在的一种表现方式,它具有绝对性的意义。又因为物质存在的永恒性和变化的规律性,所以时间是无始无终、均匀流逝的。

时间有以下四个特点:

（1）供给无弹性。时间的供给量是固定不变的，我们无法延长，也无法缩短。每个人每天的时间都是 24 小时，既不会因为某种特殊情况而增加或减少，也不会因为人们身份的不同而有所差异，毫无弹性可言。

（2）无法蓄积。时间是无形的，无法像人力、物力、知识一样被累积储存。无论我们是否愿意，它每时每刻都在以自己的节奏流走。因此在时间上，我们既无法开源，也无法节流。

（3）无可取代。世间万物没有一个生物的成长不需要时间的累积，没有一项活动的完成不需要时间的累积。时间是完成任何活动都不可缺少的基本资源。没有任何物质可以取代时间。

（4）不会失而复得。时间是一去不复返的，失去的，就永远失去了，不会像物品一样失而复得。

（二）时间的分类

每个人每天都拥有同样的时间，我们每天的时间都会花费在不同的事情上。我们每天的时间被大大小小的事情占用、分割，形成了一些大段的时间和一些碎片化的时间。我们每天总在固定的时间有些固定的事情要做，这就形成了我们每天的固定时间和可变时间。从不同角度，我们可以把时间分成不同类型。

1. 按功能分类

根据功能的不同，时间可以分为学习时间、工作时间、休闲时间、人体生理必需时间。

1）学习时间

用在学习上的时间，称为学习时间。对于学生群体来说，学习时间包括上课时间、课后完成作业及复习的时间、课外自学各种知识和技能的时间。对于社会人员来说，学习时间包括为提升业务能力而参加培训学习的时间、业余自学各种知识和技能的时间。当代科技发展日新月异，信息量与日俱增。为了适应时代的发展，我们需要不断学习，及时更新知识。因此每个人都必须树立终身学习的理念，规划出时间学习新知识或者熟悉新事物。

2）工作时间

工作时间又称劳动时间，从法律角度定义，工作时间是劳动者根据法律的规定，在用人单位完成本职工作的时间，是劳动的自然尺度，是衡量每个职工的劳动贡献和付给报酬的计算单位。从时间管理角度定义,工作时间就是花费在本职工作上的时间,既包括在单位上的劳动时间,也包括下班后从事的与本职工作相关事项的时间。一般来说,工作时间是每个人人生中的主体部分,也是实现一个人社会价值和自我价值的主要时间。在现代社会中,人生的大部分时间是在工作中度过的,职业生涯跨越人生中精力最充沛、知识经验日益丰富的几十年,成为绝大多数人生命的重要组成部分。一个人一生取得的成就主要依赖这段时间;同时,这段时间也被赋予了更多意义。

3) 休闲时间

休闲时间是指在非劳动及非工作时间内以各种方式求得身心的调节与放松,达到生命保健、体能恢复、身心愉悦的业余时间。休闲是对智力、体能的调节和对生理、心理机能的锻炼。科学文明的休闲方式,可以有效地促进能量的储蓄和释放。休闲可以是各种体育运动,也可以是静心休养,可以是旅游度假,也可以是阅读观影,还可以是好友相聚。总之,休闲时间是使身心完全放松的时间。

4) 人体生理必需时间

人体生理必需时间是人类维持自身生存的最基本要求的时间,包括用餐的时间、睡眠的时间、休息的时间等。吃饭、睡眠、休息这些活动是个体生理机能正常运转的保障,也是保障工作效率的基本条件。虽然每个人睡眠和用餐需要的时间不尽相同,但是这部分时间对每个人都同等重要,不可被取代,也不可被占用。

2. 按时长分类

根据时长不同,时间可以划分为:大块时间和零碎时间。

1) 大块时间

大块时间是指一天中比较集中的较长的时间段,一般是不少于两个小时的时间段。大块的时间适合用来完成当天重要的、难度较大、耗时较长的任务。大块时间的长短及一天中大块时间的多少主要取决于自己的任务安排。若任务安排得合理,大块时间就多;若安排得不合理,时间被各种不同类别的任务所分散,大块时间就短且少。

2) 零碎时间

零碎时间是时间段较短的碎片化的时间。这些时间多而短,利用好了,能帮助你完成很多任务；利用不好，就会白白浪费。人和人之间成就的差距往往就是在零碎时间中形成的。我们可以见缝插针，用每段零碎时间完成各种耗时较少的任务；也可以积少成多、有效整合时间。华罗庚说："时间是由分秒积成的，善于利用零星时间的人，才会做出更大的成绩来。"

3. 按可变性分类

根据可变性，时间又可以分为固定时间和弹性时间。

1）固定时间

每天在固定的某个时段内完成某项固定工作的时间就称为固定时间。固定时间可以是由工作单位统一安排的，这种情况一般是不可更改的；也可以是根据自己的具体情况自行安排的，自行安排的固定时间一般选择自己完成某项任务效率最高的时间段。

2）弹性时间

弹性时间是指完成规定的工作任务或固定工作时长后，个人可以自由选择、自由安排的具体时间。弹性时间可用于完成计划中没有完成的任务或应对突发状况。

（三）时间的价值

每个人都有相同的时间，但时间在每个人手里的价值却不相同。时间的价值分为两种：一种是无形价值，另一种是有形价值。

1. 无形价值

时间的无形价值是把时间投资工作、家庭、社交等方面，而换来的无法看见、不能用金钱来衡量的价值。

2. 有形价值

有形价值是能直接看到效益的价值。时间的有形价值是指把时间投资于维护家庭关系或社会关系，或者学习新技能，而带来的可以看见直接经济效益的有形报酬。例如，一名销售人员花费大量时间拜访客户，跟客户建立关系，最后与客户达成交易，而获取有形的经济价值。

二、时间管理

时间管理是指通过事先规划和运用一定的技巧、方法及工具实现对时间的灵活有效运用，从而实现个人或组织既定目标的过程。时间管理是对时间进行合理的计划和控制、有效地安排和运用,以提高时间的利用率的过程。简单说,就是借助各种方法投入最少的时间来获取最佳结果的过程。

人类对时间管理做了大量的研究和探索,并在探索中不断改进,形成了一系列行之有效的时间管理模式。史蒂芬·柯维(Stephen Covey)在《高效能人士的 7 个习惯》中把时间管理的演进历史分为四代理论。

(一)第一代时间管理理论

第一代时间管理理论强调利用便签和备忘录。将一天要做的各种较重要的事情分别写在便签纸上,一一贴在显眼的位置,完成一项取下相应的便签。也可以将要做的事情全部罗列在一张纸上,制作成备忘录。这些事项随机罗列,不强调顺序。备忘录可以随身携带并随时翻看。每完成一件事情,就在备忘录上划掉一项。如果当天的计划没有完成,就将未完成的事项增列到第二天的备忘录上。

这种管理时间的模式可以帮助我们在忙碌中调配时间和精力,保证不遗忘某些工作,并合理安排现有工作,避免引起混乱。而且完成的每一项任务都记录并呈现在眼前,可以增强我们的成就感和完成任务的信心,增加动力,减少焦虑。

但备忘录管理没有严格的组织架构,忽略了整体性的组织规划,比较随意,往往容易导致主次不分,会耽误重要的事情。

(二)第二代时间管理理论

第二代时间管理理论强调规划与准备,通过计划表和日程表来安排时间,记录应该做的事情并注明应该完成的期限。在所有要做的工作任务开始之前,把清单列出来,在每一项任务进行之前定一个时间的期限,在这个时间段中完成规定的某项任务。

通过计划表管理时间的优点是工作效率明显提高,在有序安排的基础上能未雨绸缪,对未来的时间进行规划。其缺点是缺乏灵活性,易被突发事件打乱,而且制订计划本身就比较浪费时间。

(三)第三代时间管理理论

这一代管理理论强调效率,注重整体规划和制定优先顺序。当工作任务越来越多,多到规定的时间内没有办法彻底完成的时候,需要对这些任务进行整体规划,以提高工作效率和生活质量。首先需要在诸多任务中做一些取舍,其次需要将待完成的任务进行优先级排序。在时间管理中会运用到一些时间管理工具,如时间管理四象限。

这种时间管理模式的优点是效率比较高,可以实现单位时间价值的最大化,使生活工作井然有序。它的缺点表现在缺乏灵活性,因为过分强调效率,把时间绷得很死,反而会产生反效果,使人失去增进情感、满足个人需求以及享受意外惊喜的机会。

(四) 第四代时间管理理论

第四代时间管理理论是最新一代时间管理理论,它与以往追求更快、更好、高效的理念不同,它强调的是个人的自我管理,是努力的目标和方向。一个人要想接近目标,走得快固然重要,但走对方向更重要。因此,这一理论的关注点不再是如何充分利用时间提高效率,而是如何更接近目标。这就要求我们既要有明确的目标,更要清楚地知道每一步如何走才能越接近自己的目标。

这种时间管理的优点是目标更明确、精力更集中,但缺点是,并不是每个人都很清楚自己的使命、价值追求和长远目标。因此,不少人对于这种时间管理方式无所适从。

三、有效管理时间的意义

时间管理是一种习惯,这种习惯的好坏直接影响着个人的生活质量和生命价值。能有效管理时间的人不仅能取得不凡的成就,还能从容愉悦地照顾好自己和家庭。而不会管理时间的人,尽管每天忙得焦头烂额,也只能顾此失彼,既干不好工作,也照顾不好自己和家人。有效管理时间可以帮助你实现人生价值的最大化,可以为你的事业成功助力,可以帮你在工作和生活中取得平衡,可以让你掌握人生的主导权,可以提高你的生活品质。

良好的时间管理可以让自己的时间增值,让自己更有作为,实现人生价值的最大化。让自己的时间增值有两层意思:一是使你获得更多的自由时间;二是使每单位的时间能为你提供更多的价值。我们每天都需要面对很多问题,需要处理各种事情。但是一个人的时间和精力都是有限的,这就需要我们合理地分配时间和精力,分清主次,用主要精力处理重要问题,可以为你的单位时间获取更大的价值。

人的生命是有限的,可是为人民服务是无限的,我要把有限的生命,投入到无限的为人民服务之中去。

——《雷锋日记》

"把有限的生命投入到无限的为人民服务之中去"是雷锋同志的人生信念。他的目标是明确的,他也充分利用了可用的时间去实现这一目标。在他有限的生命中,他实现了人生价值的最大化。

良好的时间管理是一个人成功的非常重要的因素。很多人不能完成某项特定工作时,往往归因于时间不够。但其实时间不够用只是主观上的感受,问题的关键在于没有妥善安排及运用时间。合理有效地利用时间,可以提高工作效率,使我们在规定时间内高质量完成各项任务,助力我们达成各项目标,最终实现个人理想。

良好的时间管理可以使我们取得各方面平衡,提升生活品质,享受更丰富的生活。做好时间管理既可以有效利用时间,也可以提高工作效率和学习效率,还可以合理分配时间,进而兼顾工作、学习、生活、个人爱好等各方面,享受更丰富的人生。

良好的时间管理能力可以使你掌握自己人生的主导权,既可以使你每天忙碌但不盲目,也可以使你轻松但不空虚。

任务反馈

显然刘鑫对于时间管理的认识并不正确,因此,他需要首先了解什么是时间管理,认识到时间管理的重要性。其次,学会高效管理时间。为了扭转局面,刘鑫可以先对现状进行分析,再科学分配时间,合理运用时间,提高工作效率。

1. 合理利用零碎时间

刘鑫的家距离上班的地方很远,可以选择在通勤路上处理一些琐碎的事,例如可以听电台新闻或者错过的会议,可以打电话给下属布置任务等。

2. 充分利用科技手段

为了更好地节省时间,可以使用语音转换软件,将会议的内容转换成文字,更方便整理,或者可以使用手写输入汉字的电脑,实现会场和办公室的无缝衔接。

3. 综合利用时间

身为记者,每天外出活动相对较多,通过这些活动,一方面可以放松身心,消除一天的疲惫,另一方面可以通过活动认识更多的人,交换资源,获取信息。

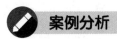 **案例分析**

【案例1-1】

中国公学十八年级毕业赠言

诸位毕业同学:

你们现在要离开母校了,我没有什么礼物送给你们,只好送你们一句话罢。

这一句话是:"不要抛弃学问。"以前的功课也许有一大部分是为了这张毕业文凭,不得已而做的,从今以后,你们可以依自己的心愿去自由研究了。趁现在年富力强的时候,努力做一种专门学问。少年是一去不复返的,等到精力衰时,要做学问也来不及了。即为吃饭计,学问决不会辜负人的。吃饭而不求学问,三年五年之后,你们都要被后进少年淘汰掉的。到那时候再想做点学问来补救,恐怕已太晚了。

有人说:"出去做事之后,生活问题急须解决,哪有工夫去读书? 即使要做学问,既没有图书馆,又没有实验室,哪能做学问?"

我要对你们说,凡是要等到有了图书馆方才读书的,有了图书馆也不肯读书。凡是要等到有了实验室方才做研究的,有了实验室也不肯做研究。你有了决心要研究一个问题,自然会撙衣节食去买书,自然会想出法子来设置仪器。

至于时间,更不成问题。达尔文一生多病,每天只能做一点钟的工作。你们看他的成绩! 每天花一点钟看十页有用的书,每年可看三千六百多页书;三十年可读十一万页书。

诸位,十一万页书可以使你成为一个学者了。可是,每天看三种小报也得费你一点钟的工夫;四圈麻将也得费你一点半钟的光阴。看小报呢? 还是打麻将呢? 还是努力做一个学者呢? 全靠你们自己的选择!

易卜生说:"你的最大责任是把你这块材料铸造成器。"学问便是铸器的工具。抛弃了学问便是毁了你们自己。

再会了! 你们的母校眼睁睁地要看你们十年之后成什么器。

(资料来源:季蒙、谢泳选编《胡适论教育》,安徽教育出版社,2006,有改动)

【思考讨论】

1. 你认为胡适表达了关于时间管理的哪些观点?
2. 你想花费时间在哪些方面?
3. 胡适的话对你有什么启发?

【案例1-2】

忙 乱 的 小 李

早晨一上班,总监助理就通知下午四点开会,要求每个人使用 PPT 汇报自己负责的项目的进展情况。小李收到通知后,感觉时间来得及,就先处理了一些积压得不太紧急的事务。她计划处理完这些事情再做 PPT。但是当她处理完一个任务之后,发现另一个任务也可以现在一起处理完,于是又处理了第二个。之后,她打开电脑开始制作 PPT,做了两页,感觉思路不清晰,她想停下来整理思路。这时她又发现了第三个、第四个积压得并不紧要的任务,她又放下 PPT 去处理那些任务。不知不觉到了午休时间。小李一上午都在处理一些琐事。午休时间,小李感觉有些累,不想加班制作 PPT,就看了一部电影。下午上班后,小李继续制作 PPT。刚刚理清思路,总监打来电话:"小李呀,给我准备一份你负责的项目资料复印件,到我这里来给客户介绍一下情况。"小李只好放下 PPT,去准备材料、见客户。见完客户回到工位,继续做 PPT,但是思路完全被打乱了,还得重新梳理。此时组长又召集大家一起研究讨论客户反馈的意见。小李看了看PPT,觉得可以讨论完再做。讨论会议结束后已经是3:50了,还有10分钟,就要开会汇报项目进展情况了,小李的PPT还没完成。汇报时,小李带着尚未完成的PPT,狼狈地做了简单的汇报。

从容的小杨

小杨收到通知后,没有马上做具体的工作,而是先用了5分钟时间列表梳理今天的任务:有哪些事情需要做,哪些事情需要紧急处理,哪些事情可以延后处理。

之后,他又列了一个制作PPT的大纲,确定制作思路,顺便分析需要准备哪些材料,如何准备。

分析完之后,小杨开始处理急需处理的工作。处理完紧要的任务,他先跟客户沟通,要来制作PPT需要的数据资料,然后着手制作。中间有同事过来闲聊,他笑着跟同事说:"抱歉,哥们儿,我做完PPT再跟你聊。"有同事向他求助,他也诚恳地说:"对不起,我现在有紧急任务要做,你如果不太着急,我做完了去帮你,可以吗?"小杨排除了干扰,专注地做他的项目汇报材料,因为他提前准备好了素材,所以1小时之后就做完了项目汇报的PPT。然后,他又先后完成了计划中的其他任务,也为同事提供了帮助。

【思考讨论】

1. 小李是如何分配时间处理工作的? 结果如何?
2. 小杨是如何分配时间处理工作的? 结果如何?
3. 为什么两人的结果不一样? 小杨能完成工作的原因是什么?
4. 对比小李和小杨的做法,你对时间管理有了哪些认识?

实训平台

一、为你的时间分类

请根据样表制作三张时间分类表格,分别按照功能、时长、可变性为你的时间分类,并填入三张表格中。请注明每一类时间的时长、具体的时间段及任务安排,以此了解自己每天有多少时间可以自由支配。

表 6‑1　时间分类表样表

类　别	任务安排	时间段	时　长
学习时间	语文、数学	8:00—10:00 14:00—16:00	240 分钟
工作时间			
休闲时间			
人体生理必需时间			

二、游戏活动：剪时间

活动准备：

（1）场地准备：教室。

（2）材料准备：80 厘米长带有尺度的纸条若干（或 80 厘米长不带尺度的纸条和刻度尺若干）、空白草稿纸若干、笔若干。

活动说明：

一张纸条代表一个人的一生，假设大家的寿命是 80 岁，一厘米代表一年。大家根据训练师的口令在这条纸条上撕掉相应的长度，查看最后剩余的长度。在撕纸条或剪纸条的过程中，可根据实际需要，用刻度尺测量具体长度，最后进行反思。

活动过程[①]：

（1）从出生到 20 岁是你的成长期，多处于求学状态，工作能力尚不足，就请撕掉 20 厘米的纸条。

（2）60～80 岁是你的老年期，你已退休，身体机能和工作能力处于下降状态，所以请再撕掉 20 厘米。

（3）现在还剩 40 年，这 40 年是我们奋斗的最佳年龄段。但是人每天需要睡眠，现在请根据你自己平时每天的睡眠时间，大概计算这 40 年的睡眠总时长。根据你 40 年的睡眠总时长再撕掉纸条的相应长度。

（4）我们还需要一日三餐、喝水、吃零食，请大家根据自己的每天吃饭

---

① 资料来源：许湘岳《自我管理教程》，人民出版社，2016，有改动。

喝茶的时间,计算这 40 年三餐、喝茶、吃零食的总时长,然后在纸条上撕掉相应的长度。

(5) 我们几乎每天都需要出行,请大家再计算出你 40 年用于出行的时间,再撕掉相应长度的纸条。

(6) 我们每天还需要洗漱、大小便,女士还需要化妆。请根据你自己的情况,计算出 40 年你在这些方面消耗的时间,再在纸条上撕掉相应的长度。

(7) 我们也需要经常与人交流联络感情。请想想你平均每天用多少时间与亲友、同学及陌生人闲聊。计算出你 40 年中用于闲聊的时长,撕掉纸条相应的长度。

(8) 你可能还有一些适当的休闲娱乐活动来放松休息。请计算你平均每天用在看影视剧、刷视频、打游戏、浏览新闻、锻炼、听音乐或看舞蹈表演等方面的时间,计算出 40 年所用总时长,再撕掉相应长度的纸条。

(9) 现在请大家看看你手里的纸条还有多长。剩下的这些时间是我们用于工作的时间。但是,我们不能保证这些时间都用于工作。也可能节假日里你无心工作,也可能你有时候会发呆、走神,还有可能你会因为生病或心情不好无法工作。如果我们把这些虚度的时间加起来,按每天平均 2 个小时计算,40 年合计 29 200 小时,大约等于 3.3 年,请再撕掉 3.3 年。

(10) 现在请大家量一下你手中剩余的纸条还有多长,这个长度就是你用于工作奋斗、实现梦想的时长。

活动反思:

(1) 看着手中纸条的长度,你有什么感想?

(2) 你对你现在的时间安排满意吗? 你计划今后在哪些方面做出改变?

任务二 走出时间管理误区

任务情境

王店长是一家大卖场的店长,该卖场的经营面积大概有五六千平方米,由于是当地最大的卖场之一,生意一直不错。但是最近受外来竞争对手的挤压,经营压力比以前大很多。一直以来,王店长总感觉自己忙不过来,每天要订货、处理到货差异、安排单品促销、调整陈列、盘货、参加会议、团购送货、微信钉钉回复、跨部门协调、处理顾客投诉、团购接待、拜访社区、接待供应商、联系维修、检查商品质量、排班、分配奖金、培训、做店员的思想工作、做工作计划、学习、订工作餐、写工作日志、跑步、接孩子……看上去整个公司属她最忙。为此,王店长感到非常苦恼,不知道自己应该如何改进。

任务分析

王店长属于大事小事一把抓,门店里的大大小小的事情都由她来做主。同时,她认为做店长就是抓细节,店与店的差距都在细节上,因此她过于关注细节。每天她都忙碌于各项事务中,却难以明确自己具体忙了哪些事情,导致经常出现重要任务被延误,而她所投入时间的工作又不是真正重要的。这是由于她对工作任务不会分级管理,不会授权,也缺乏对自己时间管理的反思。

那么作为一名店长,她进入了哪些时间管理的误区呢?她又该如何消除时间管理的障碍呢?

知识点拨

一、时间管理的误区

所谓时间管理误区,就是指对时间管理的错误认知。有的人不认可时间管理;有的人虽然对时间管理有一定的认知,也具备一定的时间管理的意识,但是这种认知是片面的或极端的,也会导致对时间的不合理安排,而浪费了时间。下面为大家介绍几种常见的时间管理误区。

(一)误区一:在有限的时间内完成更多的事情

在有限的时间里面做更多的事情,只能说提高了效率,但不是时间管理的真正意义所在。时间管理强调的是,合理地规划和利用时间,既要高效率,又要有效果。所谓效果,就是我们做一件事要追求价值最大化,这样才能让我们的能力得到提升。

其实时间管理做得好不好，不仅在于任务完成了多少，更在于完成的事情是否与计划目标相一致。这就需要你在工作之前先制订工作计划，如果缺乏计划，不仅浪费时间，而且会导致事倍功半。

对于时间管理来说，质量的价值高于数量的价值，专注于重要的事情，高效地完成且能给自己带来最大收益，这样才能算是真正的高效。

（二）误区二：一定要做好计划，再开始行动

对于工作是立刻行动，还是详细计划后再行动，并不是一成不变的，而是根据工作内容和性质，具体情况具体分析。如果你一味追求计划好了再行动，结果往往是，一件事情因为计划不完整，而一拖再拖，最后不了了之。

正确的方法应该是，对于简单、熟悉、日常的工作，一般是立刻行动，因为即使不做计划，也早已成竹在胸了；而对于复杂、陌生、从未接触过的、需要创新的事项，则要准备好大致计划后就先做起来，边做边针对发现的问题，主动去寻找解决方案，然后不断修正，这样可以避免走错路或者走弯路。

（三）误区三：积极进取，不可虚度一寸光阴

时间管理不是要求我们把每一天都安排得满满当当，像机器人一样，做完一件马上就去做另一件，不给自己一点放松的时间。人不是机器，人的精力和时间都是有限的，时间管理是让我们更好地安排工作，让工作得以顺利推进，而不是机械地按部就班。

重要不等于紧急，一定要分出轻重缓急。成功者会花最多的时间做最重要的事，而不是最紧急的事；不会管理时间的人会优先选择那些虽然紧急但不重要的事来做。因此，我们必须学会如何把重要的事情变得"紧急"，要学会思考紧急和重要哪个优先。好的时间管理，是规划性和灵活性相结合。在高效完成任务之余，还能享受更多生活的美好，这才是时间管理的根本所在。

（四）误区四：工作太忙，等有时间了再学时间管理

有些人在思想上不重视时间管理，总认为做计划、学习时间管理这种事情太浪费时间。总想等有了空闲时间再安安静静地学习时间管理。工作不忙的人则认为自己有大把的时间，没有必要学习时间管理。

工作忙的人正是因为事情多，时间不够用，才更需要规划时间。为了做重要的事情，放弃一些不重要的事情，以提高做事的专注力。同样不忙的人，也需要做时间管理。不会合理地规划时间，就会无所事事，导致虚度光阴。

我们需要时间管理，正是因为我们的时间有限，工作任务多，通过时间管理，可以让我们更好地处理繁杂的事务，让我们更好地平衡工作、学习、生活和休闲。

二、时间管理的障碍

（一）目标不明，主次不分

我们每天都有许多事情需要处理，有重要的，有不重要的；有紧急的，有不紧急的。但是很多人做事情前没有明确的目标，不知道当下的主要任务是什么。分不清主次，习惯性地认为每一件事情都很重要，每一件事情都需要亲力亲为，事无巨细。这样导致的结果是，虽然每天像个陀螺一般不停地转动，但仍有做不完的事情，而需要紧急处理的重要的事情还时常被耽误，大大降低了时间的有效利用。实际上，我们每天需要处理的事务中，紧急程度和重要程度是有区别的。既不是所有的事情都需要亲自处理，也不是所有的事情都必须同时解决。

（二）做事拖延，行动力差

有些人事前既有明确的目标，也有周密的计划，但是缺乏行动力，总是拖延，导致的后果是：要么计划落空，计划好的事情不能完成；要么草草完成任务，计划中的事情没做好，计划外的事情也没做好。而且，拖延会使工作越积越多，进一步增加拖延的焦虑，形成恶性循环。最终，既降低了工作质量，又浪费了时间。

拖延是以推迟的方式逃避执行任务或做决定的一种心理特质或行为倾向。拖延虽然不是天生的，但是拖延行为如果一直得不到纠正，就容易形成不良习惯，演变为"拖延症"。造成拖延行为的主要原因有：

（1）追求完美。一些完美主义者，做事追求完美，总要在行动前把预备工作做周密；行动过程中，又处处力求完美，耽误了进度。

（2）对失败的焦虑。有些人自我效能感低，做事情之前存在畏难情绪，觉得事情难度很大,自己无力克服,总担心会失败。这种焦虑让人逐渐懈怠、拖拉,缺乏主动意识,迟迟不去行动。

（3）感觉工作枯燥。对某些工作不感兴趣,感觉枯燥乏味,没有兴致去做。

（4）不知从何处着手。当一个艰巨的任务难以在短时间内完成时,人们习惯性地把这些工作往后安排,总想找大块的时间去做,但是又总也找不到合适的大块的时间,结果就一直拖延下去。

（三）不懂拒绝,无端加压

在工作中,我们经常会面对来自上级、同事、下属的各种要求;在生活中,我们也经常会面对来自亲戚、朋友甚至陌生人的各种请求。如果你不加选择地把所有请求都答应下来,你将会无端地增加很多任务,使自己处于超负荷的状态。你会在忙乱中疲于应付各种事情,导致对于自己来说非常重要的事情却无法高质量完成,甚至也难以完成已经承诺的事情。既使自己身心俱疲,又耽误别人的事情,对双方都是一种伤害。

（四）难抵诱惑,易受干扰

我们每天可能还会面临各种消遣活动的诱惑,比如打游戏、看电视、K歌、跳舞、与朋友聚餐等。这些消遣活动在不知不觉中也会占用我们大量的时间。这些休闲活动相对于工作而言,更轻松愉悦、更易于让人沉浸其中,往往会干扰我们的工作、打乱我们的计划。如果一个人的意志不够坚定,其注意力往往会被这些活动从重要的事情中吸引走,最终导致重要的事情被这些本不在计划中的可有可无的活动耽误。

三、消除时间管理障碍的技巧

主次不分、做事拖延、不懂拒绝、易受干扰,这些因素影响了我们管理时间,阻碍了我们高效处理事情。针对这些障碍,我们可用以下技巧来消除,以提高时间的利用率、提高工作效率。

（一）梳理任务,分清主次

人的能力和精力是有限的,因此在众多事情中,要分清主次,懂得取舍,灵活应变。为了能做到有的放矢,可以先列一个任务清单,梳理出近几天必须做和想要做的所有事情。明确目标之后,再根据这些事情的重要程度和紧急程度分类排序,将重要且紧急的排在最前面,其次是紧急但不太重要的,再次是重要而不紧急的,最后是不紧急也不重要的。分类排序后,再预估最重要且今天必须完成的几件事情的时长,给自己制定一个时间表。之后先尽力在规定时间内完成重要且紧急的事情,再考虑做其他的事情。在制定时刻表时需预留出适当休息的时间,以免过度劳累影响工作效率和整个计划的完成。

思 政 贴 吧

　　一个领导干部,在位的时间是有限的,在一个地方工作的时间更有限。我们每一个领导干部都要以"只争朝夕"的精神,倍加珍惜在位的时间,充分利用这有限的时间,多为群众办实事、办好事。

——《之江新语·珍惜在位时》

　　在一个领导干部的长期计划中会有很多事情要做,而"多为群众办实事、办好事"应该是每一个领导干部的主要目标,也是最重要、最紧急的任务。因此,习近平总书记要求每一个领导干部充分利用有限的在位时间完成好这项主要任务。

（二）巧借外力,克服拖延

克服拖延的方法有很多,下面列出几种。

1. 直接安排日程,借助他人监督

对于完美主义者来说,多么充足的准备都达不到其认为可以开始某项工作的标准。直接定下日程安排,并通知相关人员,可以使完美主义者没有继续拖延的理由。"开弓没有回头箭",在他人的监督下,我们就会努力完成任务。例如,你要举办一场讲座,就让助理直接张贴出海报,注明讲座时间,这样就会阻止你一次一次地把讲座时间后推。

2. 寻求鼓励,增强自信

可以先从最简单的易完成的小任务做起,通过顺利完成一个个小任务获得成就感,树立自信心;也可以向朋友、长辈寻求鼓励,诉说你的苦恼,获得他人的肯定和赞美,从而培养完成任务的自信心;还可以抱团相互鼓励,与同学、同事组建团队,相互鼓励、相互监督、共同努力,一起完成任务。

3. 适当授权，委托他人完成

每个人的喜好不同，有些任务对于你来说可能是枯燥乏味的，但对于别人来说可能是有趣的。术业有专攻，有些任务对于你来说可能难度巨大，对于别人来说可能就会比较轻松。因此，当面临枯燥困难的任务，迟迟不能着手去做时，不妨委托他人来完成。在委托他人时，自己首先需要清楚委托的具体任务及具体要求；同时，需要找出最适合的委托对象；而且，在委托对方时，要用最恰当的方式说明请求，清晰描述任务要求和时间限制。

4. 分割任务，化整为零

有时候遇到的任务艰巨，难以在短时间内完成，而又总找不到合适的大块时间着手。消除这种障碍的方法是化整为零，将一个大任务分解成多个小任务，一个个来完成。这样我们就可以利用一些较零散的时间一点点推进，最终完成任务。

（三）综合平衡，学会拒绝

当别人向我们请求帮忙时，如果不答应，可能会影响朋友、同事之间的关系；但如果答应了，就有可能会影响自己目标任务的完成。此时，你需要综合衡量，如果请托的事情很重要，也不会深度影响你的工作和生活秩序，你可以答应帮忙，毕竟助人为乐是中华传统美德。但是，如果别人请托的不重要的事情严重影响到你的工作和生活，你则需要学会拒绝。拒绝时应注意方式方法，运用一定的拒绝技巧，既能拒绝打扰，又不会伤害彼此之间的关系。例如时间冲突、状态不佳、客观条件不允许、目前工作量太大等，让对方体谅到你的难处。同时，可以为对方提供一些解决问题的办法。

（四）屏蔽诱惑，排除干扰

网页链接、电子游戏机、娱乐节目、聊天信息无时无刻不在干扰着我们的工作和生活。要排除这些干扰，可以采取以下方法。

1. 切断网络，远离手机

电脑一旦联网，就经常会弹出游戏、购物或信息网页链接来吸引我们的注意力，各种聊天工具此起彼伏的聊天信息也会让我们分心。因此，当下的工作如果不需要网络和手机，我们可以切断网络，开启手机的消息免打扰功能,摒除这些干扰,全力投入当下工作中。

2. 明确目标,直奔主题

如果需要上网查找资料,首先要明确自己上网的目标,根据目标,直奔主题。尽量在专业数据库中查阅,专业数据库的资料更专业、质量更高。通过查阅专业数据库,既可以避免无关信息的干扰,也可以提高查阅质量,节约时间。

3. 借助工具,限时提醒

当自制力不足或容易忘记时间时,我们也可以借助闹钟、手机软件等工具来提醒或限制用时。看电视或浏览网页放松时,可提前计划休闲时长,设定闹钟及时提醒。有些手机软件自带时长提醒设置,可开启这些设置,对自己进行提醒,防止浪费时间。

四、了解你的时间分配情况

有效的时间管理首先需要记录自己的时间分配情况,以认清时间消耗在什么地方。在了解自己时间消耗情况之后,管理自己的时间,设法减少无意义事务的时间;集中时间,合理整合成为连续性的时间段。有效管理时间的前提是了解自己时间的使用情况。如何知道自己的时间用在哪里了呢?仅靠感觉和记忆是行不通的,必须依靠精准的记录。我们可以借助时间记录表或日程表,记录自己一天的活动及耗时,系统全面地了解自己使用时间的情况。

准备一支笔、空白时间表、计时器,详细记录自己每天的活动情况,再以一周为单位进行总结。记录中要包括以下几点:活动的开始时间、结束时间、地点、效率自评、是否按计划完成、中途中断的次数、中断的原因和时长。具体参考表6-2时间记录样表。

表6-2　每日时间记录表　　　　　　年　　月　　日

时间	项目	地点	效率自评	完成率	中断说明
6:00					
6:30					

续　表

时间	项目	地点	效率自评	完成率	中断说明
……					
22:00					

注：① 项目：在该时段内所从事的活动。
　　② 地点：进行该项活动的地点。
　　③ 效率自评：对完成效率的自我评价，可以用高效、中效、低效标注。
　　④ 完成率：该活动完成的情况与计划完成情况的比例，用百分数表示。如100%表示计划中的项
　　　　目全部完成，50%表示只完成了一半。
　　⑤ 中断说明：注明该项目在进行过程中中断的次数、原因、持续时间。

　　统计一周后，把每天的记录情况汇总到一起，做一个一周时间汇总表。这样可以帮助我们更清晰地了解自己时间的使用情况。我们可以把表6-2的记录情况汇总到下面的表6-3中。

表6-3　每周时间汇总表

时间	周一	周二	周三	周四	周五	周六	周日
6:00							
6:30							
……							
22:00							

　　汇总一周的时间记录表之后，我们再对这一周的时间记录表进行深入细致的分析，找出时间使用上的不足，并及时改进。

　　（1）找出每天耗费时间最多的事情，思考是否能减少在这方面的用时。

　　（2）找出很多次都无法完成或半途而废的事情，分析中断的原因，思考是否要放弃或者为它留出充足的时间来完成。

　　（3）找出工作效率高的时间段，思考是否在此时间段内安排重要性工作。

　　（4）找出自己不必要浪费的时间，思考如何修正。

　　（5）你是否有想做而未做的事情，思考可以安排在哪个时间段完成。

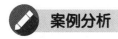 **任务反馈**

就王店长而言,我们可以将她一天的工作安排,按照轻重缓急进行分配。

紧急又重要的事情,必须亲自完成。这类事件包括突发事件,如处理顾客投诉;马上要处理的事情,如跨部门协调、团购接待;限时完成的工作,如参加会议、订货、到货差异处理。

重要但不紧急的事情往往是我们原本想好要做,但实际工作中,因其他事而被忽略掉或应付掉的事,要有计划地做。这类任务包括循环性工作,如安排单品促销、调整陈列、盘点、检查商品质量、分配奖金;关系性工作,如拜访社区、做员工思想工作、培训;计划性工作,如例会、培训、周工作计划、工作日志;提高性工作,如学习、跑步。

紧急不重要的事情看似不重要,但不得不做,对于这种事情我们要授权他人做。主要包括:他人的工作,如供应商接待、联系维修;非工作的急事,如接孩子。

既不紧急又不重要一看就是无关紧要的事情,王店长可以选择不做或最后做。

案例分析

【案例 2-1】

曾国藩的日课十二条

曾国藩是"晚清第一名臣"、战略家、理学家、文学家、湘军的创立者和统帅。他小时候天赋并不高,但凭借自身的韧劲,终成晚清大儒。他虽然公务繁忙,但仍能坚持"日课十二条",最终,不仅达到了仕途的巅峰,也为我们留下了《日记》《家书》《家训》《经史百家杂钞》《为学之道》《五箴》等著作。曾国藩的"日课十二条"是他进行自我管理的十二条,具体包括:

一、主敬:整齐严肃,无时不惧。无事时心在腔子里,应事时专一不杂。清明在躬,如日之升。

二、静坐:每日不拘何时,静坐四刻,正位凝命,如鼎之镇。

三、早起：黎明即起，醒后不沾恋。

四、读书不二：一书未完，不看他书。

五、读史：念二十三史，每日圈点十页，虽有事不间断。

六、谨言：刻刻留心，第一功夫。

七、养气：气藏丹田，无不可对人言之事。

八、保身：节劳，节欲，节饮食。

九、日知其所无：每日读书，记录心得语。

十、月无忘其所能：每月作诗文数首，以验积理的多寡，养气之盛否。

十一、作字：饭后写字半时。凡笔墨应酬，当作自己课程。凡事不待明日，取积愈难清。

十二、夜不出门：旷功疲神，切戒切戒。

【思考讨论】

1. 曾国藩的"日课十二条"避开了哪些时间管理的障碍？

2. 从曾国藩的时间管理中，你受到了哪些启发？

3. 你将如何避免浪费时间？

【案例 2 – 2】

小 张 和 小 王

小张和小王是大学同学，虽然性格不同，但是他俩的关系非常好，因为他们都有同一个目标，那就是攻读博士。

小张属于行动派，想做什么就立刻去做。大学本科毕业前，他毅然决然地选择考研，在临近毕业的那一年，他没有选择去找工作，而是找了自习室专心学习。虽然身边朋友也劝他，可以边找工作边考研，这样两不耽误，免得最后没考上，也没找到工作。但是小张还是选择一心一意只干一件事。

小王属于拖延型，他会听取很多人的意见，然后再做决定。在本科毕业前，他一边找工作，一边复习考研。他认为这样可以两全其美，就算今年考不上，明年还能再考。

毕业时，小张最后考上了国内著名大学的研究生，而小王考研失败，勉强找了一份工作。

过了几年，小张在自己的努力下又考上了博士，他认为在竞争日益激烈的职场中,只有不断提升自己才是硬道理;而小王常常忙于交际应酬、休闲娱乐,日子过得轻松惬意。小王心想,反正还年轻,先享受几年再考也不迟。

又过了几年,小张在一所知名大学担任博士生导师,并成为这所大学的学科带头人;反观小王,在拖延当中一事无成。

【思考讨论】

1. 小王有哪些时间管理误区?

2. 小张的哪些时间管理方法值得我们学习?

3. 如果你是小王,你会如何改变?

实训平台

一、测试你的拖延商数[①]

下表中每道题都有 4 个答案,即 A(非常同意)、B(略表同意)、C(不太同意)、D(极不同意)。请结合你的实际情况,选择最贴近你的那个答案。

表 6-4 拖延商数测试表

情 景 描 述	答案	得分
① 不想面对棘手的难题,找各种借口逃避		
② 我需要一定压力,才能执行困难的工作		
③ 为了避免发生不愉快的事情,我通常采取折中的措施		
④ 在面对很多任务时,我通常喜欢先干不用动脑子的活		
⑤ 经常因为时间过于紧迫,而草草完成任务,受到批评		
⑥ 我对重要的行动计划的追踪工作一般不予理会		
⑦ 我经常让他人帮我做我不喜欢做的工作		
⑧ 我经常将重要的工作安排在下午处理,或者带回家里,以便在夜晚或周末处理		

---

① 资料来源:许湘岳《自我管理教程》,人民出版社,2016,有改动。

续　表

情　景　描　述	答案	得分
⑨ 我在过分疲劳(或过分紧张、或太受抑制)时,无法处理所面对的困难		
⑩ 在着手处理一件艰难的任务之前,我喜欢清除桌上的每一个物件		
总　分		

选 A 得 4 分,选 B 得 3 分,选 C 得 2 分,选 D 得 1 分,各项相加得出总分:

(1) 小于 20 分,表明你不是拖延者,你也许偶尔有拖延的习惯。

(2) 21～30 分,表明你有拖延的毛病,但不太严重。

(3) 大于 30 分,表明你或许已患上严重的拖延毛病。

二、制作时间管理障碍列表

活动描述:

(1) 画一张表格,列举出你在学习或生活中遇到的时间管理障碍及导致时间管理问题的具体原因。

(2) 针对你遇到的时间管理障碍,在团队内讨论解决方法。

(3) 在表格的另一侧写出消除你遇到的时间管理障碍的方法。

任务三　高效管理时间

任务情境

吴辉昨天听取了同事的建议,做事情前先进行时间管理。今天早晨吴辉到办公室后,先拿出一张纸列出今天上午的工作计划:拖地、打水、看通知、为领导撰写会议发言稿、参加三八妇女节活动、做会议 PPT、写课题申报书(下周交)。

　　根据计划,吴辉拿起拖布去洗手间清洗拖布拖办公室。刚刚拖过的地面太湿,吴辉不敢再走进去,怕把地面踩脏。于是,她在外面与同事聊会天。等地面干了之后,她回到办公室,根据计划打开电脑看看有没有新的工作通知。这时候,领导打来电话问会议发言稿为什么还没交上。于是,她赶紧去向同事要明天会议的相关资料以便写发言稿。刚要出办公室的门,一个同事进来请她帮忙查阅一些资料。吴辉只好坐回电脑前帮同事查资料。送走这位同事后,吴辉正想去要明天会议的资料,人事处又打来电话,通知她去拿一份文件。她又急匆匆跑到行政楼人事处拿文件,来回花掉了 20 分钟。回来之后她抓紧时间要来了会议的相关资料,还没来得及写发言稿,就到了单位组织的三八妇女节趣味活动时间。她就匆匆忙忙赶去参加活动了。活动安排松散,拖拉了很长时间,吴辉无聊而焦急地等待活动结束。然而,活动结束了,也该下班了。忙碌了一上午,明天上午会议的发言稿最终也没写出来,免不了被领导批评了一顿。计划中的会议 PPT 和课题申报书更是来不及做了。

　　吴辉纳闷:我也进行时间管理了,也做好了计划,为什么还是手忙脚乱完不成工作呢?

任务分析

　　吴辉虽然也做了时间管理,但是她对时间管理缺乏正确的认知,没有有效地管理时间。做的计划主次不分;没有正确预估每项任务耗费的时间,导致任务安排不合理;不会拒绝,让别人不重要的事情影响了自己的进度;不擅长利用碎片化时间。种种因素导致她没有完成最重要最紧急的任务。吴辉应该如何高效管理时间呢? 高效管理时间有什么方法和技巧吗?

知识点拨

一、高效管理时间的原则

(一) 以人为本,以提质增效为目的

时间管理的终极目的是为人服务。因此,管理时间要充分尊重人的生

物钟。首先,在制订计划时须留出休息时间,保证人体正常生理需求。"身体是革命的本钱",唯有满足人体正常生理需要,保证身体健康,才有可能保证工作效率。其次,制订工作计划时,还应该遵循自身的生物钟。比如,上午头脑清晰时,可以安排书写材料、开会等脑力劳动多的工作;下午大脑疲惫时,可以做一些体力劳动多的工作,比如跑业务、见客户等。同时,工作时还应该遵循注意力变化规律。正常成年人的注意力集中时间一般为 50 分钟左右。我们不妨在高度专注工作 50 分钟后,休息 10 分钟左右,以缓解身体和大脑的疲劳,这样可以保证在下一段工作中精力旺盛。

(二) 以要事为核心,全局统筹

管理时间须有大局意识,能高效利用自己的时间,又能兼顾整体利益;能统观全局,分清主次,找出重点;能通盘考虑,结合每个任务的难易度和用时进行综合平衡,制订出科学合理切实可行的计划。在制订计划和实施计划时,还要注意与他人的协作。从大局出发,既要明确自己的工作目标,又要保证团队整体工作成绩。制订计划前要就相关事项先与同事或亲友进行沟通交流,工作中遇到突发状况要及时与同事协调。高效的管理时间不是只考虑自己的目标是否达成,还要兼顾集体和他人,须通盘考虑,权衡利弊。

二、高效管理时间的法则

(一) 细微边界法则

细微边界法则是指时间上的细微差别,可能导致最终结果上的巨大差异。例如,当我们因一分之差而错过列车时,则需要花费几小时或更长的时间等待下一列;抢救危重病人时,可能因为延误一分钟,而导致病人失去生命;企业间在对市场反应速度上的细微差距,可能导致利润率上的天壤之别。根据这一法则,高效管理时间首先要有抢占先机的意识,增强时间观念。无论做什么事情,要早谋划、早准备、早行动,避免拖延。

(二) 帕累托法则

帕累托法则又叫"二八法则",其核心内容是,一般情况下,最重要的、起决定性作用的只占其中一小部分,约为 20%;其余 80%尽管是多数,却是次要的、非决定性的。这一法则是由 19 世纪意大利经济学家帕累托提出的。

他对 19 世纪英国社会各阶层的财富和收益统计分析时发现：80％的社会财富集中在 20％的人手里，而 80％的人只拥有社会财富的 20％，因此称为"二八法则"。这一法则最初只应用于经济领域，后来深为人们认同，而推广到社会各个领域。具体到时间管理领域，是指完成 20％的关键事情可能实现整个项目 80％的成效，因此要把精力重点放在 20％的关键事情上，也就是要把精力放在最紧要的事情上。

（三）黄金三小时法则

黄金三小时法则是指人们利用一天中效率最高的时段完成某项工作，可达事半功倍的效果。一般认为早晨 5～8 点是人一天中效率最高的三小时，称黄金三小时。这个时段人的头脑最清醒、精力最充沛、思维最活跃，工作效率远远高于其他时段。由于生物钟的差异，每个人的黄金时段不同，我们可以在工作和生活中多体会、多探索、多总结，找出自己的黄金三小时并利用好它。

黄金三小时法则还可以进一步扩大到一星期中的黄金时段、一个月中的黄金时段。根据这一法则，我们在安排工作时要综合考量，在黄金时段内完成最重要、难度最大的任务。

（四）帕金森法则

帕金森法则是指为了避免拖拉、克服惰性，为工作设置尽可能短的完成时限。这一法则源于"帕金森定律"。"帕金森定律"指的是企业在发展过程中，其行政机构会像金字塔一样不断增多，行政人员不断膨胀，每个人都很忙，但组织效率越来越低下的现象，也叫"官场病""组织麻痹病"。这一定律延伸到时间管理领域中表现为只要还有时间，工作就会不断扩展，直到用完所有时间。简言之，工作总会拖到最后一刻才会被完成。

在人的惰性及最后期限的潜意识的作用下，如果时间充裕，人们就会放慢工作节奏或是增添其他项目。而且人们会根据完成时限的远近把工作分为三六九等，完成的时限越近，人们对某项工作的关注度越高，投入的精力会越多。例如，一份作业，如果要求一小时后上交，我们可以按时完成；而如果要求一周后上交，我们往往也会拖到最后一天才能完成。

为了避免拖拉、克服惰性，我们要为工作设置尽可能短的完成时限。借助时限的压力增强工作动力，促使每一项工作都能在第一时间完成。

（五）学习曲线法则

学习曲线法则是指在一个时间段内，一直进行固定的重复工作，工作效率会按照一定比率递增，从而使单位任务量耗时呈现一条向下的曲线。

学习曲线法则源自学习曲线效应和经验曲线效应。学习曲线效应是一项任务被重复做的次数越多，每次所需的时间就越少。经验曲线效应指一项任务被重复执行的次数越多，执行它的代价就越小。研究发现一种产品或一项服务的数量每翻一番，其管理、营销、分销、制造费用等成本就会下降一个常量百分比。因此，提高工作效率，降低耗时需要做到两点：一是熟练度，对工作越熟练，所用时间就越短；二是规模，一次性完成的相同性质的任务越多，分摊到每个任务上的时间越少，效率越高。

根据这一法则，我们在安排工作时，应尽量将性质相同的事务性工作集中在一起来处理。性质相同的工作集中处理可以减少准备时间和中间环节占用的时间；也可以提高工作的熟练程度，从而提高工作效率。例如结合一天或一周的实际任务安排，集中时间完成业务沟通电话，集中采购一周所需生活用品，一次性做完所有作业；一次性处理具有相同性质的所有文件。

（六）聚光法则

聚光法则就是把有限的时间聚焦到重要的目标上，才能促进事业的成功。就如同把阳光聚集到一点，才能产生足够的热量点燃火炬。在工作中要目标明确、重点突出，某一段时间内要集中精力完成一项任务。一个任务一旦开始，就要坚持做完。既不能三心二意，同时开启多项任务（尤其是难度大、耗时长的任务），也不能半途而废。不干则已，干则一次把事情做到最好，否则返工将会使你花费更多时间。

三、管理时间的工具

（一）时间管理四象限

时间管理四象限是美国的管理学家史蒂芬·柯维（Stephen Covey）在他的《要事第一》中提出的，将任务根据重要性和紧急性两个维度进行分类管理，这种方法可以帮助我们更有效地管理时间。

这个方法将任务分为四个象限：第一象限，重要且紧急的任务。这类任务时间紧迫、影响重大,需要优先处理解决。第二象限,重要但不紧急的任务。这类任务影响重大,但不紧迫,可以延后处理。第三象限,既不紧急也不重要的任务。这类任务无关紧要,对于个人发展没有实质性影响,可以选择不做或者最后做。第四象限,紧急但不重要的任务,这类任务重要性不大,但是需要紧急处理,往往会占据人们很多宝贵的时间。对于这类任务,我们可以选择授权处理,委派给别人帮忙处理。

如图 6-1 所示,我们可以借助时间管理四象限将待完成的任务按照重要程度和紧急程度进行划分。

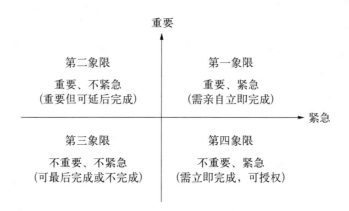

图 6-1 时间管理四象限

(二) 时间计划表

时间计划表是管理一天或一周时间的表格。将一周或一天的事务根据重要程度和紧急程度呈现在表格中,以方便更有效地完成任务、管理时间。

1. 做周计划表

第一步,将一周内的事务记录下来。第二步,根据紧急程度和重要程度对这些事务进行划分,分为 A、B、C、D 四类:A—紧急又重要;B—不紧急而重要;C—紧急而不重要;D—既不紧急又不重要。第三步,将划分好的事务填入相应的表格。第四步,依照计划立即行动。

原则:要事第一,先做 A、B 类事务,少做 C 类事务,不做或最后做 D 类事务。

表 6-5　一周计划表样例

时　间	A(紧要)	B(重要)	C(紧急)	D(不紧要)
周一				
周二				
周三				
周四				
周五				
周六				
周日				

2. 做日程表

日程表是帮助我们安排一天内的任务、达成目标的时间管理工具。形式上,日程表更随意些,没有固定格式,可根据自己实际情况制定。内容上,日程表较周计划表更具体、更详细,包含我们一天的工作、食宿、休息、锻炼等多项内容。但是仍需将各项事务根据轻重缓急进行划分,仍需遵守要事第一原则。

制定日程表时需要注意以下两点:

第一,可行性。制定日程表的目的是帮助我们更好地管理一天的时间,完成一天的任务。制定日程表前需科学评估各项任务的耗时,认真分析自己的生物钟。结合各项任务耗时和自身生物钟,制定合理的、切合实际的、能实现的日程表。

第二,灵活性。制定日程表一般应预留出一部分灵活时间,以应对各种突发状况。可将一天中 80% 的时间列入计划,预留 20% 的时间。预留时间用来完成计划内没有完成的事情或应对各种干扰。一份富有一定弹性的计划表更有助于完成计划、达成目标、树立自信心。

可以每隔一段时间对日程表进行评估,根据其效果和执行中存在的问题进行合理化改进。

四、高效管理时间的步骤

(一) 明确任务

管理好时间首先要明确任务。明确任务的第一步是明确终极目标,知道自己"为什么忙";然后再把这一目标细分为近期、中期及远期目标,思考围绕不同目标有哪些任务需要完成。在着手工作之前可以借助思维导图或任务计划表,列出我们在某个时间段内的目标和达成目标需要完成的各项任务。

(二) 分清主次

梳理清楚需要完成的任务之后,我们再将这些任务根据重要程度和紧急程度进行区分排序,然后重点对与近期目标相关的任务进行管理。可以用时间管理工具对近期任务先进行紧要程度区分,再细化到一周乃至一天。

(三) 制订计划

分清主次之后,接下来需要制订一个妥善的计划。妥善的计划需具有可行性,符合自己的实际能力和现实情况,在可实现范围内。因此在制订计划之前,要先认真思考如何做才能完成目标。先根据近期、中期和长期目标制订周计划、月计划和年度计划,再制订每一天的具体计划。制订计划可参考以下流程:

(1) 为每个目标写出相应的工作流程。工作流程不必太具体,但一定要清晰完整。

(2) 根据工作流程制订出执行计划的步骤。这是计划的主要内容,也是执行计划的依据,应尽量具体可行。

(3) 为每个步骤设定时间期限。没有时间期限的计划就等于没有计划,为每个步骤设定期限可以防止拖延,为计划按时完成提供保障。时限不必太过精确。

(4) 根据实际情况灵活调整修订行动方案。

(四) 分配时间

预估每项任务的用时,结合具体情况合理分配时间,制订一个具体的实施时间表,明确什么时间做什么事。

先从大处着手，从整体上为近期、中期和远期目标分配时间，再针对这些目标制订周计划、月计划和年度计划时，列出大概的时间表，写出与各个时间段对应的需要完成的工作。在每个阶段检查计划完成情况。

然后再具体分配最近一周的时间，依据周计划，具体预估每项任务的耗时，结合这些任务的紧急程度和重要程度，为每项任务分配时间。可借助周计划表来完成，时间不必写得太具体，限定一个时间段即可。

最后借助日程表分配每天的时间。每天的时间安排既要重点突出、主次分明，又要详细具体、科学合理。

时间表需要有一定的弹性，预留一些时间处理突发事件。

（五）采取行动

制订完详尽的计划后，我们需要立即采取行动，全面落实计划，以保证目标的顺利实现。落实计划的过程中最大的障碍是拖延。为了避免拖延，我们可以借助每天的事项清单来完成当天的工作，每完成一项标注一项。针对未做完的事项，写下未完成的原因，不断反思和优化，帮助我们拟定更切合实际的清单。

为了增强每天按时完成计划的动力，在具体行动中，我们也可以通过自我奖赏的方式增强自信心。每完成一项任务给自己一个奖励，在一次次自我认可中鼓励自己不断前进；也可以不断重复完工的迫切性或计算不能完成任务的后果，通过压力激发动力，以推动计划落实。

（六）实时督促

在计划执行过程中，没有一定的督促机制，难免会出现中途松懈或拖延的现象。因此，需要通过一些手段进行实时的督促。我们可以为自己制定一些规则并严格遵守。规则的核心如下：① 在进行某项工作的过程中，时刻提醒自己这项工作应于何时截止。② 即使外部没有规定截止的日期，自己也要确定一个完成时限。③ 由于不得已的情况而不能按期完成时，一定要提前与相关部门取得联系，将影响控制在最小范围内。

（七）反思改进

一段时间结束后或一段时间的计划完成后，要对任务完成情况和计划执行情况进行回顾总结。分析结果和执行计划过程中出现的问题，针对问题思考解决对策，对计划进行调整修订，对行动方案进行完善。每天进行小反思,每周进行大修正。高效的时间管理需要在工作过程中及时调整、不断修正、不断完善。

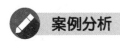 **任务反馈**

时间管理顺序和筛选很重要,要列出一天当中重要的事情优先去做,重要的事情做完了,再去做例行的事情。这些事情都做完了,再安排琐碎的事情,建议不要给琐碎的事情专门安排时间。要想充分利用每一天的时间,我们就要对将做的事情进行排序,合理地安排时间。

显然吴辉当天上午最重要最紧急的事情是给领导写发言稿。她在做计划时就应该先用时间管理的四象限法将这些任务按照重要程度和紧急程度进行分列,再预估每一项任务的用时,根据用时,合理安排上午的工作计划。在执行计划的过程中,吴辉应妥善处理突发事件,对于同事不太重要、不太紧急的请求,可以拒绝或延后完成。向同事说明情况后,同事也会理解并配合。至于拿文件这类突发事件,她可以先问问是否紧急,如果不紧急,可以写完发言稿再去拿;如果紧急,也可以向别人求助。吴辉还要学会充分利用碎片化时间。在三八妇女节的活动开始前的等待时间里,她也可以利用手机编辑发言稿,或者请有意愿且有时间参加活动的同事代替自己参加活动。

案例分析

【案例 3 - 1】

鲁迅先生的时间管理

在鲁迅纪念馆里摆放着一张书桌,上面刻了一个"早"字。这便是鲁迅先生少年时上学所用的书桌。这个"早"字有一段来历。鲁迅十二岁时,祖父被捕入狱,加上父亲长期患病,家境日益困顿。他需要经常到当铺卖掉家里值钱的东西,然后再在药店给父亲买药,之后再去上学。有一天,鲁迅当了东西又去药店买完药,再到学校时,老师已经开始上课了。老师看到他迟到了,严厉地说:"以后要早到!"鲁迅听了,点点头,默默回到自己的座位上。

第二天,他早早来到学校,在书桌右上角用刀刻了一个"早"字,暗下决心,以后再也不迟到。

后来,父亲的病越来越严重,鲁迅既要频繁地奔走于当铺和药店之间,还要帮着母亲分担家务。尽管如此,但他没有放弃上学。他每天早早起床,料理好家务,然后去当铺或药店。处理好家里的事情,他又匆匆忙忙地跑到学校去上课。虽然家里的负担很重,但他再也没有迟到过,而且做到了时时早、事事早。

鲁迅兴趣广泛,他喜欢写作,也喜欢绘画等民间艺术。因为他既要工作,又涉猎广泛的兴趣爱好,所以时间对他来说非常宝贵。为了保证把所有的任务都完成好,他充分利用每一天的时间,他说:"时间就像海绵里的水,只要愿挤,总还是有的。"他既能挤时间,又能合理地利用时间,所以能在文学创作、文学批评、思想研究、文学史研究、翻译、美术理论引进、基础科学介绍和古籍校勘与研究等多个领域取得重大成就。

【思考讨论】

1. 鲁迅先生每天是如何管理自己的时间的?

2. 对比鲁迅先生每天对时间的管理,找出你管理时间的不足之处,并思考你将如何改进。

【案例3－2】

一个杯子能装多少东西

曾经有一位教授,在某一天上课时,带来一只大敞口杯、一瓶水、一块石头、一袋沙子。教授说要给大家做一个实验。他把手里的东西放在讲桌上之后,就把那块石头放进敞口杯子里,石头占满了整个杯子。他问大家:"杯子满了吗?"

大家都认为满了,于是异口同声地答道:"满了。"

这时,教授又抓起细沙,小心翼翼地把沙子倒进装着石头的杯子里。几分钟之后,那一小捧沙子都被装进了杯子。

教授又问:"杯子满了吗?"

这次大家比较谨慎了,只有一半的人回答:"满了。"

这时,教授又拿起水往杯子里倒,渐渐地,水开始往外溢。

"杯子满了吗?"教授再次问道。

这次,谁都不敢再说话了,下面一片沉寂。

我们如果把杯子看作我们的一天,那么石头代表的就是这一天中最重要的事情,沙子和水则代表日程中各种大大小小的琐碎的事情。

(资料来源:2008 年北京市高考语文试题,有改动)

【思考讨论】

1. 这个故事揭示了哪些时间管理技巧?

2. 你从这个故事中受到哪些启发?

3. 请结合这个故事思考:在你的一天中,石头、沙子和水分别是什么?你该如何处理这些事情?

实训平台

一、运用时间象限管理一周时间

画一个时间象限,请根据你的实际,把下周要做的所有事务按照紧迫性和重要性的不同程度,运用时间象限将其分为四类:优先级 A:重要而且紧迫;优先级 B:重要但不紧迫;优先级 C:不重要但紧迫;优先级 D:不重要也不紧迫。

为运用时间象限分析出来的任务分配时间,每一项任务尽量具体到哪一天的哪个时间段完成。

二、改变你的生活节奏

通过答题,你将了解自己的生活节奏,请选择符合你的特点的一项。

1. 你一般什么时候起床?(　　　)

A. 05:00—06:30　　　　　　　　B. 06:30—07:45

C. 07:45—09:45　　　　　　　　D. 09:45—11:00

E. 11:00—12:00

2. 你一般什么时候睡觉?(　　　)

A. 20:00—21:00　　　　　　　　B. 21:00—22:15

C. 22:15—00:30　　　　　　　　D. 00:30—01:45

E. 01:45—03:00

3. 如果不定闹钟,你早上会自然醒吗?(　　)

A. 很不容易　　B. 不太容易　　C. 比较容易　　D. 非常容易

4. 早晨醒来,你要过多久才能清醒?(　　)

A. 0～10 分钟　　　　　　　　B. 11～20 分钟

C. 21～40 分钟　　　　　　　D. 超过 40 分钟

5. 你每天哪一个时间段的精神、身体素质最好?(　　)

A. 08:00—10:00　　　　　　　B. 11:00—13:00

C. 15:00—17:00　　　　　　　D. 19:00—21:00

6. 你更喜欢哪个时间段处理需要深入思考的工作?(　　)

A. 早晨　　　　B. 白天　　　　C. 晚上　　　　D. 随时

7. 你每天有多长时间用在打游戏、追剧、刷短视频等娱乐活动上?
(　　)

A. 从不　　　　B. 1 小时　　　C. 3 小时　　　D. 4 小时以上

8. 你每天认真学习和工作的时间有多久?(　　)

A. 多于 7 小时　B. 5～7 小时　C. 3～5 小时　D. 1～3 小时

E. 少于 1 小时

反思:结合你自己的生活规律和工作效率,你会做出哪些改变来适应当前的学习和生活节奏。

项目总结

本项目主要介绍时间管理的相关知识,帮助大家学会管理自己的时间,更好地应对生活中和工作中的突发事件,合理安排一天的行程。

通过任务一,我们了解了时间的范畴,时间的定义、分类、价值,时间管理的含义以及有效管理时间的意义。通过任务二,我们了解了时间管理的障碍、误区,掌握了如何分析自己的时间管理状况,如何克服时间管理障碍。通过任务三,我们了解了一些高效管理时间的原则、步骤、方法及工具。

拓展训练

一、填空题

1. 时间管理的四大理论（　　　）、（　　　）、（　　　）、（　　　）。
2. 时间管理的障碍有（　　　）、（　　　）、（　　　）、（　　　）。
3. 时间管理的工具有（　　　）、（　　　）。

二、简答题

1. 消除时间管理障碍的技巧有哪些？
2. 高效管理时间的法则有哪些？
3. 请写出时间管理的步骤。

三、综合运用题：管理好你的时间

1. 盘点你近一个月的时间分配情况。列一个表格，把你近一个月的时间使用情况写出来，分析完成了哪些重大任务，完成了哪些计划内的事情，还有哪些计划尚未完成。

2. 写出阻碍你有效利用时间的各种因素，进行归类。针对阻碍你高效利用时间的因素，写出解决方案。

3. 运用时间象限对你接下来一个月的任务按照轻重缓急程度进行分类。

4. 请做一个详细的月度工作计划表，依据上述分类，给每一项任务分配时间。

5. 写出监督计划完成的策略，并真诚邀请他人监督。

项目七　掌握职场礼仪

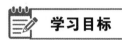 **学习目标**

1. 素质（思政）目标

（1）通过学习礼仪规范培养学生的社会责任感和公德意识。

（2）结合职场礼仪，引导学生树立正确的职业价值观和职业道德。

（3）培养学生尊重他人，理解人的差异性和包容多元化的品质。

（4）传承中华优秀传统礼仪，感知中华优秀传统文化的内涵和价值，增强学生的民族自豪感和文化自信。

（5）通过学习礼仪知识，践行文明礼仪，体现社会主义核心价值观。

2. 知识目标

（1）了解个人形象设计的重要性，掌握个人形象设计的方式方法。

（2）了解职场礼仪的原则及内容，掌握职场礼仪的操作规范。

（3）了解社交礼仪的原则及内容，掌握社交礼仪的基本规范。

（4）了解餐桌礼仪的原则及内容，掌握餐桌礼仪的基本规范。

3. 能力目标

（1）能够根据不同场景要求进行个人形象设计。

（2）能够在职场中使用规范的职场礼仪。

（3）能够在生活中正确使用社交礼仪。

（4）能够在生活中正确使用餐桌礼仪。

项目导读

自古以来,我国便有"礼仪之邦"的美誉。虽然孔子曾经哀叹他那个时代"礼崩乐坏",但几千年来政治家们为了稳固自己的统治,一直在道德礼仪方面进行不懈地教化,尤其以儒家文化为代表的一整套礼仪制度对中华民族起到了潜移默化的作用。

但现代社会的礼仪不同于传统概念中的礼仪。传统礼仪主要作为一种制度而存在,现代礼仪则是一个国家和民族为了维系社会的生产方式和生活方式而约定俗成的行为规范。"礼"是指人们在日常的人际交往当中,所表现出来的彼此尊重、友善真诚、谦恭有礼。"仪"是礼的外在表现,主要体现为合于礼的语言、行为、仪态等,与礼互为表里。

礼仪是一种约定俗成的行为规范,它是在长期社会发展过程中适应人际交往而逐渐形成的。凡是有人际交往的地方就有礼仪存在,它也是人们在社会生活中最基本、最起码的行为规范。

从行为规范的角度看,礼仪既有内在的基本道德要求,又有外在的具体表现形式。不同的职业具有不同的礼仪规范,不同的生活领域具有不同的礼仪,社会生活、职业生活和家庭生活领域各有不同的礼仪规范。同时,随着时代的发展,礼仪的规范也会发生改变,每个时代的礼仪规范都有其时代印记。

当然,礼仪规范也会因为政治、经济、文化等不同而有所差异。例如我国的不同民族就有不同的礼仪规范,东西方不同国家也存在风格迥异的礼仪习俗。随着社会的发展,全人类的交往日益频繁密切,不同的国家、地区和民族之间的礼仪规范也在相互影响、相互适应。

礼仪是个人良好形象的标志,也是人际关系和谐的基础,同时又是社会文明进步的载体。对于身在职场中的人士来说,良好的礼仪素养能为自己多争取机会。

任务一　设计个人形象

任务情境

　　小节是中文系毕业的高才生,在读大学期间就发表过多篇文章,其中有文学性作品,也有政论性作品,可谓文采斐然,见解独到。她的社会实践经历也丰富,曾为多家公司策划过周年庆典,而且还会熟练运用三种外语。小节不仅多才多艺,而且五官端正,身材高挑、匀称。在一次文秘招聘中,小节可以说是诸多应聘者中最优秀的一个。在看过简历后,面试官第一个通知小节面试。小节也很重视,精心打扮了一番。她穿着迷你裙,上身是露脐装,涂着鲜红的唇膏,轻盈地走到三位考官面前,不请自坐,随后习惯性地跷起了二郎腿,笑眯眯地等着问话。孰料,三位主考官看了小节的装扮和行为后互相交换了下眼色,主考官说:"节小姐,请回去等通知吧。"小节以为顺利过关了,欢呼雀跃地挎起小包就飞跑出门。

任务分析

　　无疑,小节的面试是失败的,不仅败在了她不合适的着装,还有她不得当的行为举止。

　　在现代职场中,经常出现一些奇怪的现象,比如像小节一样特别注意个人形象,处处标新立异,表现出自己的与众不同,本来是想给领导或自己的客户良好的印象,但结果却适得其反,不仅丢了客户,甚至还为此失掉工作。还有一类人,为追求朴实,不注意个人形象,甚至不修边幅,同样在职场中失利。究竟我们应该以一种什么样的个人形象立足于职场呢?

知识点拨

一、个人形象的概念

个人形象是指一个人在他人眼中所呈现出来的综合印象,不仅包括他的容貌或外表,还包括内在的品质和特征,是反映一个人内在修养的窗口。个人形象主要体现在以下几个方面:① 外貌特征,包括面容、身材、穿着打扮等外在的视觉特征。② 举止仪态,如姿势、动作、表情等。③ 谈吐语言,如说话的方式、语气、用词等。④ 气质风度,由内而外散发的独特气质和魅力。⑤ 性格特点,如开朗、内向、温和等。⑥ 社交行为,与他人交往的方式和态度。⑦ 职业形象,与工作相关的形象特点。⑧ 价值观和道德标准,个人的价值观和行为准则。

二、个人形象的重要性

个人形象会影响他人对自己的看法和评价,同时也会对个人的社交、职业和生活产生重要影响。良好的个人形象有助于建立信任、吸引他人、提升自信和自尊,从而在各种情境中取得更好的结果。

20世纪70年代,美国洛杉矶大学心理学教授马瑞比恩博士通过调查总结出了形象沟通的"55387"定律:一个人留给他人的第一印象中,外表的穿着、打扮、肢体语言占55%,说话语气语调占38%,而谈话内容只占到7%。可见外表穿着打扮对于一个人的第一印象有多么重要,注重我们的外表形象对于我们整体的事业和生活又是多么重要。

塑造和维护得体的个人形象,会给初次见面的人留下良好的第一印象。良好的个人形象不仅是个人的事情,还展现了一个组织的形象,它也是有效的沟通工具,在很大程度上影响组织的发展。

三、如何提升个人形象

个人形象可以通过仪容、仪表、仪态、服饰、语言礼仪等方面的训练得到提升。

（一）仪表礼仪

仪表主要指人的外表、外貌。在人际交往中要做到仪表美，主要表现在仪表的自然美、修饰美和内在美。仪表美可以从发式、面容、口腔、耳部、手部及体味等方面做起。

1. 发式

头发要保持清洁，梳理整齐。女士不可焗染艳丽或过于浮夸的发色。短发者，将其合拢于耳后；长发者，则要盘起来并用发夹固定于脑后。男士不染发，不留长发，以不盖耳、不触衣领为宜。

2. 面容

面部要保持清洁，眼角、鼻孔等部位不要有分泌物。如戴眼镜，应保持镜片的清洁。职场女性的妆容以淡雅、清新、自然为宜。男士平视时鼻毛不得露于孔外；忌留胡须，宜养成每天修面剃须的良好习惯。

3. 口腔

及时清理口腔异物，保持清洁，工作日不饮酒或饮用含有酒精的饮料，不食用异味太大的食物。

4. 耳部

耳廓、耳根后及耳孔边缘应每日做好清洁，不可留有异物。

5. 手部

保持手部清洁，勤剪指甲。女士不宜涂抹艳丽的指甲油，更不宜做奇形怪状的美甲。

6. 体味

要勤换内外衣物，给人以干净、清新的感觉；如用香水，则以清新、淡雅的味道为宜。

（二）仪容礼仪

仪容主要指人的表情和化妆。表情是人们表达思想感情的重要途径。人的微表情是比较丰富的，人们复杂的内心世界，如高兴、忧伤、痛苦、悲哀、失望、愤怒、疑惑、焦虑、畏惧、烦恼、不满等心态和情感，都可以通过面部表情充分地呈现于人前。"喜怒哀乐皆形于色"即是说人的情绪变化都反映在面部表情上，可见表情在社交中起到的重要作用。

1. 表情礼仪

表情主要指的是通过面部肌肉的变化、身体姿态、动作以及言语的声调、节奏等方式所表现出来的情感或态度。表情反映了我们的内心世界,因此表情管理、表情礼仪也对社交有着重要的影响。

1) 微笑

微笑应注重"微"字,幅度不宜过大,口眼结合,嘴唇、眼神含笑,要笑得真诚、适度、合时宜,充分表达友善、诚信、和蔼、融洽等美好的情感。微笑的基本方法是:放松面部肌肉,嘴唇略带弧形,自然地露出 6～8 颗牙齿,嘴角微微上扬。

2) 眼神

目光友善,眼神柔和,自然流露真诚;眼睛礼貌正视对方,不左顾右盼、心不在焉;眼神要实现"三个度",即集中度、光泽度和交流度。注视对方的眼睛或三角区(两眉梢到下巴),是对对方的尊重。既表明了自己的全神贯注,也表明你对对方的讲话重视、感兴趣。注视的基本方法是:双方较长时间交谈时,注视对方的时间占全部交谈时间的 1/3 左右。目光不宜聚焦于一处,也不宜闪烁不定。可在对视 10 秒钟后,在对方的眼睛和嘴巴之间移动。目光应柔和自然。如果双方相距较远时,一般应当以对方的全身为注视点。

3) 倾听

倾听是对谈话者最好的回应。在倾听别人的要求或意见时,应当暂停手头的工作,眼睛看向对方,并用眼神、笑容或点头来表示自己正在倾听。在倾听过程中,要给予及时的语言上的反馈,如可用"嗯""是"等语词。

2. 化妆礼仪

化妆礼仪是职场及日常生活中不可缺失的一部分。它关乎个人形象、对他人的尊重以及人际交往的顺利进行。合适的妆容能够塑造良好的个人形象,提升气质,增强自信,同时还是尊重他人的体现。因为适当的化妆可以使一个人的眼神、微笑更富表情。同时,从人际关系学来看,又是一个人内在美和外在美的表现。职场女性不宜浓妆艳抹,妆容以淡雅、精致为宜。口红或唇彩的颜色应与服装颜色相配。

(三) 仪态礼仪

仪态礼仪是指一个人在举止、姿态、动作等方面所遵循的规范和准则。

仪态既体现了一个人的涵养,也是构成一个人外在美好形象的主要因素。不同的仪态显示了人们不同的精神状态和文化教养,传递了不同的信息。因此,优美的仪态会起到提升个人形象的作用。

仪态可以分站姿、坐姿、行姿、蹲姿和手势几个方面。

1. 站姿

(1) 女士标准站姿。① 头部抬起,面部朝向正前方,双眼平视,下颌微微内收,颈部挺直。② 双肩自然放松端平且收腹挺胸,但不显僵硬。③ 双臂自然下垂,处于身体两侧,将双手自然叠放于小腹前,右手叠加在左手上。④ 两腿并拢,两脚呈"丁"字形站立。

图 7‑1　女士标准站姿　　　图 7‑2　男士标准站姿

(2) 男士标准站姿。男士的标准站姿有多种,本书主要介绍以下三种:前腹式、垂手式和背手式。

前腹式:① 头正肩平挺胸,保持微笑。② 右手握拳,左手握于右手腕部,拇指内收,指缝并拢,手放在皮带扣位置。③ 双脚平行分开与肩同宽。

垂手式:① 头正肩平挺胸,保持微笑。② 双手垂放于身体两侧,手自然伸直,五指并拢。③ 左脚和右脚脚尖分开45度,脚跟并拢。

背手式:① 头正肩平挺胸,保持微笑。② 右手握拳,左手握于右手腕部,拇指内收,指缝并拢,手放在身后皮带上。③ 双脚平行分开与肩同宽。

2. 坐姿

（1）女士标准坐姿。① 头部挺直，双目平视，下颌内收。② 身体端正，两肩放松，勿倚靠座椅的背部。③ 挺胸收腹，上身微微前倾。④ 采用中坐姿势，坐时约占椅面 2/3。⑤ 日常手的姿势，自然放在双膝上或椅子扶手上。⑥ 柜台手的姿势，双手自然交叠，将腕至肘部的 2/3 处轻放在柜台上。⑦ 腿的姿势：双腿靠紧并垂直于地面，也可将双腿稍斜侧调整姿势。

图 7 - 3　女士标准坐姿

图 7 - 4　男士标准坐姿

（2）男士标准坐姿。① 头部挺直，双目平视，下颌内收。② 身体端正，两肩放松，勿倚靠座椅的背部。③ 挺胸收腹，上身微微前倾。④ 采用中坐姿势，坐椅子前面 2/3 左右。⑤ 日常手的姿势，自然放在双膝上或椅子扶手上。⑥ 柜台手的姿势，双手自然交叠，将腕至肘部的 2/3 处轻放在柜台上。⑦ 腿的姿势：双腿可并拢，也可分开，但分开间距不得超过肩宽。

（3）坐姿禁忌。① 切忌坐在椅子上转动或移动椅子的位置。② 尽量不要叠腿，更不要采用“4”字形的叠腿方式及用双手扣住叠起的腿的膝盖的方式。③ 在座椅上，切忌双腿大幅度叉开，或将双腿伸得很远,更不得将脚藏在座椅下或用脚钩住椅子的腿。

3. 行姿

标准行姿如下:① 方向明确。② 身体协调,女士姿势优美,男士姿势稳健。③ 步伐从容,步态平衡,步幅适中,步速均匀,走成直线。④ 双臂自然摆动,挺胸抬头,目视前方。

4. 蹲姿

女士蹲姿分为高低式和交叉式两种。高低式蹲姿下蹲时一脚在前,一脚稍后(不重叠),两腿靠紧向下蹲,以膝低的腿支撑。交叉式蹲姿下蹲时,一脚在前,一在后,两腿前后靠紧,合力支撑身体。臀部向下,上身稍前倾。女士应靠紧双腿,男士则可适度分开,臀部向下,基本以后腿支撑身体。

图 7-5　女士标准蹲姿　　　　图 7-6　男士标准蹲姿

5. 其他几种体姿礼仪的基本要求

(1) 点头。在没有必要行鞠躬礼,但又想向对方示意时,可用点头表示。点头时,转折点在脖子,双目应注视对方,可同时用微笑或话语向对方问好。

(2) 回头。无论是谁,若突然被人由后面叫住,会毫无防备。倘若不假思索,只将头部和视线转向对方,很容易让人误会你在瞪他。正确的姿势是,回头时让身体也稍向后侧,转向对方,以给人谦恭、友好的印象。

(3) 递物。递东西给他人时,应双手将物品拿在胸前递出。递图书等物品时,应把书名向着对方,以便对方能够看清楚。若是刀剪之类的尖锐物,要把尖锐的一头朝向自己。递物时,不能一只手拿着物品,更不能将物品丢给对方。

(4)接物。对他人递来的物品应双手接过。

(5)招手。若碰到较亲近的朋友或同事,可用举手招呼表示问候。招手时,手的高度以在肩部上下为宜,手指自然弯曲,大臂与上体的夹角在30°左右。

(6)"V"形手势。食指和中指上伸呈"V"形,拇指弯曲压于无名指和小指上,这个动作有"二"和"胜利"的含义。表示"胜利"时,掌心一定要向外,否则就有贬低和侮辱人的意思。

(7)请的手势。在标准站姿基础上,将手从体侧提至小腹前,优雅地划向指示方向,这时应五指并拢,掌心向上,大臂与上体的夹角在30°左右,手肘的夹角在90°～120°之间,以亲切柔和的目光注视客人,并说些适宜的话语。

(8)鼓掌。鼓掌礼一般表示欢迎、祝贺、赞同、致谢等意。鼓掌时,一般将左手抬至胸前,掌心向上,四指并拢,虎口张开,用右手去拍打左手发出声响。

(四)服饰礼仪

服饰也是个人形象的表现之一,它彰显着一个人的个性、身份、阅历及其心理状态等多种信息。在人际交往中,着装直接影响别人对你的第一印象,关系到对你个人形象的评价,同时也关系到一个企业的形象。

正式场合男士着装的礼仪。在庄重的仪式以及正式宴请等场合,男士一般以西装为正装。一套完整的西装包括上衣、西裤、衬衫、领带、腰带、袜子和皮鞋。

正式场合女士的着装礼仪。在重要的会议和会谈、庄重的仪式以及正式宴请等场合,女士着装应端庄得体。

在非正式场合,着装也要合乎礼仪,做到干净、大方,符合场合要求。

(五)语言礼仪

语言是人类所特有的用以传递和表达信息、观点和情感的交际工具。得体的语言在职场中不仅能起到沟通、交流的作用,更能提升个人形象,增强人格魅力。在日益注重人际关系的现代社会,不管是生活中或是职场上,语言礼仪更成为体现个人形象和公司形象的重要因素。

语言礼仪要注重以下几个原则：① 在运用语言进行交流时，应尽量合乎交流双方的特点，诸如性格、心理、年龄、身份、知识面、习惯等。此外，还要考虑交流双方的文化差异。② 多使用敬语、谦辞和礼貌语言，做到外敬内谦，礼貌待人。③ 注重谈话的技巧。

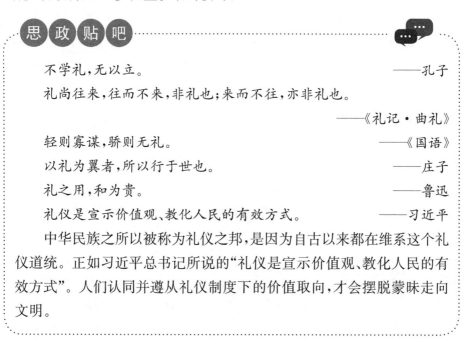

思政贴吧

不学礼，无以立。　　　　　　　　　　　　——孔子

礼尚往来，往而不来，非礼也；来而不往，亦非礼也。

　　　　　　　　　　　　　　　　　——《礼记·曲礼》

轻则寡谋，骄则无礼。　　　　　　　——《国语》

以礼为翼者，所以行于世也。　　　　——庄子

礼之用，和为贵。　　　　　　　　　——鲁迅

礼仪是宣示价值观、教化人民的有效方式。　——习近平

中华民族之所以被称为礼仪之邦，是因为自古以来都在维系这个礼仪道统。正如习近平总书记所说的"礼仪是宣示价值观、教化人民的有效方式"。人们认同并遵从礼仪制度下的价值取向，才会摆脱蒙昧走向文明。

任务反馈

任务中的小节同学个人条件不可谓不优秀，但她在应聘中的表现无疑是失败的。其失败的原因显而易见。

（1）定位错误的仪容仪表。单位招聘面试是一个正式而严肃的场合，在这种场合中，应聘者仪容仪表首先要做到端庄大方，合适的服饰及妆容是赢得面试官好感的关键之一。但小节恰恰在这方面用错了心思，不合时宜的着装和浓艳的妆容让她的表现大打折扣，不仅不会提升她在面试官心中的形象，反而会成为扣分项。

（2）缺乏涵养的仪态礼仪。小节在求职场合不应跷二郎腿。跷二郎腿是不严肃不庄重的行为。

（3）失去优势的语言礼仪。从小节的个人资料来看，她作为文秘职员的优势是相当明显的，如果在应聘中能够凭借自己专业优势通过语言礼仪表现出来会是一个很好的加分项，但进场的小节既没有跟面试官礼貌地问好，也没有抓住机会适当地介绍自己，更没有在面试还没开始就已经结束时向面试官告别，这使她彻底丧失了机会。

在职场中，尤其是在这样重要的应聘场合中，应聘者的一言一行、一颦一笑都会影响甚至决定自己的成败。

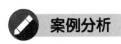 **案例分析**

【案例 1 - 1】

浓妆淡抹总相宜

李琳于一年前毕业于滨海学院文秘专业，先就职于一家公司任文员。她既是一个有个性、赶时髦的时代女性，也是一个成熟干练的职场女性。她特别注重不同场合的妆容。不上班时，她会给自己化一个"青春少女妆"，会根据自己的心情和服装选择不同颜色的眼影、睫毛膏、眼线、腮红和唇彩或唇油，让自己看上去鲜亮淡雅，非常富有青春气息，整个人也感觉轻松了许多。

上班时，她便化起"白领丽人妆"：眼影改为与服装色系搭配的灰度高偏浅色，眼线是紧贴上睫毛根部描画的灰棕色，睫毛是自然黑色的，眉毛修饰自然、稍带棱角，底妆用不脱色的粉底液，再加上自然的唇型和略显浓艳的唇色。整个妆容清爽自然、整洁、漂亮、端庄，尽显职场女性的自信、成熟、干练。李琳的装扮得到了公司同事的一致好评，加上她勤奋的工作态度和骄人的业绩，也赢得了公司领导的嘉奖。

【思考讨论】

1. 爱美之心人皆有之，李琳的不同装扮是否符合个人形象设计的原则？

2. 从李琳在不同场合化不同的妆这一举措来看，哪些值得你借鉴？

【案例 1 - 2】

"箕踞"缘何被视为失仪？

踞，即箕踞，古人往往席地而坐，双膝平放，两腿前伸分开，形如簸箕，这种坐姿被称为"箕踞"。在古代这是一种极其失礼的坐姿。上古时期人们的服饰遵从上衣下裳,裳类似女性穿的裙子,裳内穿胫衣,即只有裤管没有裆的内衣,如果身体活动幅度太大就容易走光,所以古人为了避免这种尴尬,对人们的"行、坐、卧、跪"等行为,都有着非常严格的礼仪规定,其中的坐姿采用跪坐的姿势,这种臀部着地双腿前伸分开的踞坐不仅失礼,还被视为大不敬。其实即使在今天,这样的坐姿也是极其不优雅的。

【思考讨论】

1. "箕踞"有何不妥?

2. 你对于生活中的"箕踞"行为有何评价?

📖 实训平台

一、学会凝视

训练目光专注,看着 1 米内目标数 100 下不眨眼。努力训练一星期。

二、学会微笑

(1) 微笑肌上提练习。把笑肌往上提,想象愉快的事情,含着笑训练一星期。眼睛里含着笑看着别人,把你的宽容、热情、怜悯等等都含在眼里。

(2) 抿嘴微笑练习。抿着嘴唇,眼睛里含着笑看着别人。

任务二 通晓社交礼仪

📍 任务情境

张先生是刚刚踏入职场的商务工作者,由于业务成绩出色,随团到中东地区某国考察。抵达目的地后,双方行握手礼时,张先生主动向其中的一位女性工作人员握手,并用力摇晃了几下,以表示他的热情。这位女性面露愠色,很尴尬地躲开了他。东道主举办接风宴。酒席上为了表达敬意,主人阿巴德先生向在座的所有客人一一递上当地的特产饮料。当轮到张先生时,生活中"左撇子"的他习惯性地伸出左手去接,阿巴德先生见状不仅脸色骤变,还非常生气地将饮料重重地放在餐桌上拂袖而去,再也没有理睬张先生。

任务分析

社交礼仪是社会交往中使用频率较高的一种礼仪。每个人都不是孤立的,在人际关系中,首先要学会尊重别人,才会获得别人的尊重,也就是人际交往的白金法则所阐述的"别人希望你怎么样对待他们,你就怎样对待他们"。学习掌握规范的社交礼仪常识,为人际交往创造出和谐融洽的气氛,从而使自己的人际关系得以建立、保持并改善。

《礼记·曲礼上》中记载:"入竟而问禁,入国而问俗,入门而问讳。"意思是到了一个不熟悉的地方要了解当地的禁忌、风俗及避讳等。这里的"竟""国""门"由大到小分别指国境、都城和家门。不同国家、不同地域、不同民族之间有不同的礼仪和风俗。在阿拉伯国家的礼仪中,用左手递接物品是不礼貌的,因为在他们的习俗中左手是拿不干净东西的。但是生活中是"左撇子"的张先生,犯了一个重大的失误,他疏忽了中东地区的忌讳,而用左手接了东道主带着满满的敬意递送的饮料。难怪东道主满脸怒容,不再理睬他了。男士主动握女士的手,还用力摇晃,也是交往失礼行为。

社交是现代社会的必要内容,合适得体的社交礼仪会极大地提高每个人的社交质量。

知识点拨

一、社交礼仪的含义

社交礼仪是指人们在社会交往中为实现更好的沟通交流所具备的尊重对方、态度亲善、友好等礼仪规范。社交礼仪是一种行为规范,约束人们在社会交往中的言行,为人们的社会交往提供言行标准,体现了对他人的尊重。社交礼仪通过恰当的方式表达人们内心的友好、亲善,在某种程度上也起着维持社会秩序的作用。通过规范的社交礼仪,人们可以建立良好的沟通,进而取得对方的支持与帮助,促进事业的成功。

二、社交礼仪的内容框架及原则

(一) 社交礼仪的内容

无论在职场还是在日常生活中,我们无时无刻不在与人打交道,社交礼仪便显得尤为重要。得体的行为举止不仅能给别人留下良好的印象,还有助于工作事业的成功。社交礼仪涉及的内容比较广泛,总体来说,其内容框架由仪表、仪容、仪态、服饰等静态礼仪和相识、交谈、交往等动态礼仪构成。

仪表仪容仪态礼仪是一个人从自身的容貌、气质、风度和姿态等方面表现出的礼节;服饰礼仪是通过得体的色彩、款式和配饰等表现出的礼节;相识礼仪主要是见面、介绍、握手等环节所表现出的礼节;交谈礼仪主要体现在交谈用语的文明,交谈话题的适当,交谈方式的得体等环节,如多用"您好、请、谢谢"等礼貌用语,忌谈别人的隐私,给别人发言的机会等;交往礼仪是指拜访、待客、馈赠、餐饮、休闲娱乐等方面所表现出的礼节。

(二) 社交礼仪的原则

社交礼仪内容丰富多样,但它有自身的规律性,在人际交往中,要坚持社交礼仪的原则。

1. 敬人的原则

尊敬他人是人际交往的前提,也是社交礼仪的核心,唯有尊敬他人才能获得他人的信任和尊敬。

2. 自律的原则

社交礼仪是个体自身的言行规范,需要个体自觉运用。所以,在交往过程中,个体要克己、主动、自觉自愿地运用社交礼仪。要经常自我对照、自我反省、自我约束。

3. 适度的原则

社交礼仪的运用应适度得体,分寸得当,少之不敬,多则迂腐造作。在与人交往中使用礼仪时应根据对象、场景而有所不同,不可千篇一律。

4. 真诚的原则

运用社交礼仪需诚心诚意,以诚待人,表里如一。不可逢场作戏,不可心口不一。

三、常见的几种社交礼仪

图7-7 握手礼仪

(一)握手礼仪

握手礼是一种常见的社交礼仪,是指在见面和告别时,双方用右手相互握住对方的手部,轻轻摇动以示友好和尊重的一种礼仪。现代握手礼通常是先打招呼,然后相互握手,同时寒暄致意。它可以表达多种含义,如致意、寒暄、友好、亲近、道别等,有时还会表示祝贺、感谢、慰问。通过握手,可以了解对方的情绪和意向,还可以推断出他的性格特征和情感趋向。有些情况下握手比语言更能传递情感。

握手礼仪在许多场合适用,它貌似简单,其实承载着丰富的交际信息,要了解其中的礼仪细则,才能正确地行握手礼。

1. 握手的顺序

通常情况下,握手要遵从"位尊者先伸手"的原则。如在正式场合,身份职位高的人一般要主动与身份职位低的人握手。在日常生活中,长辈一般主动和晚辈握手;女士主动和男士握手。在聚会或接待场合,主人主动和客人握手;接待方主动和被接待方握手。

2. 握手的时间

握手的时间要恰当。握手时间可根据双方的熟悉程度灵活掌握。初次见面握手时间不宜过长,以三秒钟为宜,切忌握住异性的手久久不松开;与同性握手的时间也不宜过长,以免对方尴尬。

3. 握手的力度

握手时力度要适中,可稍稍用力,以显示自己热情与诚意。男士握女士的手,力度应轻柔。如果下级或晚辈与你的手紧紧相握,作为上级和长辈一般也应报以相同的力度,这样可以使晚辈或下级对自己产生强烈的信任感,也可以使你的威望、感召力在晚辈或下级心中得到提升。与老人、贵宾、上级握手，不仅是表示问候，还有尊敬之意。

4. 握手的姿势

行握手礼时，不必相隔很远就伸直手臂，也不要距离太近。一般距离约一步左右，上身稍向前倾，伸出右手，四指齐并，拇指张开，双方伸出的手一握即可，不要相互攥着不放，也不要用力摇晃。若与女士握手，不要满手掌相触，轻握女士手指部位即可。

5. 握手的禁忌

① 不要用左手与他人握手。② 不要在握手时争先恐后，应避免交叉握手。③ 不要戴着手套、墨镜、帽子与他人握手。④ 不要在握手时表情僵硬、沉默不语，也不要点头哈腰、喋喋不休，表现得过分客套。⑤ 不要在握手时蜻蜓点水式仅握一下对方的手指尖，同样对方也不要只递出自己的手指尖。⑥ 不要硬将对方的手拉来推去，也不要上上下下抖来抖去。⑦ 不要用不干净的手与他人握手，为避免引起误会可简单说明不便握手的缘由。⑧ 不要在与人握手之后做擦拭手掌的动作，以免引起误会。⑨ 不要长时间握着对方的手不放。

(二) 介绍礼仪

在职场社交中，经常需要结识陌生人，双方需要相互认识、相互了解。有时候别人也会介绍你与他人相互认识。在相互结识时则会用到介绍的礼仪。了解并熟练运用介绍礼仪能帮助你更好地开展社交活动。

1. 自我介绍

自我介绍就是在社交场合向他人介绍自己的基本情况的一种方式。通常包括介绍自己的姓名、年龄、身份等，在必要的情况下可能还需要介绍自己的兴趣爱好、特长、经历等内容。恰当的自我介绍，能增进他人对自己的了解，更有利于双方的交流。进行自我介绍时，要组织好语言，注意把握时机，内容简练，突出优点，给对方留下深刻印象。不同的场合，自我介绍的方式也不同。

(1) 寒暄式(应酬式)。这种方式一般运用于不得不介绍但又不想深交时，比如一些泛泛之交。这时，只需要简单介绍自己的姓名或工作单位等信息。

（2）公务式。在工作中的正式场合下，对自己的介绍。这种介绍需要做到信息全面、内容简练、用语规范。

（3）社交式。用于交友的情况，一般需要详细介绍自己的姓名、职业、籍贯、偏好和共同的熟人等。

2. 为他人介绍

以自己为中介，介绍不认识的双方互相认识。

介绍他人时，需要注意顺序问题。一般遵循先卑后尊的原则。根据这一原则，在职场中为他人作介绍时大致可以分以下几种：① 介绍主客人认识时，应先介绍主人，后介绍来宾。② 介绍有长幼关系的人认识时，应先介绍年幼的人，后介绍年长的人。③ 介绍晚辈与长辈认识时，应先介绍晚辈，后介绍长辈。④ 介绍异性认识时，应先介绍男生，后介绍女生。⑤ 介绍朋友或同事与家人认识时，应先介绍家人，后介绍朋友或同事。⑥ 介绍有行政隶属关系的人认识时，应先介绍下属，后介绍领导。

3. 集体介绍

集体介绍一般是指被介绍一方或双方不止一人。这种情况也可以参考替别人做介绍时的基本规则。在介绍双方集体时，仍遵循先卑后尊、先主后客的原则。而在介绍其中一方中的具体某个人时，则应当先尊后卑、先长后幼。

（三）交谈礼仪

交谈礼仪是指在交谈过程中应当遵循的一系列规范和原则。它包括尊重谈话者、认真倾听、保持适当的眼神交流、注意语言的文明、不随意打断别人、控制音量和语速、避免使用粗俗或冒犯性的语言等。交谈礼仪能够展现一个人的修养和素质，使交谈更加和谐、顺畅。

1. 交谈主题的选择技巧

交谈主题的选择对于交谈是否顺利有较大影响，有些主题宜谈，有些主题则要尽量避开。主题应根据双方的熟悉程度、角色和交谈目的来选择。

（1）宜谈的主题包括：① 既定的主题。这种主题是交谈双方已约定好的主题，或者其中一方先期准备好的主题。这种交谈目的性较强，效率较高。② 高雅的主题。一般是内容脱俗、格调高雅的话题。高雅的谈话主题可以提升一个人在他人心中的个人形象。③ 轻松的主题。一般是一些双方熟悉又令人身心轻松愉快、饶有情趣、不觉厌烦的话题。轻松的话题可以使双方迅速放下戒备、信任彼此,可以营造轻松和谐的谈话氛围。④ 时尚的主题。一般是此时此刻正在流行的事物。时尚的主题对双方的共同兴趣和时尚关注点有较高要求。⑤ 擅长的主题。一般指交谈双方或对方有一定研究的、熟悉的话题。选择擅长的主题、熟悉的领域作为交谈主题,既显示了对对方的尊重,也可使交谈顺利进入良性互动状态。

(2) 避谈的主题包括:① 个人隐私的主题。个人不希望他人了解的事。关系不亲密的交谈双方不可谈论个人隐私问题,尤其不能打探对方的隐私。亲密的朋友之间也要尊重对方的隐私权。② 捉弄对方的主题。挖苦对方、调侃取笑对方的主题。无论是否熟悉,都不应该对交谈对象尖酸刻薄或随意取笑。不熟悉的交谈对象之间不宜油腔滑调,乱开玩笑。③ 非议旁人的主题。谈论他人,传播闲言碎语,制造是非,无中生有的主题。④ 倾向错误的主题。违背社会伦理道德、意识形态错误、三观扭曲的主题。⑤ 令人反感的主题。令交谈对象感到伤感、不快或其不感兴趣的话题。

2. 交谈过程中的细节

顺利、愉悦的交谈做到五不要:第一,不要独白。交谈中,要礼让他人,要多给对方发言的机会,不要一人独白。第二,不要冷场。交谈中,不要从头到尾保持沉默。第三,不要插嘴。第四,不要争辩。交谈中可以陈述个人不同意见,但不要固执己见,甚至强词夺理。第五,不要否定。交谈中,若对方所述无伤大雅,无关大是大非,一般不宜当面否定,即"不得纠正"原则。

(四) 风俗礼仪

风俗礼仪,也称为习俗礼仪,是指在特定的社会文化背景下,人们在社会生活和交往中长期形成的一系列行为规范、传统习惯和仪式。它涵盖了各种社交场合中的礼节、习俗、禁忌等,体现一个地区或民族的文化特征。在长期的发展过程中,世界各国各民族形成了千姿百态的风俗习惯,也就有了与之相对应的礼仪。

1. 禁忌礼仪

不同地区不同民族的风俗习惯不同,使其形成了不同于其他民族的禁忌礼仪,如英美等大多数西方国家忌讳"13"和"星期五";拉丁语系的国家人们在交谈时忌讳交叉握手;伊斯兰教禁食猪肉;中国人一般不会当着客人的面打开客人送的礼物。

2. 风俗礼仪

了解各个国家和地区的风俗礼仪，使自己在与他们打交道的过程中不会因为失礼而被责怪。如西方社会在丧礼上往往饰以菊花寄托哀思，日本则习惯用荷花；我国傣族的泼水节中以向别人泼水表示祝福；中国的家庭会在春节给小孩子包压岁钱等。

很多风俗习惯和民族宗教信仰有关，我们在遵从当地风俗习惯的同时，也要坚持维护人格尊严和国家政治底线原则。

思 政 贴 吧

习近平总书记指出：礼仪文化是中国传统文化的核心内容之一，其中蕴含着中国传统文化价值观念的思想精华和道德精髓，因此，科学地阐述中国礼仪文化的思想内涵，分析其转变为价值取向和引导行为规范的路径，将中国礼仪文化融入社会主义核心价值观的培育和践行，以礼仪文化教育促进社会主义核心价值观教育，就是把价值观教落小、落细、落实的重要措施。

——《光明日报》（2014 年 9 月 24 日 13 版）

中华民族的礼仪文化承载着民族的道德秩序和精神境界，其积极的价值导向与社会主义核心价值观是一致的，一同服务于中国特色社会主义现代化建设。社会主义核心价值观中的文明、和谐、友善无一不渗透着礼仪文化的精髓。做一个文明有礼的人是对中华优秀传统礼仪文化的传承，也是践行社会主义核心价值观的体现。

任务反馈

社交礼仪不同于职场礼仪，它是人类在长期社会活动交往中逐渐形成并固定下来的，既具有同一性又具有民族性。所谓"入乡问俗"，其实就是社交礼仪的通常表现。张先生应该在女士主动要求握手时再回握对方；与女士握手时应握住对方手指轻轻一握即可。入乡随俗，张先生应该用右手接住对方递过来的茶饮。

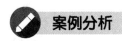 案例分析

【案例 2-1】

如 此 拜 访

某房地产公司新建的大楼即将落成，下一步需要进行内部装修。公司的张总经理已做了决定，请 A 装修公司装修写字楼。这天，A 公司的客户经理打电话来，要上门拜访这位总经理。总经理打算等对方来了，就在装修协议上盖章，定下这笔生意。不料对方比预定的时间提前了 2 个小时，原来对方听说这家地产公司的住宅楼也要在近期内落成装修，他希望连同住宅楼的装修工程一并接过来。为了谈这件事，客户经理还带来了一大堆的资料，摆满了台面。张总经理没料到对方会提前到访，根据日常安排，这个时间段，他还要参加一个会议，便请秘书告知对方等会儿。这位客户经理等了不到半小时，不耐烦了，边收拾资料边说：“我还是改天再来拜访吧。”这时，张总经理恰好从会议室出来，发现对方在收拾资料准备离开时，将自己刚才递上的名片掉在了地上却没发觉，走时还无意从名片上踩了过去。看到客户经理的这一系列举动，张总经理改变了初衷，取消了与 A 公司的所有合作意向。

【思考讨论】

1. 你认为 A 公司的生意为何告吹了？

2. 令总经理改变初衷的仅仅是自己的名片被对方踩吗？如何正确接受并保存对方的名片？

【案例 2-2】

春节期间，忙碌了一年的王刚终于可以休息几天了。但春节作为最重要的传统节日，迎来送往、走亲访友是一项重要的活动，正好可以趁这个机会与亲戚朋友们联络感情。于是大年初一，王刚便准备去拜访回老家过年的好哥们蒋毅，顺便给蒋毅的父母拜年。这时 6 岁的小女儿优优蹦蹦跳跳地跟出来非要跟着去，王刚拗不过便把女儿抱上了车一起去了。

走亲访友带礼物是理所当然的，王刚准备了茶礼作为新年礼物。蒋毅高兴地迎接老朋友进门。王刚向蒋毅的父母拜年问好后，递上礼物：“知道

伯父喜欢喝茶，特地准备了十年的老白茶，请伯父品尝。"蒋父很高兴，马上招呼蒋毅泡茶招待王刚。茶泡好，蒋毅给大家倒茶，大家尽兴地品茶聊天。女儿优优一直盯着王刚的茶杯似乎有话要说，后来终于忍不住了，说："蒋叔叔，你为什么不给我爸爸的茶杯倒满呀？是怕烫着爸爸吗？"大家听了都忍不住哈哈大笑。蒋毅说："孩子，咱们中国有句古话叫'茶要七分满，留得三分敬客人'，你爸爸在我们家是客人，不把茶杯倒满是对你爸爸的尊重。哈哈!"说得小丫头不好意思地躲到了爸爸身后。

【思考讨论】

1. 茶在生活中作为社交礼物，你有过了解吗？茶礼还可以用在哪些场合呢？

2. 社交活动中的饮茶礼仪有很多，比如文中提到的"茶要七分满，留得三分敬客人"体现了主人对客人的尊重，除此之外，你还知道哪些饮茶的礼仪？

实训平台

一、情景剧：宴会

活动规则：

（1）将班级同学分为若干组，每小组 5～6 人，每小组根据老师提供的宴会类型，选择自己的服饰装扮。

（2）小组成员之间不得商量。

（3）每小组中如果出现一半人着装与所参加的宴会不符即判为无效。

二、社交能力测试[①]

这份社交能力自测表，共包括 30 道题，你可按照自己的符合程度进行打分。凡符合者打 2 分，基本符合者打 1 分，难以判断者打 0 分，基本不符合者打－1 分，完全不符合者打－2 分，最后统计总得分。

（1）我去朋友家做客，首先要问有没有不熟悉的人出席，如有，我的热

---

① 资料来源：罗云威《你的社交能力如何？》，《时代风采》1999－11－01。

情会明显下降。

（2）我看见陌生人常常觉得无话可说。

（3）在陌生的异性面前,我常感到手足无措。

（4）我不喜欢在大庭广众面前讲话。

（5）我的文字表达能力远比口头表达能力强。

（6）在公共场合讲话,我不敢看观众的眼睛。

（7）我不喜欢广交朋友。

（8）我的要好朋友很少。

（9）我只喜欢与同我谈得拢的人接近。

（10）到一个新环境,我可以接连好几天不讲话。

（11）如果没有熟人在场,我感到很难找到彼此交谈的话题。

（12）如果要在"主持会议"与"做会议记录"这两项工作中挑一样,我肯定是挑选后者。

（13）参加一次新的集会,我不会结识多个人。

（14）别人请求我帮助而我无法满足对方要求时,我常感到很难对人开口。

（15）不是不得已,我决不求助于人,这倒不是我个性好强,而是感到很难对人开口。

（16）我很少主动到同学、朋友家串门。

（17）我不习惯和别人聊天。

（18）领导、老师在场时,我讲话特别紧张。

（19）我不善于说服人,尽管有时我觉得很有道理。

（20）有人对我不友好时,我常常找不到恰当的对策。

（21）我不知道怎样同嫉妒我的人相处。

（22）我同别人的友谊发展,多数是别人采取主动态度。

（23）我最怕在社交场合中碰到令人尴尬的事情。

（24）我不善于赞美别人,感到很难把话说得亲切自然。

（25）别人话中带刺揶揄我,除了生气外,我别无他法。

（26）我最怕做接待工作,同陌生人打交道。

（27）参加集会,我总是坐在熟人旁边。

（28）我的朋友都是同我年龄相仿的。

（29）我几乎没有异性朋友。

（30）我不喜欢与地位比我高的人交往，我感到这种交往很拘束，很不自由。

结果分析：

如果你的总得分在 30 分以上，那么你的社交能力存在较大问题。你在社交场合，习惯于退缩、逃避，你对自己的社交能力没有信心。

如果得分在 0～30 分之间，说明你的社交能力还有待进一步提高，你对人际交往还有些拘谨和尴尬。

如果得分在 −20～0 分之间，意味着你的社交能力一般。

倘若得分低于 −20 分，你是一个比较善于交往的人。

评析：

不管学习还是工作中，都离不开社交。性格内向，不善于表达，人际交往能力很差的问题，实际跟自己以往的生活习惯有很大关系，要改变自己的生活习惯。每天一下班回到家，不是看电视，就是上网看新闻、玩游戏，根本就没有与别人接触，这样是不行的，一定要下定决心改变这种不良的习惯。要主动跟别人打招呼，留意朋友、同事和合作伙伴的动态和近况，积极参加一些集体活动，比如公司或者朋友圈举办的一些吃饭、唱歌、爬山之类的集体活动。这些活动是增进大家感情的很好的方式。在别人需要帮忙时适当出手，与朋友和合作伙伴需要保持联系。

任务三 规范职场礼仪

任务情境

甲公司由于经营不善，面临着资金周转危机。甲公司找到乙公司，意与后者合作，以摆脱困境，实现共赢。经过双方前期商谈，两个公司有了合作的初步意向，并约定开会详谈合作细节。甲公司张总约乙公司李总及其团队成员于 7 月 18 日前来洽谈合作事宜。按照事先约定的会议时间,李总带队准时到达甲公司。然而张总忘记了约定,也没有事先安排接待及会议的相关事项。李总及其团队成员在甲公司门外等了半个小时,张总才到达公司。张总将李总及其团队成员带到会议室,相互做了自我介绍。李总用双手将自己的名片递给张总,张总用两个手指头夹过名片,顺手扔在了桌子上。之后,张总让助理为自己泡了一杯茶,就提议开始详谈合作细节。看着甲公司参会的其他成员,李总心中甚是疑惑:对方参会的都是谁? 什么职务? 负责什么工作? 会议过程中,张总靠在椅背上,跷着二郎腿,不时地摆弄着手机,听着李总等人的发言。其间,甲公司参会人员还接二连三地接打电话。会议进行到一半,李总及其团队成员便告辞离开,并决定取消与甲公司的合作。张总及其团队成员却不明白为什么合作被取消了。

任务分析

在职场中,爽约是大忌。与别人约定好时间后,又不能赴约,还没有合理的解释,会让对方怀疑你的诚意。张总不能按时赴约,也没有提前向李总说明,事后也没有解释,已经给李总留下了不好的印象。事先没有安排好接待和会议事项,害得来访客人在门外空等半个小时。如此慢待客人,破坏的不是一个人的形象,而是一个公司的形象。别人递给你东西时,你随便单手接过。这个细节虽然小到可以让人忽略掉,但是在职场上,事情越小越能看出一个人的整体素质。不知礼则失礼,失礼则无人理。客人到访,张总不给客人倒茶,只给自己泡茶,非待客之道。在职场中参与谈判和会议,双方需坦诚介绍参会人员,以增加对方的安全感和谈话的针对性。会议期间,随意接打电话、坐姿散漫,会给人留下傲慢和轻视对方的感觉。张总散漫的坐姿、玩弄手机,甲公司其他参会人员接打电话,都给公司形象减了分。这些职场失礼行为,让甲公司失去了合作机会。

在商务场合中,你的行为举止不仅仅是个人职业素养的体现,还代表你所在的部门、公司、集团。当下因职场失礼"小事"导致的"翻车"事件屡见不鲜,甚至影响到个体所在的企业、地区和国家。见微知著,小细节往往决定大成败。

知识点拨

一、职场礼仪的概念

职场礼仪是指人们在职业场所中应当遵循的一系列礼仪规范，主要包括着装得体、言谈举止恰当、尊重他人、遵守时间、注意沟通场合和方式、良好的工作态度等，是体现一个人的专业素养和职业操守的重要方面。规范的职场礼仪，不仅是自我尊重和尊重他人的表现，也是员工的工作态度和精神风貌的体现。

职场礼仪在工作和人际交往过程中起着重要的作用。一个公司员工的言谈举止不仅反映了个人修养，还代表了其所属企业的形象。员工的礼仪形象是其知识水平、修养和风度的反映，也是企业形象的折射。

二、职场礼仪的原则

礼仪规范是职场礼仪的外在形式，在使用这些礼仪规范时，更应该遵循其内在的一系列原则，包括敬人爱己、与人为善、平等相处。

（一）敬人爱己

礼仪的核心是尊重，既尊重他人也自尊自爱。尊重是礼仪之本，也是待人接物的根基，职场礼仪更应如此。使用职场礼仪首先要自尊自爱、不卑不亢。自觉维护自己的形象，尊重自己的职业，尊重自己的工作单位、岗位。规范使用职场礼仪源自发自内心的对他人的尊重。尊重他人的前提是要接受对方，同时还要做到不难为对方；要重视对方，欣赏对方。多发现、多赞美对方的优点，不当众指正其缺点。由衷地尊重对方、欣赏对方、赞美对方，才能获得对方的信任。

职场中对不同的人的尊重体现了个人的良好修养。尊重上级是一种天职，尊重同事是一种本分，尊重下级是一种美德，尊重客人是一种常识，尊重对手是一种风度，尊重所有人是一种教养。

（二）与人为善

在社交场合，与人为善是一种较高的境界。在人际交往中，与人为善、严于律己、宽以待人是创造和谐人际关系的法宝。友爱、包容、推己及人、换位思考,是职场制胜的最好方法,也是运用职场礼仪所体现的内在素养。

（三）平等相处

在职场社交中,内心拥有民主平等、谦虚待人的意识,才能在社交中自然地平等施礼。你给对方施礼,对方也会相应地还礼于你。这一切都离不开平等的原则。平等待人、平等施礼是人际交往时建立情感的基础,是保持良好关系的诀窍。

三、职场礼仪的意义

在职场中,规范使用礼仪意义重大,无论对个人还是对集体都有着举足轻重的作用。"细节决定成败",恰当使用职场礼仪可以助力一个人、一个公司的成功,而失礼的言行也可能会让一个人、一个公司错失一次良机,甚至还可能引发更多不良的连锁反应。

（一）规范使用职场礼仪可以提升个人的素养

一个人的言谈举止体现了一个人的内在修养。内在修养是可以通过练习提升的。有意识地遵守礼仪规范可以使人养成良好的言行习惯,提高自我要求,有助于提升外在形象和内在修养。

（二）方便个人交往应酬

无论在职场中还是生活中,一个修养好、懂礼貌的人总是受人欢迎的。规范使用职场礼仪,可以给对方留下美好的印象,也能让对方充分感受到被尊重的感觉。优雅得体的形象可以帮助你吸引更多的朋友,扩大自己的社交范围。

（三）有助于维护企业形象

在职场交往中个人代表整体,一个人的形象往往代表一个企业的形象。因此,规范得体的礼仪可以为企业树立美好的形象;反之,一个人不当的言行也会破坏一个企业的形象。

四、职场礼仪的基本操作规范

职场交往涉及的面很广,既有人与人之间的交往,也有对公务的处理。

职场中每个人的仪容仪表、衣着配饰、言谈举止都影响着工作的顺利与否、事业的成败。职场礼仪涵盖的内容广泛,本节主要从仪容仪表礼仪、仪态礼仪、接待礼仪、接打电话礼仪、会议礼仪、电子邮件礼仪、使用各类公用办公设备的礼仪等方面学习。

(一) 仪容仪表

第一印象能给人带来机遇,也可能会让人产生误解。形象决定价值。你永远没有第二次机会树立第一印象。

仪容仪表操作规范:

(1) 重要公务活动着装要整洁,衣冠端正,庄重大方,不穿奇装异服。

(2) 着装时要扣好纽扣,不卷起裤脚、衣袖,领带须系正。

(3) 皮革要光亮,不得有脱鞋等不雅行为。

(4) 面部、手部要洁净,不留长指甲,不染指甲。

(5) 上班前不吃异味较大的食物。

(6) 头发要常洗,保持干净。

(7) 女士不要浓妆艳抹,不留奇异发型;男士不烫发、不留长发和小胡须。

(二) 仪态

要美观,即通常说的"站有站相,坐有坐相"。

(1) 站姿。站姿端庄,肩平头正,目不斜视。

(2) 行姿。行走要抬头、挺胸,脚步轻、稳。行走过程最忌讳方向不定、瞻前顾后、声响过大、八字步态、低头驼背。

(3) 坐姿。坐姿要自然端正。

(4) 蹲姿。高低式蹲姿下蹲时一脚在前,一脚稍后(不重叠),两腿靠紧向下蹲,以膝低的腿支撑。交叉式蹲姿下蹲时,一脚在前,一在后,两腿前后靠紧,合力支撑身体。臀部向下,上身稍前倾。

(三) 接待礼仪

1. 接待

对办理公务的客人,要热情礼貌,做到"一起身、二让座、三倒水、四办事、五送客"。实行第一承办人制度,即第一承办人要负责引导客人承办公务到底。客人要见领导或其他同志,要请客人稍候,待联系后再引导客人会见。

2. 引导客人

（1）要在客人左前方引导。

（2）乘电梯时，要为客人按电梯，让客人先进；出电梯时，要让客人先出。

（3）引导客人到办公室时，要为客人开门，示意客人先进。

3. 交换名片

在人际交往中，名片有着推销自己、联络感情、拓展业务的功能。名片是一种经过设计、能表明自己身份、便于交往和开展工作的卡片。名片不仅可以用作自我介绍，而且还可用作祝贺、答谢、拜访、慰问、赠礼附言、备忘、访客留话等，它象征着持有者的颜面。因此，在接递名片和保存名片时，要像尊重对方的颜面一样，遵守应有的礼仪。

1）递送名片

递送名片要选准时机，有礼有节。递送名片一般选择在自我介绍的时候，报出姓名和身份或者被别人介绍出姓名和身份后，恰到好处地递出名片。这样既不突兀，又能帮助对方进一步熟悉你，还能加深对方对你的印象。递送名片时要慎重、诚心。

图 7-8　递 送 名 片

递送一般是由晚辈先递给长辈，递送时应起立，上身向对方前倾以敬礼状表示尊敬，并用双手的拇指和食指轻轻地握住名片的前端；而为了使对方容易看，名片的正面要朝向对方。递时可以同时报上自己的姓名，使对方能正确读你的名字。

2) 接收名片

若接名片,则要用双手由名片的下方恭敬接过,并认真拜读。此时眼睛注视着名片,认真看对方的姓名、身份,也可轻轻读名片上的内容。接过名片后要妥善保存。接名片忌用两个手指夹或者单手接,也不可随手乱放或不加确认就放入包中。接收名片后如果没有名片可交换,应向对方表示歉意,并主动说明,告知联系方式。可以用"很抱歉,我没有名片""对不起,今天我带的名片用完了,过几天我会寄一张给您"等礼貌用语。

4. 会见和会谈

(1) 会见、会谈时,要提前到达场所,在门口迎候客人。

(2) 领导之间的会见、会谈,工作人员安排就绪后应退出,谈话中不要随意进出。

正式的公务接待或者会议室活动原则上都应安排座次、放名签。

(四) 会议礼仪

会议礼仪是指在各类会议中应遵循的行为准则和规范。广义上指会议前、会议中和会议后所有人员应注意的事项;狭义上主要是指参会人员应遵循的礼仪要求,如整洁合适的着装、按时参加会议、遵守会议纪律、保持专注、尊重他人发言、恰当地使用电子设备等。

1. 会前礼仪

1) 设备准备

会议离不开各种辅助器材,在布置会场时,就应该把桌、椅、桌牌、指示牌、音响、空调、灯光、投影、电脑、插座等各种辅助器材准备妥当,并对相关器材进行调试。

准备签到簿,其作用主要是帮助了解到会人员的多少,分别是谁。一方面会议组织者能够查明是否有人缺席,另一方面能够使会议组织者根据签到簿安排下一步的工作,比如就餐、住宿等。

会议开始前做好引路工作。

2) 会议的座次

在会议室时,一般离入口较远的地方为上座,但三人时以中间为上位[见图 7 - 9(a)]。若对方未用桌牌指定时,按职位高低依序就座[图 7 - 9(b)]。当对方的领导进来时,要一起站起来打招呼,表示礼貌。

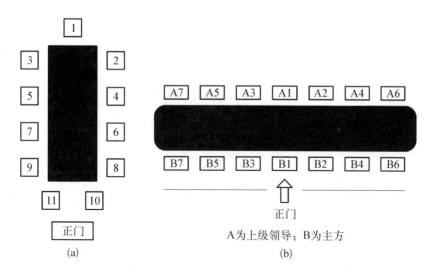

图 7-9 会 场 座 次

3）参会者礼仪

作为参会者，应事先了解会议的议题、议程和其他参会者的情况，按会议要求准备相关材料或做好发言准备。着装要得体，仪表仪态大方，准时参会，有序进场，按规定就座。

2. 会中礼仪

会议过程中要保持安静，关闭手机或把手机设置为静音。在听取别人发言时不要交头接耳，必要时做好记录，发言结束要鼓掌致意。会议进程中不要在会场中随意走动，若要离开会场应轻手轻脚，尽量不影响会场秩序和他人。

3. 会后礼仪

会议结束也要做好后续工作，有始有终。主办方在会后要尽快形成会议文件，及时下发或公布；回收处理好会议过程中使用的相关材料，协助参会者返程等。参会者要向主办方表达谢意，做好道别。

（五）宴请礼仪

1. 宴席准备

（1）根据宴请的性质、目的、主宾的身份等确定宴请规格、范围、时间、地点。

（2）宴请前宾客到达时，主人要到门口迎接。

（3）引导宾客入席。

（4）宴请要考虑来宾的饮食习惯、民族、地区、身体状况及其他特殊要求。

2. 宴席过程

（1）宴请中主人要热情、周到地照顾好客人，交谈以第一主人与第一主宾为主，其他人员一般不主动提话题，不随便插话打断交谈。

（2）宴请中要礼貌敬酒，理智饮酒。

（3）文明进餐，不大声喧哗，不发出不雅声响。

小知识

席 上 礼 规

（1）进餐动作文雅：进餐时先请客人、长者动筷子，夹菜时尽量少夹，以免中途掉落；不要去夹离自己很远的菜，可转动餐桌让菜靠近自己再夹；不要只埋头吃饭，不管别人；吃相要文雅，切忌狼吞虎咽；更不要贪杯。

（2）让菜不夹菜，如果要给客人布菜，要用公筷，也可以把离客人远的菜肴送到他们跟前。

（3）吃饭时不要发出声音。如果不小心出现呛咳或其他声音，要避开餐桌和客人，并致歉。

（4）吃到鱼头、鱼刺、骨头等物时，要将其放在自己的碟子内，或放在紧靠自己的餐桌边或放在事先准备好的纸上，不要往外面吐，也不要往地上吐。

（5）席间谈话时忌一言不发、大声说话或大笑、窃窃私语、边说话边进食。要适时与邻近的客人简单交谈以调节气氛。

（6）不要在餐桌上剔牙。如果要剔牙，用餐巾或手挡住自己的嘴巴。

（六）办公电话礼仪

（1）接电话要及时，要在电话振铃 3 次内接听。

（2）接打电话时面带微笑，用语文明，讲话和气，首先说"您好"。

（3）打电话时要选择恰当的时间，通话时长要遵守"3 分钟原则"。

（4）给上级领导打电话，要简明扼要，条理清楚，不过多重复，对领导的答复和批示要记清楚。

（5）参加会议、到领导办公室或接待重要客人时,避免手机发出声响。在公众场合接、打手机时,要回避众人,无法回避时要压低声音,尽量不影响他人。

（七）电子邮件礼仪

1. 电子邮件的书写

（1）每一封电子邮件都应该有一个主题。

（2）每一封邮件最好只包含一条信息。

（3）邮件信息量太大时使用附件。

（4）给对方回信时,要注意修改原标题。

（5）正式的商务邮件不使用网络语言和符号语言,要和书写信件一样注意措辞和语气。

2. 电子邮件的签名

（1）最好将中文名字与英文名字同时签上,因为有时候可能会由于系统不同,中文输入会出现乱码,如果有英文名字,对方至少可以知道邮件的发件人。

（2）如果邮件发给不熟悉的人,最好把联络方式写全。

（八）使用各类公用办公设备的礼仪

（1）在公用计算机上使用自己的存储设备时,要先杀毒,避免中毒。

（2）不要在公司的计算机上存储私人信息。

（3）注意文件的保密,也不要私自偷看别人的文件。

（4）不要在工作期间用工作电脑打游戏。

（5）使用同事的电脑一定要征得同意。

（6）遵守先来后到的原则。

（7）在公司里不要复印私人资料。

（8）如果遇到需要更换墨粉、卡纸等问题,自己不会处理的,一定要请别人帮忙处理好,实在处理不了一定要向相关人员报告,不要悄悄一走了之。

（9）使用完毕后,要将自己的原件拿走,以免丢失或泄露消息,给自己带来不必要的麻烦。

（10）使用完毕后，按设备管理要求将复印机设定在节能待机状态或关闭。

思 政 贴 吧

　　培育和践行社会主义核心价值观，是推进中国特色社会主义伟大事业、实现中华民族伟大复兴中国梦的战略任务。党的十八大提出，倡导富强、民主、文明、和谐，倡导自由、平等、公正、法治，倡导爱国、敬业、诚信、友善，积极培育和践行社会主义核心价值观。这与中国特色社会主义发展要求相契合，与中华优秀传统文化和人类文明优秀成果相承接，是我们党凝聚全党全社会价值共识作出的重要论断。富强、民主、文明、和谐是国家层面的价值目标，自由、平等、公正、法治是社会层面的价值取向，爱国、敬业、诚信、友善是公民个人层面的价值准则，这24个字是社会主义核心价值观的基本内容，为培育和践行社会主义核心价值观提供了基本遵循。

　　——《关于培育和践行社会主义核心价值观的意见》（中办发〔2013〕24号）

　　2012年11月，中国共产党第十八次全国代表大会上正式提出了"社会主义核心价值观"这一价值体系，即富强、民主、文明、和谐，自由、平等、公正、法治，爱国、敬业、诚信、友善。这一价值体系分别从国家、社会和个人三个层面阐释社会主义先进文化的精髓。其中，个人层面的爱国、敬业、诚信和友善，已经通过多种形式融入职场礼仪。如在敬业方面，强调对工作的认真负责，培养职业操守；在诚信方面，注重诚实守信，守时守约，遵守职场规则；在友善方面，与同事之间以礼相待，相互尊重、关爱与合作；在文明方面，要求言谈举止得体，展现良好形象；在和谐方面，促进团队和谐，营造积极的工作氛围。

　　通过这些具体的礼仪，让社会主义核心价值观潜移默化地影响个体的职场行为，同时也提升了职场道德水平。

任务反馈

　　（1）在职场中，守时是基本的职业礼仪。张总既然与李总约好了会谈的时间,就应该按时到会,作为主人,张总不但应该守时,更应该提前到公司准备接待和会议的相关事项。如果张总有确实不得已的原因,不能按时赴约,也应该提前向李总说明原因,并安排公司工作人员做好接待工作,不能让客人在门外等候多时。

(2)在职场中,当递送物品和接纳物品时,都应该双手递和接。当李总双手递送名片时,张总也应该双手接名片,而不是用两个手指头夹着。接过别人的名片应妥善保存,以示对别人的尊重,不能像张总那样随便扔在桌子上。

(3)无论在职场中还是在生活中,客人到访,主人给客人泡茶斟茶是人之常情。张总应该在征求李总一行人的意见后吩咐助理为李总等人端来饮品,而不是只给自己泡茶。

(4)在双方召开会议时,张总和李总应分别介绍各自团队的成员及其职务和在该项目中承担的任务。会议期间,张总及团队成员应端正坐姿,放下手机,并将手机调到静音模式,认真听取别人的发言。这既是对发言人的尊重,也是对工作的负责。

 案例分析

【案例3-1】

开 会 的 学 问

某职业学院定于8月20日下午与一养老机构洽谈校企合作事宜。8月19日,秘书科工作人员小李与分管领导商定了参会人员名单,确认了企业参会人员的职务和姓名,确定了会议日程及需要准备的资料。之后,小李又以学院的名义发布通知,通知参会人员按时参会。8月20日上午,小李和同事就布置好了工作会场,安排好了座位及名签。为了方便参会人员及时查看相关资料,了解校企双方情况,小李为参会人员准备了会议日程安排、学校简介资料、企业简介资料、笔记本、签字笔,并将这些物品装进文件包,一人一份,放在每个人的座位上。当参会人员入场时,小李还安排了两个引导人员,准确为参会人员引路。有两位参会人员会前回复说因为出差,不能准时参会。但是小李还是多准备了两份资料。不想,正式开会时二位又赶了回来,因为小李准备充分,二位没有耽误开会,也没影响参与讨论、发

表意见。会议过程中,企业代表正在讲话,话筒突然出现了故障。这时,小李及时将备用话筒送过去,确保了会议顺利进行。此次会议圆满结束,小李得到了领导和参会人员的高度评价。

【思考讨论】

1. 秘书小李会前做了哪些准备工作确保会议顺利进行?

2. 小李在会议过程中又是如何确保会议顺利进行的?

【案例 3 - 2】

你 被 解 雇 了

利达公司销售总监的秘书小刘是个刚毕业的大学生,勤恳踏实,能说会道,也有才华,颇受总监赏识,总监准备下个月为她转正。某一天,总监外出了,小刘正在公司整理总监需要的资料,电话铃响了。由于忙于整理资料,电话铃响了五六声后,小刘才来接电话。电话已经被对方挂断了。过了二分钟,电话再次响起,小刘正在复印资料,又没接听到电话。第三次电话铃后,小刘终于接到电话,她一边接电话,一边继续整理资料。

来电者:"是利达公司吗?"

小刘:"是。"

来电者:"你们李总在吗?"

小刘:"不在。"

来电者:"李总什么时候回来?"

小刘:"不知道。"

来电者:"我们需要你们生产塑胶手套300万副,多少钱一双?"

小刘:"10元。"

来电者:"8元一副行不行?"

小刘:"不行的。"

来电者:"那麻烦你告诉李总,大力商贸公司需要300万副手套,请他给我回……"

没等对方说完,小刘"啪"挂上了电话。

上司回来后,小刘也没有把来电的事告知上司。过了一星期,上司提起他刚谈成一笔大生意,以6元一副卖出了100万副塑胶手套。小刘脱口而出:"哎呀,上星期有个商贸公司要 300 万副,问 8 元一副行不行,我说不行的。"上司脸色一变说:"哪个公司?"小刘尴尬地说:"我没听清。"李总监当即宣布:"你被解雇了。"小刘哭丧着脸说:"为什么?"

【思考讨论】

1. 小刘在电话礼仪中犯了哪些错误?
2. 你认为小刘被解雇的最重要原因是什么?

实训平台

一、按照电子邮件礼仪给同学分别发一份电子邮件

训练目的:

训练学生电子邮件礼仪。

训练步骤:

(1) 拟定一份介绍产品的电子邮件,分别发给五个同学。

(2) 再用附件的形式将产品介绍发送。

二、情景剧:接打电话

训练目的:

训练学生电话礼仪。

训练要求:

(1) 编一幕职场办公室接打电话的情景剧。

(2) 把班级同学分为若干组,每组 5～6 人,每组选两名同学分别扮演接线员和客户,其他同学轮流。

任务四　　熟谙用餐礼仪

参加各种餐宴活动,是很多职场人员工作中的一门必修课程,这也是人与人之间拉近距离,了解商务信息,解决工作难题的重要平台。熟练掌握宴请方面的礼仪对职场人员来说是十分重要的。

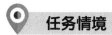

任务情境

黎明的外国朋友詹姆斯夫妇来到中国旅游。黎明很热情地请好友来家中做客,并为詹姆斯夫妇准备了美味可口的中餐,都是他的拿手菜。席间黎明不顾好友夫妇的一再推托,非常热情地用自己的筷子为好友夫妇夹菜。黎明的儿子喜欢吃虾仁,就在盘子里扒拉着找虾仁。黎明自己在啃肉骨头时,肉渣钻进了牙缝,非常不舒服。于是他就用手指甲将牙缝里的肉渣抠出来,放在餐桌上。本来酷爱中餐的詹姆斯夫妇,这顿饭却吃得很少。后来,黎明再邀请詹姆斯夫妇来家中做客时,詹姆斯夫妇总是借故推托。黎明不理解:饭餐味道不错呀,詹姆斯夫妇为什么不喜欢吃呢?

任务分析

中国从来都是礼仪之邦,"有朋自远方来",为客人接风洗尘是自然的待客之道。好朋友来旅游,为其接风,说明了黎明的热情和重感情,但不顾对方的意愿为对方夹菜,则失掉了餐桌上应有的礼仪。黎明的儿子在盘子里扒拉虾仁和黎明当众用手指甲剔牙并将肉渣放在桌上,说明他们在餐桌上不注意自己的形象,同时也不顾忌客人的感受,缺少基本的礼节。

餐桌礼仪既是饮食文化的重要组成部分,更是现代礼仪文化不可或缺的一环。不注重餐饮礼仪不仅影响到自己的形象,还有可能失去共同用餐的朋友。

知识点拨

一、用餐礼仪的含义

用餐礼仪也叫宴请礼仪,主要指人们在餐饮活动中必须认真遵守的行为规范。

用餐礼仪在中国有着悠久的历史。《礼记·礼运》记载："夫礼之初,始诸饮食。"最初的礼仪或许就起源于饮食,可见礼仪之于饮食的重要。《诗经·小雅》中也有好几篇记述了用餐的礼仪习俗。这套用餐礼仪特别受曾任鲁国祭酒的孔子的推崇。用餐礼仪后来成为历朝历代展现大国之貌、礼仪之邦、文明之所的重要载体。在现代社会,虽然随着社会节奏的加快,许多繁文缛节被摒弃,礼仪风俗逐渐简化。但身在职场,餐桌上的礼仪仍是必不可少的,这些礼仪也是个人修养的反映。

从形式上来说,用餐礼仪一般可以分为中餐礼仪、西餐礼仪、自助餐礼仪和酒水礼仪四大类。

二、中餐礼仪

中餐的形式比较多样,有宴会、便宴和家宴等。宴会通常指的是出于一定的目的,由机关、团体、组织或个人出面组织的,以用餐为形式的社交聚会,是一种隆重而正规的宴请。宴会在宴请地点、宴请人数、席位的排列、菜肴数目、宾主致辞及穿着打扮等方面都有严格的要求。因此,宴会主办方一般需要提前做好一切准备。提前联系好比较高档的酒店或是其他特定的地点,向参加宴会的人员发出邀请、布置宴会席位和菜单、准备致辞讲稿等。便宴是一种非正式宴会,常用于招待熟悉的亲朋好友。不同于正式的宴会的是,便宴的形式比较简单随意,气氛轻松舒缓,对于规模、档次、用餐地点,都没有严格的规定。家宴则是指主人在自己家中设便宴招待客人。一般是由主人亲自下厨,为客人准备丰盛的食物。礼仪上没有特殊要求,主要是注重营造友好、亲切、自然的气氛,促进交流,加深了解。

在用餐地点、点菜、座位座次、敬酒等方面,中餐有其特定的礼仪。

(一) 用餐地点

用餐地点的选择一般要考虑到它对餐宴效果的直接影响。以朋友相聚休闲娱乐为目的亲朋聚餐,宜选择舒适放松的环境。商务宴请,宜选择能降低彼此戒备心的用餐地点,创造无压力的就餐氛围。灯光稍暗淡些,可伴有音乐;室内放置有屏风或较大的绿色植物,以保护私密性,既能使客人聚精会神,又能给客人安全感,从而使商务会谈顺利进行,以达到预期目的。

（二）点菜

中餐宴请中最为重视的是"吃菜"而不是"吃饭"，所以对菜单的安排马虎不得。一般情况下，一顿标准的中餐菜单结构包括：前菜（开胃菜）、汤（羹汤）、主菜（大菜）、面类或米饭、甜点（点心）。中餐的上菜顺序一般是茶、冷菜（凉菜）、热炒、主菜、点心、汤、水果。

在点菜时应该做到如下的礼仪规范：

（1）遵循客人或女士先点菜的原则。

（2）必须考虑来宾的饮食禁忌，尤其要高度重视主宾的饮食禁忌。饮食禁忌一般包括宗教饮食禁忌、健康饮食禁忌、口味偏好等。

（3）先点主菜再点配菜，主菜代表着餐宴的品位，也代表了主人的"立场"，即这顿餐宴的"预算价位"。因此做东者对于主菜要有明确的态度。

（三）中餐桌位与席位的安排

1. 桌位的安排

现在的中餐宴请活动大多采用圆桌。圆桌的位置摆放和桌上的位次都有尊卑主次之分，马虎不得。如桌次较少的小型宴请中，以两桌为例，两桌横排时，面对正门右边的为第一桌，左边为第二桌，即遵循"以右为尊"的原则；两桌竖排时离正门越远的桌次越高，即遵循"以远为上"的原则。三桌或三桌以上的稍大型宴请活动，则遵循"居中为大，以右为尊"或"以中为大，以远为上"的原则（见图 7－10）。

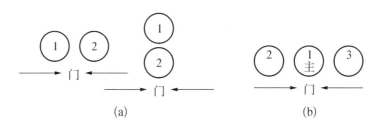

(a)　　　　　　　　　　　(b)

图 7－10　中餐桌次与座位安排

在安排桌位时，餐桌的款式、大小应基本一致。主桌一般略大些，也可和其他桌一致，一般以十人为宜。

2. 席位的安排

中餐席位的排列也有主次尊卑的分别。但因为各地风俗不同，席位的

排列有所差异,下面以北方为例,排列的基本方法主要有以下四点:

(1) 主人的席位设在主桌,应面向门而坐。

(2) 在多桌宴请时,每桌都要有一位主人的代表在座。位置一般和主桌主人一致。

(3) 各桌客人的席位,应以与主桌主人的关系远近来定。

(4) 以本桌主人面向为准,主人座位右边的位置比较尊贵。如主人坐上首位,主人右手边是主宾位,左手边为副主宾,左右交叉依次往下推,与本桌主人相对的位次为下首位,一般会安排身份最低的客人或主人家的年轻人。

(四) 敬酒

1. 敬酒的顺序

敬酒一般以年龄长幼、职位高低、宾主身份为序。敬酒前需考虑好敬酒的顺序,分明主次,先大后小、先高后低、先宾后主。如果分不清职位或身份高低不明确,就按统一的顺序敬酒,可以先从自己身边开始,按顺时针方向敬酒,也可以按照从左到右或从右到左的顺序进行。

2. 敬酒的举止

单独敬酒时,要让自己的酒杯低于对方的酒杯,以表示自己的谦卑和对对方的尊重。向集体敬酒时,无论是主人还是来宾,首先要在自己的座位上站起身来,面含微笑,手拿酒杯,面向大家,以表示对大家的尊重。

3. 接受别人敬酒

在接受别人敬酒时,要手举酒杯不要高于对方酒杯,要等对方说完祝酒词或提示"干杯"之后再喝。喝完之后,再手持酒杯向对方展示一下。

(五) 用餐

1. 餐前礼仪

餐前等长者和客人落座后,晚辈和主人再落座。安静等待用餐,不可用筷子或勺子敲打餐具,或喊叫催促用餐。长者或主陪说"请",或动筷夹菜后,晚辈和客人方可拿起筷子夹菜。

2. 餐中礼仪

用餐时只夹自己面前的部分,不可夹取别人面前的,也不可满盘扒拉。夹菜或盛汤时可用餐碟或自己的餐碗接着,不可将菜汁滴得到处是。夹起来后迅速放入自己碗或碟中,不得抖菜,以免菜汁溅到自己或他人身上。安静用餐,不得吧唧嘴,不可大声喧哗,喝汤不得发出吸溜声;不得含着食物说话,要敬酒或说话,须先将口中食物咽掉。

3. 餐后礼仪

用餐结束后,要赞美食物并向主人表示感谢。齿缝塞进食物残渣时,应用牙签剔出,剔牙时应回避众人,并将剔出的残渣吐进垃圾桶或吐到餐巾纸上扔掉。不得当众剔牙,更不得直接用手指甲抠出残渣。

三、西餐礼仪

西餐礼仪主要包括酒店的预约、就座的姿势、点酒的学问、上菜的次序、餐巾的使用、饮酒与食物、刀叉的使用、如何吃水果、装饰与配料、面包的吃法、喝酒的讲究等。

(一)酒店的预约

在西方国家,到饭店就餐一般需要提前预约。预约时要说明就餐人数和就餐时间,同时还可以向酒店提出是否要吸烟区或视野良好的座位等要求。预约好位置后要在预约时间按时到达。如不能按时用餐或取消用餐,最好提前告知饭店。

(二)就座的姿势

入座的姿势是要从左侧入座。侍者协助客人把椅子拉开后,从左侧进入座位,在几乎要碰到桌子的位置站直,侍者把椅子推进来,腿弯碰到后面的椅子时坐下。用餐时,上臂和背部靠到椅背上,腹部与桌子之间保持约一个拳头的距离。坐在椅子上时,两脚不可交叉。

(三)点酒的学问

选择酒的类别,一般需要参照主菜。基本原则是肉类搭配红酒,鱼类则搭配白葡萄酒。上菜之前,也可以点一杯香槟、雪利酒或吉尔酒等较淡的酒。如果自己对酒不太了解,可以将自己挑选的菜色、预算、喜爱的酒类口味告知调酒师,请调酒师帮忙挑选。

(四)上餐的次序

正式的全套西餐上菜顺序是:前菜、汤鱼、副菜、主菜、蔬菜类菜肴、甜点以及咖啡或茶,还有餐前酒和餐酒。一般情况下,无须都点,可根据自己的实际用餐量点自己需要的。点菜太多用不完,既是浪费,也是失礼。前菜、主菜(鱼或肉择其一)加甜点是最恰当的组合。点菜一般先选一样最喜欢的主菜,再配上适合主菜的汤。

(五) 餐巾的使用

点完餐后,在前菜送来前的这段时间把餐巾打开,往内折三分之一,让三分之二平铺在腿上,盖住膝盖以上的双腿部分。尽量不要把餐巾塞入领口。

(六) 刀叉的使用

在宴会中,每一道菜用一副刀叉,对摆在面前的刀叉,从外侧依次向内取用。中途需要谈话或休息时,应该将刀叉呈八字形平架在盘子两边。如果刀叉柄朝向自己并列放在盘子里,则表示这一道菜已经用好了,服务员就会把盘子撤去。

(七) 水果的食用

在宴席上,要用手拿取苹果或梨,放在盘里。可以螺旋式削皮;也可以把水果放在盘上,先切成两半,再去皮去核切块,然后用叉或水果刀食用。

(八) 装饰配料的吃法

西餐的装饰配料有很多种,主要是为了增强视觉效果和增加食欲,如巧克力雕塑、香草、酱汁等,大多可以食用。取装饰配料时,固体性的配料要用餐匙取一部分放到自己的黄油盘里。如果没有黄油盘,就放在自己的主食盘里。切忌把装饰配料直接放入口中。液体性的配料也是要先将其舀入盘子里,然后把切成小块的食物用叉子叉住蘸酱吃。

(九) 面包的吃法

先将面包撕成小块,再用左手拿着吃,切忌用叉子吃面包。吃硬面包时,为了防止面包屑掉满地,可用刀先切成两半,再用手撕成块来吃。切面包时,应将面包固定,先把刀刺入中央部分,往靠近自己身体的部分切下,再将面包转过来切断另一半。避免像用锯子一样,也避免发出声响。

(十) 喝酒的讲究

1. 倒酒的礼仪

在西餐中,倒酒服务一般由服务员完成。服务员首先会将少量酒倒入酒杯,让客人鉴别品质是否可以,这时客人应喝一小口并回答。倒酒时,不要动手去拿酒杯,把酒杯放在桌上由服务员倒酒。白兰地、鸡尾酒,可将酒杯倒满(约 4/5 杯),葡萄酒和香槟酒则不宜倒满。

2. 拿酒杯的姿势

标准姿势是用手指握杯脚,目的是避免因为手接触杯壁改变酒温影响了口感。

3. 喝酒的礼仪

喝酒时首先应轻轻摇动酒杯,让酒与空气接触以增加酒味的醇香;然后细细品味,不可一饮而尽。文雅地饮酒要懂得欣赏酒的色、香、味。

4. 敬酒的礼仪

西餐宴席上,往往敬酒不劝酒,即使是劝酒也只是点到为止。一般不可拒绝对方的敬酒,即使自己不会喝酒,也尽量端起酒杯回敬对方;不可猛烈摇晃酒杯,不可透过酒杯看人,不可边说话边喝酒,不可边吃东西边喝酒,不可用手指擦杯沿上的口红印,确实需要时应用面巾纸擦。

四、自助餐礼仪

自助餐是一种用餐者自助取食的用餐方式,一般用于大型活动、招待为数众多的来宾时。这种就餐方式不需要安排统一的菜单,供餐者把能提供的全部主食、菜肴、酒水陈列在一起,用餐者可根据自己喜好,选择、加工、享用食材。无须安排席位,就座自由。用餐者可根据自己的需要和偏好选择座位。用餐的时候每个人都可以自由活动、随意交际。这种就餐方式,既可以节省食材,又相对自由,宾主都方便。自助餐也有其礼仪。

(一) 取餐自觉排队

用餐者拿取食物时应自觉排队。取餐前可先准备一只食盘,轮到自己取餐时应果断取餐并迅速离开,以免影响他人取餐。不可在食物前犹豫不决,不可挑挑拣拣。取餐时应用公用的餐具将食物放入自己的食盘中,不可直接用自己的餐具取餐,更不能直接用手取餐。

(二) 循序取餐

自助餐的取餐顺序一般为:冷菜、汤、热菜、点心、甜品和水果。尽量按照顺序取餐,以免各种菜肴相互掺杂,影响口感和用餐体验。取菜前,可先在餐厅内巡视一圈,了解食物的种类及位置,然后再有选择地循序取餐。

（三）量力而行

自助餐菜品种类繁多,用餐者需量力而行,避免造成浪费。取餐时遵守"多次少取"原则。为了避免浪费,用餐者可每次每样取少量食物,用完再取,可多次取食。取餐量和取餐次数需根据自己的饭量量力而行。同时,食用哪些食物、哪些食物混合食用、食用多少,也需根据自己的身体状况,量力而为。

（四）避免外带,送回餐具

自助餐厅一般禁止打包,禁止食物外带。在选用自助餐时,应在用餐现场享用,用餐完毕不要将食物带出餐厅。在享用自助餐时,自取餐具;用餐完毕,也应将餐具送到指定地点。

五、酒水礼仪

酒水是在日常交往中比较正式的场合使用的饮料统称,包括酒、水和饮料等。由于酒礼仪在中西餐礼仪中已作详细介绍,本部分主要介绍茶礼仪和咖啡礼仪。

（一）茶礼仪

中国人饮茶的历史由来已久,而且茶已经成为全世界流行的一种饮料。《神农本草经》有这样的记载:"神农尝百草,日遇七十二毒,得茶而解之。"这里的茶是指古代的茶,也叫茗。在悠久的饮茶进程中,也形成了烹茶斟茶饮茶的一系列礼仪。

（1）取茶要干净。可用茶匙等专业工具取茶,不可用手直接抓。

（2）倒茶不要满。为客人倒的第一杯茶,通常以七分满为佳,且要不断续水。

（3）敬茶用双手。敬茶时尽量不用一只手,尤其不能用左手。一般女士敬茶,左手在下,右手在杯子二分之一处;男士敬茶可双手拱杯。注意,手指不要碰到杯口,更不能把手指伸进茶水里。

（4）上茶要有序。上茶的方向一般为右后方;上茶的顺序是先客后主,先尊后卑,按顺时针方向。

(5) 放杯有方向。放置茶杯时,杯耳应放在喝茶人的右侧。茶壶嘴不能冲他人。

(6) 受茶要回礼。当接受主人斟茶时,要行叩指礼,或右手扶杯。

(7) 品茶要优雅。喝茶时应神态谦恭,姿态优雅,安静品茶,不可发出吸溜等声响。

(二) 咖啡礼仪

咖啡是世界上最流行的饮料之一,尤其在现代都市里,品饮咖啡更成为一种时尚。喝咖啡要遵循以下礼仪。

1. 拿咖啡杯的礼仪

拿咖啡杯时用拇指和食指拈住杯柄端起,不可用手指穿过杯耳端住杯子。

2. 放咖啡杯碟的礼仪

咖啡杯碟应放在客人正面或者右侧,杯柄及咖啡匙柄应朝客人右方,放到桌面时不能发出响声。

3. 咖啡加糖和奶的注意事项

咖啡里加糖和奶时,应趁咖啡温度高时先加糖后加奶,这样可使糖迅速溶化。给咖啡加糖,如果是砂糖就直接加入杯内;如果是方糖则应先用糖夹把方糖夹在咖啡碟的一侧,再用咖啡匙把方糖轻轻放在杯中。不可直接用糖夹把方糖放入杯中,更不可用咖啡匙用力捣碎杯中的方糖,也不可用力搅拌以防咖啡液溅出。

4. 喝咖啡的礼仪

如果咖啡太热,可用咖啡匙在咖啡杯中轻轻搅拌使之冷却后再饮用,不可用嘴吹咖啡。咖啡匙使用后要放在咖啡碟上,不要放在杯子里。

喝咖啡时可以用右手拿着咖啡杯的杯耳,左手轻轻托着咖啡碟,慢慢地移向嘴边轻啜。趁热喝完,不要留在杯中,表示对主人盛情的感谢。但也不可一口气喝完。喝咖啡时不可大口吞咽;不可用咖啡匙舀咖啡;不可俯首趴在桌子上喝;不可端起碟子而另一只手不扶杯子喝;也不可发出响声。

当然,随着社会的发展,人们在实际生活中逐渐省略掉很多礼仪,在人际交往中,我们也不必太拘泥于程式化的传统礼仪。

筷　子　礼

筷子是我们再熟悉不过的一种中餐餐具,简单灵活又方便实用。在中国传统用餐礼俗中,筷子礼极为讲究。

1. 筷子的摆放

筷子摆放时要两头齐,忌讳一长一短,以示对客人的尊敬;也不能一根大头一根小头地摆放,是谓阴阳颠倒;不能一横一竖交叉摆放,或横放在碗上,是谓拒客;如果是碗盘的两端各放一根,则表示吃散伙饭、分家饭等。

2. 筷子的使用

一般来说要右手执筷,且捏住筷子的中部以上,拇指及食指在上部捏住筷子起固定作用,中指在中间运筹帷幄,无名指和小指在下部托住筷子,这三部分动静结合、相互配合。

3. 筷子在餐桌上的规矩

一般来说,餐桌上开始动筷子表示用餐开始,但必须是桌上的长辈或贵客先动筷子。放下筷子,则表示已经吃完。

4. 筷子的使用禁忌

餐饮中忌将筷子插在饭中,只有传统的祭祖风俗中才将筷子插在祭品上,是对先人的尊敬,这种行为在生活中则是大忌。用筷子指人,或边吃边来回舞动筷子,或吸吮筷子等都是用筷禁忌。

筷子不单单是饮食工具,它蕴含了丰富的中华传统文化内涵。比如它的两端一方一圆,寓意了中国人天圆地方的宇宙观和自然观;两根为一双相互配合才能完成夹菜动作,体现了协作精神;"一根易断,一把难折"又体现了集体力量的重要性;其长度多为七寸六分长,代表人有"七情六欲";等等。

中华民族的饮食文化博大精深,正如一双小小的竹筷既能体现一个人的用筷技能,更能折射出深厚的文化内涵。习近平总书记在中国文联十大、中国作协九大开幕式上的讲话中所提到的"文化是一个国家、一个民族的灵魂。历史和现实都表明,一个抛弃了或者背叛了自己历史文化的民族,不仅不可能发展起来,而且很可能上演一幕幕历史悲剧。文化自信,是更基础、更广泛、更深厚的自信,是更基本、更深沉、更持久的力量。坚定文化自信,是事关国运兴衰、事关文化安全、事关民族精神独立性的大问题"。

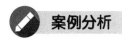

宴请是一种礼仪,更是一种文化。用餐礼仪可以表达主人的真诚和客人的尊重,传递良好的气氛与情感。但如果礼仪不到位,可能会适得其反。因此,古今中外,不论邀客宴饮还是日常饮食,文明的就餐礼仪体现的是用餐者的素质,传递的是现代饮食文明。面对久别的朋友,黎明的热情可以适可而止,遵从朋友的意愿。黎明的儿子不应在盘子里扒拉找虾仁,夹菜时应该夹自己面前的部分;黎明当众用手指甲剔牙不文明也不卫生,可在客人走后用牙签剔出肉渣扔掉。餐桌上不能因为对方是好友便不拘小节,否则可能因为这次宴请而使好友以后对其敬而远之,适得其反。

案例分析

【案例 4‑1】

明 明 待 客

有一天,明明爸爸的朋友刘叔叔一家应邀到明明家里做客。明明跟刘叔叔家的小弟弟玩得不亦乐乎。用餐时间到了,爸爸在面门的位置上就座。明明平时喜欢靠着爸爸坐,就跑到爸爸右侧的座位上坐下。妈妈看见了,就向明明招手让他过来,将那个位置空了出来,让叔叔坐到了那个位置上。大家都就座后,明明小声地问妈妈:"妈妈,为什么我不能坐在那个位置上?"妈妈告诉明明:"因为那个位置叫上座,是要留给客人和长辈坐的。"大家落座后,爸爸让明明给大家斟酒。明明距离妈妈最近,拿起酒壶就要给妈妈斟酒。妈妈阻止他,告诉他:"先给刘叔叔斟酒,再给阿姨斟酒,然后才可以给爸爸妈妈斟,最后给自己斟。"酒过三巡,菜过五味,明明想要给客人敬酒,他记住了斟酒的顺序,这次他先给刘叔叔敬酒。嘴里嚼着他最爱的糖醋排骨,端起酒杯说:"刘叔叔,我敬您!"说着,一块肉从嘴里掉出来。妈妈说:"先把食物咽了再敬酒。"

【思考讨论】

1. 妈妈给明明纠正了哪些失礼之处? 这期间用到了哪些礼仪规范?

2. 在中餐中还需要注意哪些用餐礼仪规范?

【案例 4－2】

第一次喝咖啡

江团长第一次到安小姐家里做客。为了表示对江团长的欢迎,也为了表达主人的待客热情,安小姐请江团长喝咖啡。安小姐端来一杯咖啡放在江团长面前。这是江团长人生第一次喝咖啡。他仔细端详着咖啡杯、咖啡碟和咖啡匙,心中思考着咖啡跟茶到底有什么区别,旁边的小勺有什么作用。他问安小姐:"这咖啡什么味道?"安小姐说:"你尝一口,不就知道了。"于是江团长,用手指头穿过咖啡杯耳端起咖啡,吹了吹咖啡,然后吸溜一声喝了一大口。咖啡的苦涩让江团长难以忍受,他差点一口就吐出来,强忍着咽了下去,说:"太苦了!"安小姐说:"嫌苦可以加糖。"江团长看着桌上的白砂糖和方糖,犯了难,应该加哪种糖呢? 他想了想,选择了白砂糖。为了让糖溶化得快一些,他拿起咖啡勺迅速地搅拌,以至于咖啡溅到了桌子上。记住了上次的教训,这次,他先尝了一小口,仍然不能接受这种口感。根据喝茶的礼仪,他为了不让主人继续给他添咖啡,于是把剩下的咖啡都留在了杯子里。看着江团长喝咖啡的表现,安小姐眉头紧锁,面露不悦。

【思考讨论】

1. 你知道安小姐为什么不高兴吗?

2. 你能说出饮茶和饮咖啡的礼仪有何不同吗?

实训平台

一、游戏名称：排排坐

游戏规则：

（1）将所有同学分为若干组，每小组 10 人。

（2）每小组准备一张可坐 10 人的圆桌，按中餐宴会的方式摆台。

（3）小组成员自行选定主人、主宾、次宾及其他客人，并按中餐礼仪入座。

二、训练项目：酒水操作训练

训练目的：

练习白水、茶、雪碧、咖啡、白酒、红葡萄酒的倒法。

训练要求：

（1）将所有同学分为若干组，每小组 5～6 人。

（2）每组准备酒水种类 3～4 种，按酒水礼仪相关知识要求为客人服务。

项目总结

本项目主要介绍职场礼仪的相关知识，帮助大家学会在不同的环境和场合如何做好礼仪规范。

通过任务一，认识了什么是个人形象，如何进行个人形象的设计，了解个人形象在社会生活中的重要性；掌握了个人形象设计的原则和技巧等，学会在社会交往中合理地运用上述内容。通过任务二、任务三和任务四，了解了社交礼仪、职场礼仪和用餐礼仪的相关知识和应用技巧，能够将其运用于人际交往和职场社交中。

拓展训练

一、填空题

1. 表情礼仪主要通过（　　　）、（　　　）、（　　　）等神态表现出来。

2. 职场礼仪中,在引导客人乘电梯时,要为客人按电梯,让客人(　　　)进;出电梯时,要让客人(　　　)出。

3. 坚持职场礼仪的原则包括(　　　)原则、(　　　)原则和(　　　)原则。

4. (　　　)是一种用餐者自助取食的用餐方式,一般用于大型活动、招待为数众多的来宾时。

二、简答题

1. 如何提升个人形象?

2. 社交礼仪中双方如何相互交换名片?

3. 饮茶有哪些礼仪?

4. 中西餐礼仪有哪些不同?

三、综合运用题

某外省同学组团(10 人)由老师带队来你校参观交流,此团来访的要求是:上午参观学校实训中心、校园及与班级同学交流学习经验,中午在校园餐厅用便餐,下午观看当地的著名景点,时间为一天。请你据此情景拟定一份接待方案。

根据本项目中涉及的个人形象设计、职场礼仪、社交礼仪和用餐礼仪,请设计相关环节中的礼仪方案。

参考文献

［1］杨俭修,杜元刚.职业素养提升[M].北京:高等教育出版社,2011.

［2］庄明科,谢伟.大学生职业素养提升[M].北京:高等教育出版社,2016.

［3］宋贤钧,周利民.大学生职业素养训练[M].5版.北京:高等教育出版社,2021.

［4］江俊文.大学生就业与创业指导[M].北京:高等教育出版社,2011.

［5］杨宗华.责任胜于能力[M].北京:石油工业出版社,2009.

［6］刘兰明.职业基本素养[M].4版.北京:高等教育出版社,2020.

［7］刘光明.诚信决定命运:驰骋职场的秘诀[M].北京:经济管理出版社,2009.

［8］刘延兵.员工诚实守信教育读本[M].北京:中国言实出版社,2011.

［9］陈承欢,雷希夷.通用职业素养训练与提升[M].北京:高等教育出版社,2016.

［10］张建英,刘薇,李启开.大学生职业素养[M].北京:高等教育出版社,2020.

［11］倪东生.打造能赢的团队[M].北京:中国财富出版社,2002.

［12］劳埃德·拜厄斯,莱斯利·鲁.人力资源管理[M].李业昆,等译.北京:人民邮电出版社,2017.

［13］高芳.对高效团队建设的理论思考[J].沿海企业与科技,2008(1):187-189.

［14］陈向东.做最好的团队［M］.北京：中信出版社,2010.

［15］何彦.高效团队的设计原则及五点对策［J］.企业改革与管理,2007
（1）：56－57.

［16］周方.现代企业管理中应如何打造高绩效团队［J］.消费导刊,2007
（9）：96.

［17］魏萍.团队精神视角下的大学生创新创业教育［J］.中国高校科技,
2016(12)：85－86.

［18］许湘岳,徐金寿.团队合作教程［M］.北京：人民出版社,2015.

［19］武洪明,许湘岳.职业沟通教程［M］.北京：人民出版社,2011.

［20］杨红玲,艾于兰.职业素养提升与训练［M］.大连：大连理工大学出版
社,2019.

［21］谢红霞.沟通技巧［M］.4版.北京：中国人民大学出版社,2022.

［22］苗杰.职业沟通能力提升实训教程［M］.北京：中国轻工业出版社,
2023.

［23］孟昭兰.情绪心理学［M］.北京：北京大学出版社,2005.

［24］王祥君,吴辉,李翠景.大学生心理卫生与发展［M］.重庆：重庆大学出
版社,2019.

［25］何晓丽,等.情绪与社会认知研究［M］.银川：宁夏人民出版社,2016.

［26］刘文.心理学基础［M］.南京：南京大学出版社,2019.

［27］叶素贞,曾振华.情绪管理与心理健康［M］.北京：北京大学出版社,
2007.

［28］金正昆.职场礼仪［M］.3版.北京：中国人民大学出版社,2023.

［29］赵岩,方丽萍,张淑华.实用社交礼仪［M］.2版.北京：中国人民大学
出版社,2022.

［30］乔正康,陆永庆等.旅游交际礼仪［M］.6版.大连：东北财经大学出版
社,2019.

［31］侯楠楠.主动赢得一切［M］.北京：北京工业大学出版社,2010.

［32］卡耐基.卡耐基全集［M］.天津：天津社会科学院出版社,2013.

［33］麦克斯韦尔.领导力21法则［M］.北京：中国青年出版社,2010.

［34］张振刚.格力模式［M］.北京：机械工业出版社,2019.

［35］韩非子［M］.高华平,王齐洲,张三夕,译注.北京：中华书局,2010.

［36］战国策［M］.缪文远,缪伟,罗永莲,译注.北京：中华书局,2012.

［37］曹雪芹,无名氏.红楼梦［M］.北京：人民文学出版社,2008.

［38］史记［M］.文天,译注.北京：中华书局,2016.

［39］汉书［M］.张永雷,刘丛,译注.北京：中华书局,2016.

［40］刘小川.苏东坡传［M］.长春：时代文艺出版社,2020.

［41］季蒙,谢泳.胡适论教育［M］.合肥：安徽教育出版社,2006.